钻杆材料的疲劳寿命预测与断裂机理

雒设计　韩礼红　著

中国石化出版社

内 容 提 要

本书在介绍钻杆材料、钻杆受力、服役环境及失效形式和疲劳寿命预测方法的基础上，针对钻杆的疲劳和腐蚀疲劳失效问题，详细论述了高强度钻杆钢在单轴、拉扭复合加载下的疲劳寿命预测模型及断裂机理，结合钻杆的实际服役条件，探讨了服役环境、预腐蚀及缺陷对高强度钻杆钢疲劳寿命的影响规律，分析了不同服役条件下钻杆钢的断裂机理，同时基于塑变-复锐-钝化和腐蚀-钝化-断裂模型，建立了钻杆钢在空气和 H_2S 环境中的疲劳和腐蚀疲劳裂纹扩展模型；提出了采用复相化处理的方式对现有钻杆的显微组织进行控制，实现钻杆性能的优化。

本书可供从事油气井钻完井工程、工程构件的安全评价及寿命评估、钻杆生产及制造的工程技术人员阅读，也可供高等学校材料、石油工程、机械等专业的师生参考。

图书在版编目(CIP)数据

钻杆材料的疲劳寿命预测与断裂机理/雒设计，韩礼红著．—北京：中国石化出版社，2022.10
ISBN 978-7-5114-6839-0

Ⅰ. ①钻… Ⅱ. ①雒… ②韩… Ⅲ. ①钻杆-金属材料-疲劳断裂-研究 ②钻杆-金属材料-疲劳寿命-研究 Ⅳ. ①TD421.2

中国版本图书馆 CIP 数据核字(2022)第 164072 号

中国石化出版社出版发行

地址：北京市东城区安定门外大街 58 号
邮编：100011 电话：(010)57512500
发行部电话：(010)57512575
http://www.sinopec-press.com
E-mail：press@sinopec.com
北京柏力行彩印有限公司印刷
全国各地新华书店经销

*

710×1000 毫米 16 开本 15.5 印张 278 千字
2022 年 10 月第 1 版　2022 年 10 月第 1 次印刷
定价：78.00 元

前言 PREFACE

近年来，随着浅层资源的枯竭，我国油气资源的勘探开发正朝着“超深、三低、页岩气”非常规方向发展，油气开发环境日益苛刻，高温、高压、高含 H_2S/CO_2 等导致的钻杆腐蚀和断裂事故频繁发生，严重影响油气资源安全高效开发。钻杆是石油、天然气开采和地质勘探开发的重要构件，在钻井过程中，钻杆不仅承受拉伸、压缩、弯曲、扭转、冲击、液压等复杂载荷的作用，且受环境介质的腐蚀作用，由腐蚀和疲劳引发的钻杆失效事故屡屡发生，造成了人员伤亡和巨大的经济损失。

G105、S135 和 V150 等高强度钻杆钢相继开发、使用，在一定程度上可满足非常规油气井开发的需求，但材料的强度越高，发生氢脆和疲劳断裂的可能性就越大。API Spec5D 和 ISO/DIS 11960 等标准对钻杆材料的化学成分、硬度、拉伸、冲击等性能做了比较详细的规定，但未对钻杆材料的疲劳性能做出具体要求。在钻杆强度设计时，通常基于静载条件或常温疲劳实验结果，并未考虑实际服役环境与循环载荷的协同作用，因此，钻杆的疲劳寿命评估是亟须解决的问题。

本书在对钻杆材料、钻杆受力、服役环境及失效形式和疲劳寿命预测方法介绍的基础上，针对钻杆的疲劳和腐蚀疲劳失效问题，基于大量的实验数据和理论分析，结合编者多年的研究成果和国内外研究现状，详细论述了高强度钻杆钢在单轴、拉扭复合加载下的疲劳寿命预测模型及断裂机理；结合钻杆的实际服役条件，论述了服役环境、预腐蚀及缺陷对高强度钻杆钢疲劳寿命的影响规律，探讨了不同服役条件下钻杆钢的断裂机理；基于塑变-复锐-钝化和腐蚀-钝化-断裂模型，建立了钻杆钢在空气和 H_2S 环境中的疲劳和腐蚀疲劳裂纹扩展模型；提出了采用复相化处理的方式对现有钻杆的显微组织进行控制的理论和方法，实现了钻杆性能的优化。本书所涉及的内容，可为钻杆的疲劳和腐蚀疲劳寿命预测及钻柱的安全评价和高性能钻杆材料的研发提供理论依据。

本书由雒设计和韩礼红著。其中，第 1 章由韩礼红著；第 2~9 章由雒设计著，全书由雒设计统稿。

本书在编写过程中，参考了大量的文献资料，在此谨向原作者表示衷心的感谢。本书得到了西安石油大学优秀学术出版著作基金、陕西省自然科学基础研究计划(基金号：2021JM-412)和西安石油大学青年科研创新团队基金(基金号：2019QNKYCXTD12)的资助，感谢薛玉娜博士、贾红敏博士、常剑秀博士、吕祥鸿教授提出宝贵的修改意见，同时感谢硕士生宋文文、何婉捷在校稿过程中的辛苦付出。

本书可供从事油气井钻完井工程、工程构件的安全评价及寿命评估、钻杆生产及制造的工程技术人员阅读，也可供高等学校材料、石油工程、机械等专业的师生参考。

由于编写人员水平所限，缺点和不足在所难免，恳请广大读者不吝赐教，提出宝贵意见，以便在以后的修订中逐步加以完善。

目录 CONTENTS

第1章 绪 论

1.1 钻 井

1.1.1 钻井工程

石油天然气是世界各国经济发展所需最重要的战略性资源之一。自19世纪大规模商业性开采以来，世界石油天然气的消费和需求不断增长，在全世界能源消费结构中的比重急剧上升。然而，地下资源通常都埋藏在地表以下几百米到近万米深的各种岩层内，为了勘探开发这些油气资源，人们必须从地面或海底建立一条通往地下油气藏的通道，于是出现了石油工业及油气钻井工程。

石油工业是指从事石油和天然气的勘探、开发、炼制、储运的行业。油气钻井工程则是通过快速高效破碎井底岩石、取出岩屑、保护井壁等一系列的工艺技术，建立起一条开采油气通道，是勘探开发地下油气资源不可或缺的重大工程。油气钻井工程主要包括钻井、固井、完井和测井等多种工程技术，涉及地质学、岩石矿物学、物理学、化学、数学、力学、机械工程、系统工程和遥测遥控等多种学科，是一项多学科、多工种、技术复杂、造价昂贵的地下基建工程。

钻井工程是利用机械设备，采用专业的技术，在预先选定的地表处，将地层向下或一侧钻成具有一定深度的圆柱形孔眼的工程。按用途可将钻井工程分为地质普查或勘探钻井、水文地质钻井、水井或工程地质钻井、地热钻井、石油钻井、煤田钻井、矿田钻井、建筑地面钻井等；按岩石破碎方式和所用工具类型，又可分为顿钻和旋转钻。

石油钻井工程利用石油钻井设备从地面开始沿设计轨道钻穿多套地层到达预定目的层(油气层或可能油气层)，形成油气采出或注入所需流体(水、气、汽)的稳定通道(即油气井)，并在钻进过程中和完钻后，完成取心、录井、测井和测试工作，取得勘探、开发和钻井所需各种信息的系统工程(图1-1)。为了安全快速地完成一口井的钻井任务，施工前必须精心做好钻井设计。钻井设计通常包括钻井地质设计和钻井工程设计两个部分，钻井工程设计包括工艺技术设计、工期设计和钻井费用预算等。

图1-1　钻井工程

1.1.2　钻井方法

钻井是利用一定的工具和技术在地层中钻出一个较大孔眼的过程。根据破岩方式的不同，常用的钻井方法有冲击钻井法、旋转钻井法和旋冲钻井法三种。

(1) 冲击钻井法

冲击钻井法又称顿钻钻井法，利用顿钻钻机(石油钻机)使钻杆和钻绳产生上下往复动作，从而带动顿钻钻具在井内做上下往复动作，使顿钻钻头对井底进行冲击，破碎岩石，破碎后的岩石用捞筒捞到地面，然后再继续冲击钻进，如此往复，逐渐形成井眼。顿钻钻井法钻井具有钻井成本低、设备简单等优点，但由于工艺相对落后、钻速慢，不能用于钻较深的井和高压油气井等，只适用于钻杆直井，现场已很少采用。

(2) 旋转钻井法

旋转钻井是通过地面动力设备(转盘、顶部驱动钻井装置或动力水龙头)或井下动力钻具使连接在钻柱底部的钻头连续旋转，同时利用接在钻头上部的一段钻柱(钻铤)的重力向钻头连续不断施加钻压，将岩石切削或碾压成碎屑，由钻井流体不断地将岩石碎屑带到地面，并从钻井流体中分离出来。旋转钻井自出现以来，经过长期的实践，不断地发展和完善，已逐步形成了包含起升系统、旋转系统、循环系统、动力及传递系统和辅助设备系统的一整套旋转钻井设备系统。这种钻井方法较冲击钻井法可大幅度提高钻井效率及适应各种复杂的井下地层情况，已替代冲击钻井法成为世界各地普遍使用的钻井方法。

在旋转钻井工艺技术研究过程中，形成了以下七项应用基础理论组成的学科：钻井岩石破碎力学、钻井岩石工程力学、钻井管柱力学、钻井流体化学、钻井流体力学、井下控制工程学和钻井技术经济学。这些工艺技术的发展大大提高了钻井效率。

(3) 旋冲钻井法

在旋转钻井的基础上，再加上一个冲击器，使钻头在冲击动载和旋转的联合作用下破碎岩石。从实际使用结果看，这种钻井方法适用于钻硬岩石及深部地层，在浅部及泥页岩中较旋转钻井方法效果不明显，是对旋转钻井方法的一种补充。旋冲钻井技术能有效对深硬地层进行快速的钻探，具有整体性强、冲击载荷高和钻头磨损更低的优势，成为当前应用中较为普遍的石油钻井方式。

1.1.3 钻井技术

(1) 直井钻井技术

直井是钻井工程术语，它与定向井相对应，是指设计轨道是一条铅垂线的井(图 1-2)。在直井的设计轨迹中，理论上轨迹上所有点的井斜角都为零，但在实际钻井中是做不到的。然而，不管实际井眼的井斜角是多少，它仍叫直井。不过，在直井的钻井中，当井斜角超出一定的范围而达不到地质勘探开发要求时就变成不合格井，往往需要填井重钻而造成巨大的浪费。直井和定向井构成了两种井型。

图 1-2 直井钻井

① 钻井要求

为保证地质目的的实现和钻井施工的顺利进行，直井井眼轨道应符合以下两条要求：

a. 实钻井底要落在地质允许范围之内。允许偏移范围是一个以地下井位为圆心有一定半径的圆形区域。根据井深不同，此圆半径可从几十米到上百米。

b. 井眼轨道的全角变化率不超过规定值。一般规定不允许超过 3°/30m。

② 防斜打直技术

对一口井来说，上部井段要求打直，防止上部套管和井口装置偏磨。一般井斜角不宜超过 1°/100m。中部以控制全角变化率为主，适当限制井斜角；下部则主要应能达到井底水平位移和闭合方位要求，可放宽全角变化率限制，对井斜角不再作具体规定。

因此，应严格执行技术措施，重视浅井段的井斜问题，打直上部浅井段。据统计资料显示，深井钻井的上部井段（2000m 以浅）钻井时间不到全井钻井时间的 1/10，所以提高深井钻井速度的主要潜力应立足于深部井段。但上部浅井段的井斜与质量直接影响到全井的施工作业。直井井身质量保证措施为：

a. 保证设备安装质量，钻塔、钻机安装要求调正、水平、稳固，保证天车、回转器中心、钻井中心三点成一线。同时，在钻进过程中还要经常检查；换径时，应采用带导向的综合式钻具。

b. 牙轮钻进宜采用钻铤加压，并在钻铤的适当位置加扶正器（钟摆钻具）；用筒状钻具钻进要选择长、直钻具；换径时要采用导向钻具；扩孔时要采用引向钻具。

c. 根据地质条件合理选择钻进方法，针对不同岩层条件确定合理的钻进技术参数，在条件相同时，各项钻进技术参数应保持一致；控制钻压，浅部钻压控制在钻铤重量的 30%~50%；在易斜地层使用 PDC（Polycrystalline Diamond Composite）钻头，因 PDC 钻头的破岩机理不同于牙轮钻头，在易斜层段使用 PDC 钻头后，可采用较低钻压和较高转速，其防斜效果优于吊打。

d. 按设计要求及时测斜，及时掌握井斜变化，以便调整防斜措施；发现井斜征兆及时采取预防措施，使不同井深的地热井井底水平位移及全角变化率控制在规定的范围内。

e. 在水敏性高的复杂地层中应选择合适的钻井液体系，且按设计要求调整好钻井液性能，动切力不小于 6Pa，提高携屑能力，保持井眼干净，确保井壁的扩大率不超过规定范围，以加快钻井速度和防止砂卡。

f. 坚持短途起下钻，保持井眼规则，防止井塌和缩径，清除卡钻隐患，钻进软硬互层的易斜地层、卵石层及破碎带地层，要轻压慢转，送钻均匀，同时要适当控制泵量。

g. 采用不同的下部钻具组合。尽量采用大尺寸钻铤和增加钻铤长度，提高下部钻具结构的刚性；针对不同的地层特性和井斜控制的具体要求，采用不同的下部钻具组合。目前常用的有三种下部钻具组合，即钟摆钻具组合、满眼钻具组合、钟摆-满眼钻具组合。

（2）定向井钻井技术

定向井是钻井专业术语，是指按照事先设计的具有井斜和方位变化的轨道钻进的井(图 1-3)。定向井技术是当今世界石油勘探开发领域最先进的钻井技术之一，它是由特殊井下工具、测量仪器和工艺技术有效控制井眼轨迹，使钻头沿着特定方向钻达地下预定目标的钻井工艺技术。采用定向井技术可以使地面和地下条件受到限制的油气资源得到经济、有效的开发，能够大幅度提高油气产量和降低钻井成本，有利于保护自然环境，具有显著的经济效益和社会效益。

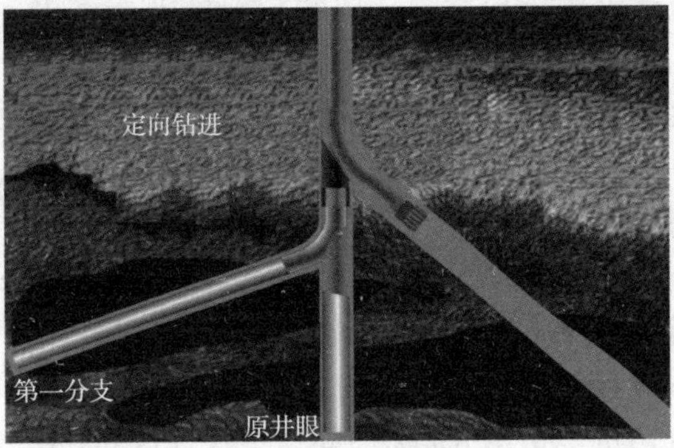

图 1-3　定向井钻井

① 钻井要求

为满足经济有效地勘探开发油气藏的需要，定向井应符合以下要求：

a. 原井钻探落空，或钻通油水边界和气顶时，可在原井眼内侧钻定向井。

b. 遇多层系或断层断开的油气藏，可用一口定向井钻穿多组油气层。

c. 裂缝性油气藏、低渗透性地层、薄油层都可钻水平井，提高单井产量和采收率。

d. 在高寒、沙漠、海洋等地区，可用丛式井开采油气。

② 定向井的种类

随着定向钻井技术的发展，定向井的种类越来越多。定向井通常按照以下四种方式分类。

a. 按设计井眼轴线形状分类

二维定向井：井眼轴线在某个铅垂平面上变化的定向井，井斜变化，方位不变化。

三维定向井：井眼轴线在三维空间变化的定向井，井斜变化，方位变化。

b. 按设计最大井斜角分类

低斜度定向井：井斜小于 15°，钻井时井斜、方位不易控制，钻井难度大。

中斜度定向井：井斜在 15°~45°之间，钻井时井斜、方位易控制，钻井难度相对较小，是使用最多的一种。

大斜度定向井：井斜在 46°~85°之间，其斜度大，水平位移大，增加了钻井难度和成本。

水平井：井斜在 86°~120°之间，其钻井相对较难，需要特殊设备、钻具、工具、仪器。

c. 按钻井的目的分类

救援井：在发生井喷失控后，从地面(海底)离开事故井一定安全距离再钻的、用于救援的定向井。

多目标井：在断块油田上钻一口可以穿过非垂直剖面上的多套含油、气层(多个目标区)的井，起到一口井顶替多口直井的作用，具有很好的经济效益。

绕障井：是将井眼轨道设计成剖面使其绕过障碍物。

多底井：指向预定方向钻出两个以上分支井眼的钻井。

d. 按一个井场或平台的钻井数分类

单一定向井：一台钻机，钻出一口定向井。

双筒井：一台钻机，钻出井口相距很近的两口定向井。

丛式井(组)：在一个井场或平台上，钻出几口或几十口定向井和一口直井。

(3) 水平井钻井技术

水平井是最大井斜角达到或接近90°，并在目标层中维持一定长度的水平井段的特殊井，如图 1-4 所示。一般来说，水平井适用于薄的油气层或裂缝性油气藏，目的在于增大油气层的裸露面积。通过这项技术便可以开发石油层中的底水油藏或低渗透气顶，采用水平井钻井技术的施工成本降低，可有效地避免石油开采中存在的资源浪费现象。

水平井钻井技术最初伴随定向钻井技术应用在低渗透性、裂缝发育、气顶与底水油藏等地质条件的储层中，取得了理想的效果，其优点也逐渐被推广应用，逐渐发展成为从裂缝性碳酸盐岩到页岩、从砂岩到煤层等宽领域的钻井技术，能够最大程度开发已经处于开发末期的储层、致密型油气藏等类型，在注采两端都发挥着极为重要的作用，能够实现多层开发、精细化油藏再认识、科学调整注采剖面等多重目标，成为现在能源开发行业中不可或缺的关键技术之一。

图 1-4　水平井钻井

① 水平井钻井的优点

水平井钻井技术有着突出性优势，充分融合了定向钻井技术及垂直钻井技术这两者的优势，具有其他钻井技术所不具备的优点。

a. 提高石油开采产量

水平井钻井技术可以准确地识别石油资源的位置，进而节约石油在开发过程中所需要的时间，提高石油开采产量；能够依据定向钻井技术，有效控制钻头沿着储层逐层钻进，大大提高了钻遇率，有效增加了泄油面积，最终能够确保单井产量的提升。

b. 降低采油成本

从总体成本上对比，水平井钻井技术的成本相比于其他技术成本具有优势，产生的附带污染也较低，避免过多的开发浪费情况发生。

c. 帮助技术人员提高认识

水平井钻井技术的应用过程，也同样是帮助技术人员进一步认识地层的过程，使技术人员能够更为全面地了解开发层段，收集更为详细的资料，以便给出更为科学的开发方案。

d. 促进钻井技术发展

能够极大带动钻井技术的集成化科技研发和应用，在丛式水平井、智能化水平井工程模式等方面，推进了钻井工程领域的科技进步，使得钻井工程技术层面的工艺逐步多样化、自动化、智能化、集成化和信息化。

② 我国水平井钻井技术存在的问题

a. 设备因素

与国际上水平井钻井技术的成熟发展和应用相比，我国在部分水平井钻井方面还存在一些差距，尤其是水平井钻井相关技术配套石油机械方面。国内很多设备仍然是传统的设备类型，维修维护较为频繁，设备稳定性不理想，购买国外的进口设备，不仅价格昂贵，还容易影响国内设备制造商的积极性，从而出现了设备与技术发展不匹配的情况。这需要国内石油机械行业从业者加快技术革新步伐，迎头赶上，打破设备卡脖子的瓶颈，推动国内水平井钻井技术再上新台阶。

b. 地质因素

地质因素是影响水平井钻井质量和效率的限制条件。地质构造复杂性较高，各个地质环境很难被完全掌握。因此，钻井难度的大小也在一定程度上取决于地质环境。在石油开采过程中，倘若开采的地段地质环境复杂，就会导致整个钻井速度比较缓慢。

c. 稳定因素

水平井钻井过程不同于直井，其经常存在弯曲造斜的情况，一旦水平井的井筒弯曲度没有控制好，就极大考验钻柱的刚度和硬度。若是钻柱质量不佳，就容易出现脱离方案轨迹的情况。所以水平井钻进过程中的稳定对于整体质量极为重要，一旦出现问题，严重影响水平井钻井的施工效益。

d. 泥浆因素

钻进过程中需要用到大量泥浆，如果泥浆的相对密度与钻孔工作不匹配，出现过大或者过小的情况，会严重影响钻孔的效率，过大的相对密度会导致钻具膨胀，出现较大摩阻扭矩；而过小则会出现反力损坏钻柱，故需要高度重视泥浆相对密度问题。

e. 固井条件

水平井钻井技术对固井的要求较高，尤其是在斜井段和水平段的高边区域按照水袋的形式保障水泥与水平井壁的固井质量达到理想效果，经常会需要在钻进过程中，在泥浆内混入一定比例的原油液体，以降低摩阻。可是，当水泥凝结时会形成部分缝隙，影响了固井的整体效果和稳定性。此外，还有在凝析油气储层中钻进时，部分油气也会掺入泥浆，影响固井质量。一旦水泥凝结后带有缝隙，在强大的振动下，轻则导致脆性裂纹，重则导致断裂，严重影响水平井钻井的质量。

f. 相关人员素质水平

由于水平井钻井技术尚属于较为先进的钻井技术，与理论知识结合较为紧密，而国内针对当前该技术应用方面人员相关的培训较少，基本从实践中摸索和掌握部分重要技术内容，影响了相关人员的基础知识和技术的储备厚度。

1.1.4 钻井设备

钻井设备由提升系统、旋转系统、循环系统、传动系统、驱动系统、控制系统、钻机底座及辅助设备等八大系统组成。钻井设备主要包括石油钻机、钻井工具、钻井仪器和辅助设备等。旋转钻井法采用的钻机主要由井架及提升装置、动力机及传动装置、钻井泵及钻井液循环系统等组成，用于实现钻柱(管柱)的提升和旋转以及钻井液的循环等功能。钻井工具和钻井仪器用于钻井过程中对地层压力的控制和对钻井工艺参数的监测与控制等。

(1) 石油钻机

钻机是石油钻井的地面配套设备，由多种机器设备组成的一套大功率重型联合工作机组，主要由起升系统、旋转系统、循环系统、驱动与传动系统、气控系统、井控系统组成，可以满足完成钻进、接单根、起下钻、循环洗井、下套管、固井、完井及特殊作业和处理井下事故等要求。如图 1-5 所示。

图 1-5　石油钻机

(2) 钻柱

钻柱是钻头以上，水龙头以下部分的钢管柱的总称。它包括方钻杆、钻杆、加重钻杆、钻铤、各种接头及稳定器等井下工具。钻柱是钻井的重要工具，它是连通地下与地面的枢纽。

(3) 钻头

钻头是直接破碎岩石形成井眼的工具，是影响钻井速度最直接的因素之一。按照结构特点和破岩机理，可将钻头划分为：刮刀钻头、牙轮钻头和金刚石钻头；按照钻切岩石面积及形状，可将钻头划分为：全面钻进钻头、取芯钻头和特种钻头。

1.1.5 钻井程序

一口井从开钻到完成，要经过很多道工序，可分为钻前、钻进和完井三个不同阶段。

(1) 钻前

开钻前的准备工作主要包括：

① 定井位。地质师根据地质上或生产上的需要确定井底位置。当井身轴线按铅垂线设计时，井口中心与井底中心位置在同一铅垂线上，这就是直井。如果井身轴线定向偏离铅垂线，井口位置不与井底在同一铅垂线上，这就是定向井。

② 修路。为了将各种设备与物资运入井场，需要修路。因有时满载车总重可达30~40t或更多，所以公路应能通行重载车。对于海上钻井，人员、设备与物资由专门的补给船或直升机运送。

③ 修井场。在井口周围平整并适当压实铺垫出一块场地以供施工之用。井场面积因钻机而异，大型钻机约需120m×90m，中型钻机约为100m×60m，形状大致呈长方形，可因地制宜。

④ 打基础。为了保证设备在钻井过程中不会下陷，要打基础(或称基墩)。基础可用方木、水泥预制块填充或在现场用混凝土浇灌。

⑤ 安装设备。包括立井架，安装钻机、钻井泵及钻井液循环系统等。

(2) 钻进

指从第一次开钻起到钻完全部井深这一阶段的工作。以一定压力作用在钻头上，使钻头的刃部吃入岩石，并用接在钻头上部的钻柱带动钻头旋转以破碎井底岩石，所产生的岩屑通过钻井流体循环到地面上来，井就会逐渐加深。钻头加到地层上的压力叫钻压，是靠钻柱在钻井流体中的自重的一部分产生的。钻柱从地面一直延伸到井底，井有多深，钻柱就有多长。随着井的加深，钻柱也逐渐增长，其重量也逐渐加大。过大的钻压将会引起钻头、钻柱、设备过早地损坏，所以必须将大于所要求钻压的那部分钻柱重量吊悬起来，不使其作用到钻头上。下部形成钻压的那部分钻柱处于压应力状态，上部被吊悬部分处于拉应力状态。

钻进时要循环钻井流体，钻井流体可以是以水、油为基础的悬浮液体，也可以是空气或天然气等气体。钻井流体经中空的钻柱内孔注入，从钻头水眼中流出，清洗钻头，冲向井底，将钻屑冲离井底，携带着岩屑进入井眼与钻柱之间的环形空间向上返到地面。返出地面的钻井流体在分离出钻屑后被再次注入井内，循环使用。

钻进包括如下作业：

① 接单根。在钻进过程中，由于井在不断加深，钻柱也要及时接长，每次接入一根钻杆叫作接单根。通常每根单根长近 10m，打一口井要接很多次单根。用顶部驱动钻井装置时接立根(一般由三个单根组成)。

② 起下钻。在井底破碎岩石的钻头会逐渐磨损，当钻头磨损到一定程度后，破岩速度就会很慢，需要更换新钻头。为此，需将钻柱从井中取出(起钻)，更换新钻头后再将新钻头及钻柱下入井内(下钻)。这一过程称为起下钻。一口井一般要用多只钻头才能钻成，可能需多次起下钻。有时为了处理井下复杂情况和事故，进行测井、取心等作业，也需要起下钻作业。

③ 固井。一口井在钻凿过程所形成的井(筒)壁应当是稳定的，才能保证继续向下钻进。实际上，井眼所要穿过的地层性质各异：有的地层岩石坚硬，井眼形成以后可以维持较长时间而不致坍塌；有的地层则很松软、破碎，岩石极易坍塌落入井内；有的地层内含高压油、气、水等流体；有的地层强度不高，易被压裂，造成钻井液漏失；有的地层含有盐、石膏、芒硝等成分，对钻井液产生不良影响等。尽管地层复杂多变，还是得设法将这些地层钻穿。当这些地层被钻穿以后，上述的各种复杂情况有的可能消失，对以后的钻井不再产生危害，有的则继续给钻井工作造成麻烦，也许会形成隐患。为了保护已钻成的井眼和使以后的钻井工作顺利进行，或为生产形成通路，防止各层间串通，需要在适当的时候对井眼进行加固，称为固井。固井的方法是将套管下入井中，并在井眼与套管之间的环形空间内灌注水泥浆(在套管的下段部分或全部环空)从而将套管和地层固结在一起，隔开某些地层。然后用较小的钻头继续钻出新的井段。一口井从开始到完成，常需下入多层套管并注水泥，即需进行数次固井作业。

④ 处理事故。常见的事故有：如物件落入井内，需进行打捞；钻杆断在井内也要打捞；钻柱被卡在井内时则要设法解除卡钻；井喷失控着火是钻井的灾难性事故，处理这种事故难度最大。

⑤ 其他作业。在钻井过程中要进行岩屑录井、气测等录井工作，必要时还要钻取岩心、进行电法测井等。探井在钻遇好的油气显示时要进行地层测试等。

(3) 完井

完井是从钻完全部井深起到交井或弃井这一阶段的工作。完井阶段的工艺包括测井、确定完井方式、下生产套管固井、下油管、射孔、装油管头和采油树，然后进行替喷、诱导油气进入井筒，进而便可进行采油生产。钻井意义上的完井是从钻完全部井深起到下生产套管(如需要)固井并测完声幅验收合格为止。

1.1.6 我国石油钻井发展历史

中国是世界上最早进行石油钻井的国家。早在西汉宣帝时，在现在的四川省和陕西省掘凿盐井发现天然气，并用于煮盐。到宋仁宗庆历年间(1041—1048 年)，在四川省自贡地区用人力顿钻设备钻出了“卓筒井”(小口径井)，英国科技史专家李约瑟博士认为顿钻钻井是中国的重大发明。世界旋转钻井始于 1900 年，中国到 1936 年开始引进旋转钻机在新疆独山子地区钻了一批浅油井。1949 年后，中国石油钻井的发展经历了四个时期：

(1) 1949—1959 年为初创时期，在这个时期主要是引进和学习苏联、罗马尼亚等国家的钻井装备和技术，旋转钻井技术得到初步发展；

(2) 1960—1978 年是发展时期，通过自主攻关，形成了浅井和中深井的钻井配套技术；

(3) 1979—1998 年是提高时期，广泛吸收了国外先进钻井技术，同时通过攻关，形成了深井钻井和多种功能定向井钻井的配套技术，并发展了保护油气层技术；

(4) 1998 年以后是走向全面市场化的时期，在这时期主要发展了小井眼钻井、大位移井钻井、水平井钻井、分支井钻井、欠平衡钻井、连续管钻井和套管钻井等钻井新工艺技术。

21 世纪石油钻井技术发展的主导方向是实现钻井的信息化、自动化和智能化。我国石油钻井要进一步提高技术发展速度，缩短与世界先进水平的差距，并努力实现钻井工程的安全、优质、高效、环保和低成本。

1.2 钻柱与钻杆

1.2.1 钻柱

钻柱是钻井的重要工具，它是连通地下与地面的枢纽。钻柱是钻头以上，水龙头以下部分的钢管柱的总称，由方钻杆、钻杆、钻铤、转换接头等组成，典型的钻柱组合如图 1-6 所示。在转盘钻进时，靠它来传递破碎岩石所需要的能量，给井底施加钻压，以及循环钻井液等。在井下动力钻具钻进时，通过钻柱送井下动力钻具到井底并靠钻柱来承受反扭矩，同时通过钻柱输送液体能量到井下动力钻具和钻头。

钻柱在钻井过程中的主要作用包括：

(1) 为钻井液由井口流向钻头返回地面提供通道；

(2) 给钻头施加适当的压力(钻压)，使钻头的工作刃不断吃入岩石；

(3) 把地面动力(扭矩等)传递给钻头，使钻头不断旋转破碎岩石；

(4) 起下钻头；

(5) 根据钻柱的长度计算井深；

(6) 通过钻柱可以观察和了解钻头的工作情况、井下状况及地层情况等；

(7) 进行取心、挤水泥、打捞落物、处理井下事故等特殊作业。

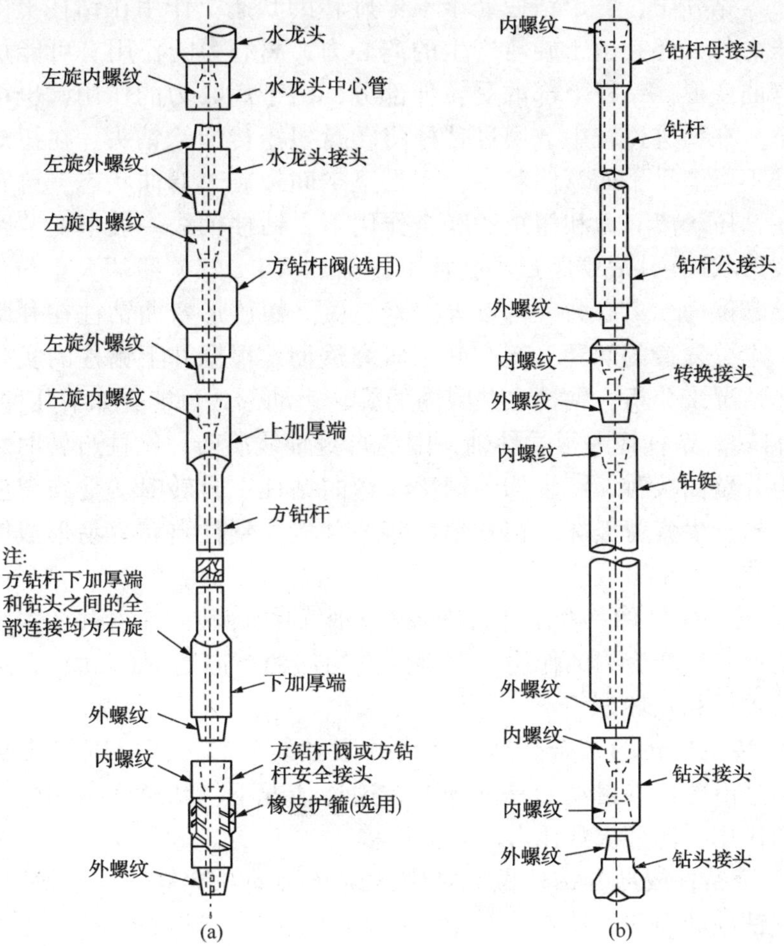

图 1-6 典型的钻柱组合

(1) 钻柱的工作状态

在钻井过程中，钻柱主要有起下钻和正常钻进两种工作状态。在起下钻时，整个钻柱被悬挂起来，在自重的作用下，钻柱处于受拉伸的直线稳定状态。实际上，井眼并非是完全竖直的，钻柱将随井眼倾斜和弯曲。

在正常钻进时，部分钻柱(主要是钻铤)的重力作为钻压施加在钻头上，使得上部钻柱受拉伸而下部钻柱受压缩。在钻压小和直井条件下，钻柱也是直的，但当压力达到钻柱的临界压力值时，下部钻柱将失去直线稳定状态而发生弯曲并与井壁接触于某个点(称为切点)，这是钻柱的第一次弯曲；如果继续增加钻压，则会出现钻柱的第二次弯曲或更多次弯曲。目前，旋转钻井所用钻压一般都超过常用钻铤的临界压力值，如果不采取措施，下部钻柱将不可避免地发生弯曲。

在转盘钻井中，整个钻柱处于不停旋转的状态。作用在钻柱上的力，除拉力和压力外，还有由于旋转产生的离心力，离心力的作用有可能加剧下部钻柱的弯曲变形。钻柱上部的受拉伸部分，由于离心力的作用，也可能呈现弯曲状态。在钻进过程中，通过钻柱将转盘扭矩传递给钻头。在扭矩的作用下，钻柱不可能呈平面弯曲状态，而是呈空间螺旋形弯曲状态，鲁宾斯基曾指出，在钻压、离心力和扭矩的联合作用下，钻柱轴线一般呈变节距的螺旋弯曲曲线形状(在井底螺距最小，往上逐渐加大)，螺旋线的大小与钻压、扭矩、井壁摩擦力、离心力、自重等因素有关。螺旋形弯曲钻柱在井眼内的旋转是一个十分复杂的问题，至今尚未研究透彻。根据井下钻柱的实际磨损情况和工作情况来分析，钻柱在井眼内的旋转运动形式可能有如下几种：

① 自转。钻柱像一根柔性轴，围绕自身轴线旋转。钻柱自转时，在整个圆周上与井壁面接触，产生均匀磨损。弯曲钻柱在自转时、受到交变应力的作用，容易产生疲劳破坏。在软地层弯曲井段，钻柱自转容易形成键槽，起钻时可能造成卡钻事故。

② 公转。钻柱像一个刚体，围绕着井眼轴线旋转并沿着井壁滑动。钻柱公转时，不受交变应力的作用，但产生不均匀的单向磨损(偏磨)，从而加快了钻柱的磨损和破坏。

③ 公转与自转的结合。钻柱围绕井眼轴线旋转，同时围绕自身轴线转动，即不是沿着井壁滑动而是滚动。在这种情况下，钻柱磨损均匀，但受交变应力的作用，循环次数比自转时低得多。

④ 整个钻柱或部分钻柱做无规则的旋转摆动：这种运动形式很不稳定，常常造成钻柱的周向振动。

⑤ 整个钻柱或部分钻柱做无规则的纵向振动：这种运动形式与钻头工作

等多种因素相关，会加重钻柱的疲劳破坏。

从理论上讲，如果钻柱的刚度在各方向上是均匀一致的，那么钻柱采取哪种运动形式取决于外界阻力(如钻井液阻力、井壁摩擦力等)的大小，一般都采取消耗能量最小的运动形式，当钻柱自转时，旋转经过的行程比其他运动形式都小，克服钻井液阻力及井壁摩擦力所消耗的能量较小。因此，一般认为弯曲钻柱旋转的主要形式是自转，但也可能产生公转或两种运动形式的结合，即既有自转，也有公转。弯曲钻柱自转这一论点十分重要。鲁宾斯基等学者正是在这个基础上研究了钻柱的弯曲和井斜问题。在钻柱自转的情况下，离心力的总和等于零，对钻柱弯曲没有影响。这样，钻柱弯曲就可以简化成不旋转钻柱弯曲的问题，研究起来就容易多了。

在井下动力钻井时，钻头破碎岩石的旋转扭矩来自井下动力钻具，其上部钻柱一般是不旋转的，故不存在离心力的作用。另外，可用水力载荷给钻头加压，这就使得钻柱受力情况变得比较简单。

(2) 钻柱的受力分析

钻柱在井下受到多种载荷(轴向拉力及压力、扭矩、弯曲力矩、离心力、外挤压等)的作用。在不同的工作状态下，不同部位的钻柱受力的情况是不同的。

① 轴向拉力和压力

钻柱的轴向载荷主要有由其自重产生的拉力、由钻井液产生的浮力和因加钻压而产生的压力。此外，钻柱与井壁、钻井液间的摩擦，循环钻井时在钻柱内及钻头水眼上所消耗的压力，起下钻时上提或下放钻柱速度的变化等均会产生附加的轴向载荷。

a. 自重产生的轴向拉力

钻柱在垂直井眼中悬挂时，在井眼内没有钻井液的情况下，处于悬挂状态的钻柱仅受到自重力的作用，由上而下处于受拉伸状态。井口处拉力最大，最下端拉力为零。

钻柱任一截面处(假定在钻杆上)的拉力可按下式计算：

$$F_0=q_pL_p+q_cL_c \tag{1-1}$$

式中 F_0——钻柱任一截面处的拉力，kN；

q_p，q_c——分别为钻杆、钻铤单位长度的重力，kN/m；

L_c——钻铤的长度，m；

L_p——截面以下钻杆的长度，m，若计算截面在钻铤上，L_p 为零。

b. 浮重产生的轴向力

当井眼内充满钻井液时，钻柱除了受自重力的作用外，还受到钻井液静液压力的作用。钻柱与钻井液相接触的所有表面上的静液压力与面积乘积的合力，称为浮力，方向向上。由于浮力的作用，减轻了钻柱的重力，使钻柱的轴向拉力减小。此外，作用于钻柱内外表面上的侧向静液压力，虽然合力为零，但对钻柱管体却形成侧向挤压作用。研究指出：钻井液浮力和静液压力侧向挤压作用对钻柱轴向力的综合影响结果，相当于使钻柱的线重减轻了，其减轻程度可用浮力系数 K_B 表示，如下：

$$K_B = 1-\rho_d/\rho_s \tag{1-2}$$

式中 ρ_d，ρ_s——钻井液和钻柱钢材的密度。

钻柱在钻井液中的重力称为浮重。钻柱的浮重等于钻柱在空气中的重力乘以浮力系数 K_B，悬挂在钻井液中的钻柱任一截面上的轴向拉力等于该截面以下钻柱在钻井液中的浮重。如下：

$$F_m = K_B(q_pL_p+q_cL_c) = K_BF_0 \tag{1-3}$$

c. 正常钻进时的轴向力

正常钻进时，下放钻柱，把部分钻柱的重力加到钻头上作为钻压。钻压使钻柱的轴向拉力减小一个相应数值，而且下部钻柱受压缩应力的作用。钻柱任一截面上的轴向拉力为：

$$F_w = K_B(q_pL_p+q_cL_c)-W \tag{1-4}$$

式中 F_w——钻井时(有钻压)钻柱任一截面上的轴向拉力，kN；

W——钻压，kN。

由式(1-4)可知，作用在钻柱某一截面上的轴向拉力等于该截面以下的钻柱浮重减去钻压。上部钻柱受拉力作用，井口处最大，向下逐渐减小；下部钻柱受压力作用，井底处最大。在某一深度处，轴向力等于零。我们把钻柱上轴向力等于零的点(N 点)定义为中性点，亦称中和点(图 1-7)。

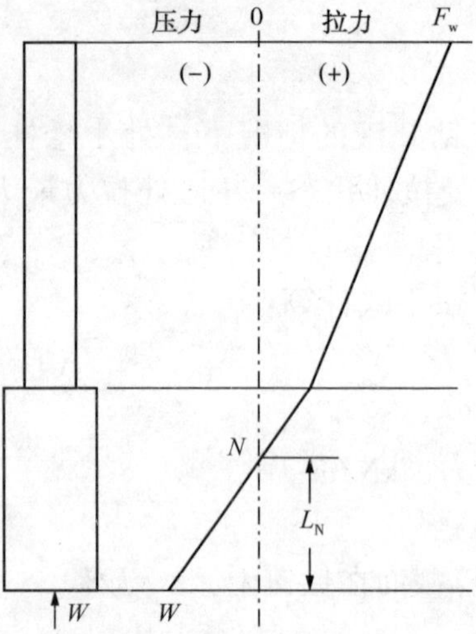

图 1-7 钻柱轴向力分布与中性点

中性点最早是由鲁宾斯基提出的，他基于中性点将钻柱分为两段，上面一段钻柱在钻井液中的重力等于大钩悬重，下面一段钻柱在钻井液中的重力等于钻压，这种提法只适用于垂直井钻柱。

根据中性点的定义，垂直井眼中钻柱的中性点高度可按下式确定：

$$L_N = \frac{W}{q_cK_B} \tag{1-5}$$

式中　L_N——中性点距井底的高度，m。

中性点是钻柱受拉与受压的分界点，具有重要的现实意义。在钻柱设计中，希望中性点始终落在刚度大、抗弯能力强的钻铤上，而不是落在强度较弱的钻杆上，使钻杆一直处于受拉伸的直线稳定状态，以免钻杆受压弯曲和受交变应力的作用。因此，设计的钻铤长度不能小于中性点高度，也就是说，钻铤的浮重不能小于钻压，即“浮重原则”。目前，许多钻井实践都遵守这一原则来确定钻铤的长度。

在钻进过程中，钻柱除了受到重力(浮重)和钻压的作用外，钻柱内及钻头水眼上的压力降还会在钻柱内产生附加的轴向拉伸应力，相当于钻柱受到一个拉伸载荷。循环钻井液时，在钻柱任一截面处产生的拉力负荷可按下式计算。

$$F_h = (\Delta p_i + \Delta p_b) A_i \times 10^{-4} \tag{1-6}$$

式中　F_h——循环压耗引起的附加轴向拉力，kN；

Δp_i——截面以下钻柱内压耗，kPa；

Δp_b——钻头水眼处的压耗，kPa；

A_i——钻柱流道截面积，cm^2。

d. 其他轴向力的计算

起下钻时，作用在钻柱上部的轴向力，除了钻柱的重力(浮重)外，还有井壁及钻井液对钻柱的摩擦力 F_t 和提升或下放速度变化所产生的动载 F_d。摩擦力 F_t 的大小与钻井液性能、井壁岩石性质、钻柱结构、井眼深度及井身质量等因素有关，难以准确计算，应结合现场具体情况来确定。下面介绍的经验公式供计算时参考。

$$F_t = (0.2 \sim 0.3) F_m \tag{1-7}$$

F_d 和起下钻操作状况及起升时的加速度、下钻时的减速情况有关。

$$F_d = \frac{v}{gt} F_m \tag{1-8}$$

式中　F_d——提升加速或下钻减速阶段产生的动载，N；

v——大钩提升或下放速度，m/s；

t——加速或减速所延续的时间，s；

g——重力加速度，m/s^2。

考虑摩擦力和动载的作用后，钻柱任一截面处的轴向力为

$$F_t = K_B (q_p L_p + q_c L_c) \pm F_f + F_d \tag{1-9}$$

其中：起钻时取正号，下钻时取负号。

上述钻柱轴向力计算都是指井眼垂直的情况。倾斜或弯曲的井眼中，由于井眼不再是垂直的，钻柱自重力的计算、钻井液液柱压力的影响以及摩擦

阻力的确定等都比较复杂。

② 扭矩

在转盘钻进时，必须通过转盘把一定的扭矩传递给钻柱，用于旋转钻柱和带动钻头破碎岩石。因此，在钻井过程中钻柱受到钻头扭矩的作用，在钻柱各个截面上都产生剪应力。钻柱所受扭矩和剪应力的大小与钻柱尺寸、钻头类型及直径、岩石性质、钻压和转速、钻井液性质及井眼质量等因素有关。钻柱承受的扭矩在井口处最大，向下随着能量的消耗逐渐减小，在井底处最小。在井下动力钻具钻进中，钻柱承受的扭矩为井下动力钻具的反扭矩，在井底处最大，往上逐渐减小，井口位置最小。

扭矩可按下式计算

$$M_{\mathrm{p}}=\frac{9549P}{n} \tag{1-10}$$

式中 P——钻柱传递的功率(旋转钻柱所需的功率)，kW；

n——钻柱的转速，r/min；

M_{p}——钻柱所受扭矩，N·m。

③ 弯曲力矩

正常钻进时，当施加的钻压超过钻柱临界值时，下部钻柱就会产生弯曲变形。在转盘钻井中，钻柱在离心力作用下亦会产生弯曲。钻柱在弯曲井眼内工作时，也将发生弯曲。产生弯曲变形的钻柱在轴向压力的作用下，将受到弯曲力矩的作用，在钻柱内产生弯曲应力。在弯曲状态下，钻柱如绕自身轴线旋转，则会产生交变的弯曲应力。弯曲应力的大小与钻柱的刚度、弯曲变形部分的长度及最大挠度等因素有关。由于井下钻柱的弯曲变形是一个十分复杂的问题，故弯曲力矩及弯曲应力的计算也十分复杂。

④ 离心力

当钻柱绕井眼轴线公转时，将产生离心力，离心力将引起钻柱弯曲或加剧钻柱的弯曲变形。

⑤ 外挤压力

钻杆测试时，钻杆将承受很大的外挤压力。进行钻杆测试时，一般都在钻柱底部装一个封隔器，用于封隔下部地层和管外环空。钻杆下入井内时控制阀是关闭的，因此钻井液不能进入钻杆内，封隔器压紧后打开控制阀，地层流体才流入钻柱内。最大挤压力常发生在全空钻杆下到井底和测试完毕后上提钻柱时，下部钻柱同时受到外挤和拉伸的联合作用，容易出现挤毁。另外，使用卡瓦起下钻时，钻柱受到卡瓦的挤压力作用。

⑥ 纵向振动

钻井时，钻头的转动会引起钻柱的纵向振动，在钻柱中性点附近产生交变的轴向应力。纵向振动和钻头结构、所钻地层性质、泵量不均匀、钻压及转速等因素有关。当钻柱振动周期与钻柱固有振动周期相同(或数倍)时，容易产生共振，振幅急剧增大，称之为“跳钻”。

⑦ 扭转振动

当井底对钻头旋转的阻力不断变化时，会引起钻柱的扭转振动，产生交变剪应力，降低钻柱的寿命，特别是使用刮刀钻头钻软硬交错地层时，钻柱可能产生剧烈的扭振，出现所谓的“蹩跳”现象。

⑧ 横向摆振

在某一临界转速下，钻柱将出现摆振，其结果是使钻柱产生公转，引起钻柱的严重偏磨。

钻井过程中钻柱的受力情况非常复杂，这些载荷就性质而言，可以分为不变和交变两大类。属于不变应力的有轴向载荷和扭矩载荷产生的拉应力、压应力和剪应力，属于交变应力的有弯曲应力、扭转振动引起的剪应力以及纵向振动引起的拉应力和压应力。在整个钻柱长度内，载荷作用的特点是井口处受不变载荷的作用而靠近井底则主要受交变载荷(拉、压、弯曲应力)作用。交变载荷的作用是钻柱疲劳破坏的主要原因。

1.2.2 钻杆

钻杆是尾部带有螺纹的钢管，用于连接钻机地表设备和位于钻井底端钻磨设备或底孔装置。钻杆的用途是将钻探泥浆运送到钻头，并与钻头一起提高、降低或旋转底孔装置。钻杆必须能够承受巨大的内外压、扭曲、弯曲和振动。

(1) 钻杆的钢级与材料

① 钢制钻杆

钻杆是钻井的主要工具，连接在方钻杆的下端，主要起到传递动力、输送泥浆的作用。美国石油学会 API Spec 5D 标准中规定钻杆包括 E75、X95、G105、S135 四种钢级，屈服强度依次增高。常用规格为 60.30mm(2⅜in)、80.90mm(3½in)、114.30mm(4½in)、127.00mm(5in)等，长度为二级长度 8.23~9.14m，壁厚一般为 7.11mm、9.19mm、9.35mm、10.92mm、11.40mm。在 2018 年之前与 ISO 11961 标准等同。2018 年发布的最新 ISO 11961 钻杆标准增加了 D95 和 F105 两个钢级，供在含硫化氢环境下选用。钻杆材料的化学成分和力学性能的要求见表 1-1~表 1-3。

表 1-1 钻杆材料的化学成分要求

钻杆部件		磷(≤)/%	硫(≤)/%
管体	E 钢级	0.030	0.020
	X，G 和 S 钢级	0.020	0.015
	D 和 F 钢级	0.013	0.006
钻杆接头	E，G 和 S 钢级	0.020	0.015
	D 和 F 钢级	0.015	0.010

表 1-2 钻杆材料的强度和伸长率的要求

钢级	屈服强度/MPa		抗拉强度/MPa		伸长率/%
	最小	最大	最小	最大	最小
E	517	724	689	—	据壁厚计算
X	655	862	724	—	据壁厚计算
D	655	758	724	—	据壁厚计算
G	724	931	793	—	据壁厚计算
F	724	827	793	965	据壁厚计算
S	931	1138	965	—	据壁厚计算
E，G，X 和 S 钢级钻杆接头	827	1138	965	—	13
D 和 F 钢级钻杆接头	758	862	862	1000	13

注：钻杆管体采用全壁厚板拉试样，钻杆接头采用圆棒拉伸试样。

表 1-3 -20℃下钻杆材料夏比 V 型缺口纵向冲击吸收功指标

项　目	最小平均吸收能 A_{kv}/J			试样最小吸收能 A_{kv}/J		
	试样尺寸/mm×mm			试样尺寸/mm×mm		
	10×10	10×7.5	10×5	10×10	10×7.5	10×5
普通钻杆管体所有钢级	100	80	55	80	64	44
普通钻杆接头	80	64	44	60	48	33
抗硫钻杆管体	100	80	55	80	64	44
抗硫钻杆接头	90	72	50	70	56	39

注：由于钻杆产品存在质量等级，本表中的性能指标为Ⅲ级钻杆材料要求。

② 抗硫钻杆

抗硫钻杆是目前国内应用最广的一种高性能钻具，主要用于酸性气田。在一些高含 H_2S 的油气田中，由于 H_2S 对钻杆(尤其是对高强度的钻杆)具有很强的腐蚀性以及应力腐蚀开裂的敏感性，因此，抗硫钻杆在国内气田得到了大量的应用。从 95SS 钢级的钻杆到 105SS 钢级的钻杆，由于材料强度的提高，使得材料对应力腐蚀开裂的敏感性增加，发生腐蚀和应力腐蚀的风险性就越高。因此，抗硫钻杆材料的强度受到了很大的限制。目前，美国格兰特钻杆有限公司成功研发了120SS钢级的抗硫钻杆，并在油田得到应用。我国的抗硫钻杆研究已取得阶段成果，包括宝钢和渤海能克在内的多家国内钻杆厂家研发出95SS和105SS钢级的抗硫钻杆，并在油田得到应用。120SS钢级抗硫钻杆已在研发当中。表1-4为IRP1(加拿大石油安全委员会制定工业推荐作法)标准抗硫钻杆的性能参数。

表1-4 IRP1标准抗硫钻杆的性能

钢级	屈服强度/MPa	抗拉强度/MPa	冲击功*/J	抗硫性能**
SS75	517~655	655~793	≥88	85%SMYS
SS95	655~758	724~896	≥100	
SS105	724~827	793~965	≥100	
工具接头	758~862	862~1000	≥90	65%SMYS

注：*室温全尺寸纵向冲击功单个值；**采用NACE 0177-2005标准A方法在A溶液中进行试验。

③ 铝合金钻杆

铝合金钻杆在石油工业的应用已有数十年的历史，目前铝合金钻杆已经形成了产品系列。从20世纪50年代开始，俄罗斯开始从事铝合金钻杆的研制和推广应用。60、70年代，铝合金钻杆开始应用于北美和南美洲。铝合金钻杆的成本大约是常规钢钻杆的两倍。其性能优点为：重量降低、高耐腐蚀性、高抗疲劳特性、无磁性。表1-5为铝合金钻杆的力学性能参数。

表1-5 铝合金钻杆的力学性能

钢级	屈服强度/MPa	抗拉强度/MPa	延伸率/%	屈服强度与容重比
7E04	585	645	10.2	36563
D16T	325	460	12.0	20313
AK4-1T1	340	410	8.0	21251
1953 T1	480	530	7.0	3001

④ 超高强度钢钻杆

超高强度钢钻杆是为实现深井、超深井钻井而研制的。目前，超高强度钻杆钢包括140ksi(965MPa)、150ksi(1034MPa)和165ksi(1137MPa)最小屈服强度。140钢级钻杆使用量约是16.8×10^4m，150钢级为6.1×10^4m，这些钢级钻杆和S135钻杆成本相当。与S135钻杆的强度质量比相比，165钢级钻杆的强度质量比提高了22%，仅比钛合金钻杆低15%，位于第二位，但其成本却远低于钛合金钻杆。国外某钻杆生产厂家生产的 Z140 型高强度钻杆的强度质量比为 123.3kPa · m^3/g，比 S135 高强度钻杆强度质量比高出 4%。V150 型高强度钻杆的强度质量比为 132kPa · m^3/g，比 S135 高强度钻杆强度质量比高出 11%。

⑤ 钛合金钻杆

钛合金钻杆主要用于超短半径钻井。在超短半径钻井、超深井和深水钻井应用中，钛合金钻杆的优势明显。其优点是重量轻，钛要比钢轻 56%，钛合金钻杆的最小屈服强度为 120ksi(827MPa)，比 S135 钢钻杆强度质量比提高了 37%。

钛具有高抗腐蚀、抗冲蚀和良好的耐疲劳特性。因此，钛可以用于制造高性能的钻杆，钛合金钻杆的应用为超深井和超短半径水平井的发展提供技术解决方案。但钛合金钻杆对疲劳缺口的高敏感性和高成本制约了其在石油行业中的应用。

⑥ 复合材料钻杆

复合材料钻杆是通过在卷筒上缠绕碳纤维，然后应用一种环氧基复合材料覆盖并密封而成的钻杆。目前生产的复合钻杆，其成本大约是常规钢钻杆成本的三倍，但复合材料钻杆具有许多潜在的优势，包括质量轻、超高的抗腐蚀能力、高的强度质量比以及高的抗疲劳能力。

阻碍复合材料钻杆在大位移井、超深井和深水钻井中应用的一个主要问题是其水力特性导致效率较低。为了获得必要的结构特性，复合材料钻杆必须比常规钢钻杆厚许多，复合材料钻杆的壁厚可能要达到常规钢钻杆壁厚的两倍。

(2) 钻杆生产现状及生产技术

国外钻杆生产厂家有美国格兰特公司和法德合资的瓦母公司，两家的产能占全世界的一半。国内具有代表性的钻杆生产厂家有上海宝钢、渤海能克钻杆有限公司等。

20 世纪 60 年代以前，钻杆的生产是采用管体与接头烘装而成，这种结构的钻杆经常会在螺纹啮合处发生疲劳断裂，造成井下钻杆断裂的恶性事故，断后无法修复，已被淘汰。70 年代初，新钻杆的生产和旧钻杆的修复采用加压气焊和闪光对焊技术，这两种焊接方法存在的缺点是焊接工艺参数不易控制，经常会在焊接部位因粒状或块状氧化物和硅酸盐类非金属夹杂物，形成致命的浅平微坑状焊接灰斑缺陷而导致钻杆早期的脆性断裂。因此，这两种焊接方法很快被淘汰。摩擦焊作为一种新型的焊接方法，具有加热时间短、焊接质量稳定、热影响区小、高效环保等特点，在钻杆生产中得到广泛的应用。我国钻杆生产起始于 20 世纪 90 年代，钻杆的生产大致包括三个部分：管端加厚、工具接头加工、摩擦对焊及后续处理。图 1-8 为钻杆的生产工艺流程。

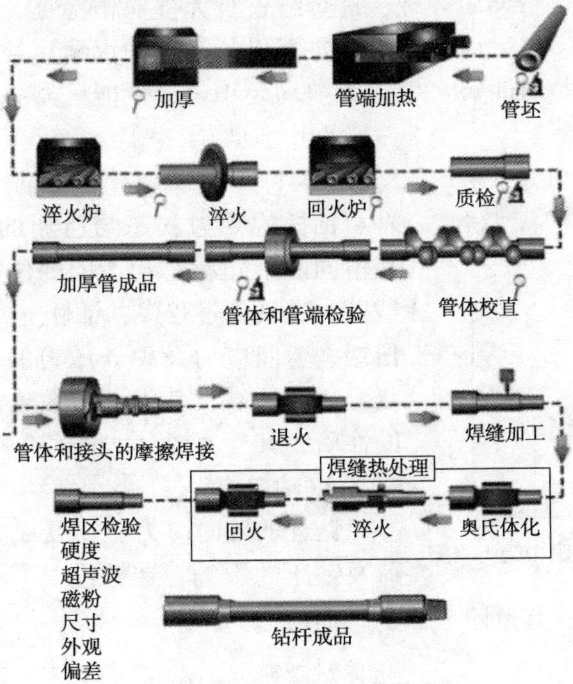

图 1-8　钻杆的生产工艺流程

① 管端加厚

石油钻杆在使用过程中，焊缝部位是最薄弱的环节，在焊接前要对无缝管管体的两端进行管端加厚，以提高其强度。根据管子直径不同一般分为内加厚、外加厚和内外加厚三种形式，其中以内外加厚形式为主。

管端加厚的过程首先是对无缝管的管端进行加热、均热；其次是用气动或者液压的方式对管端进行镦打，外表面靠模具成型，内表面靠温度梯度自然成型；最后对整个管体进行热处理、校直、无损探伤检查。成型中内表面过渡带由于薄弱、受力复杂，其成型过程十分关键。

② 工具接头加工

工具接头的材料一般采用中碳合金钢，毛坯经过加热后分三次冲压成型，经过正火后进行机械加工。首先对毛坯进行内孔、外圆、端面的车削加工；其次是对接头进行调质热处理以获取综合的力学性能，最后对接头进行螺纹加工，螺纹部分要进行镀铜或磷化处理，防止在使用过程中发生黏扣现象。

③ 摩擦焊接及后续处理

钻杆管体与工具接头的摩擦对焊是整个钻杆生产的重要一环，为保证焊接质量，几乎所有钻杆厂都采用全自动摩擦焊机。焊后需要去除焊接毛刺，对焊接热影响区进行调质处理，对焊缝进行无损探伤检查。其中焊缝的调质处理十分重要，一般采用中频加热方式进行。这种焊缝热处理的优点是：加热影响区窄，加热时间短；焊区组织均匀稳定，性能可靠；焊区表面的残余应力小。

（3）钻杆的受力分析

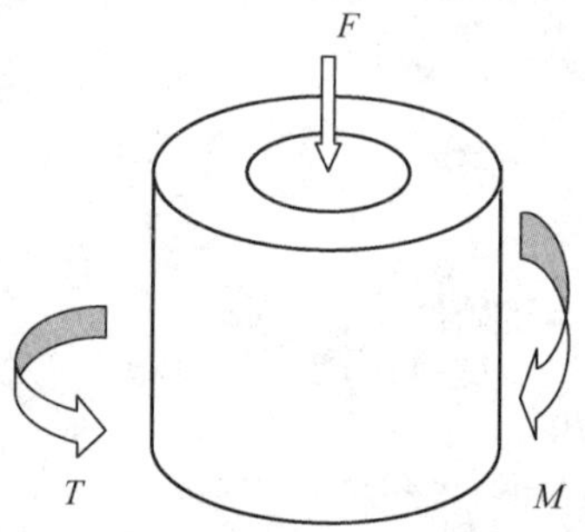

图 1-9　钻杆在井眼中受力模型

钻杆的受力状态与所用的钻井方式有关，在不同的工作状态和不同的位置作用着不同的载荷。在钻井过程中，钻杆主要承受轴向应力、扭矩、弯曲应力及内外压力的作用，是典型的复合载荷加载，其中大多数载荷具有疲劳载荷的性质，其受力情况见图 1-9。

① 轴向应力

钻杆的轴向应力主要受钻柱自重、大钩载荷及钻压的影响，在钻进时产生压应力，在回拖时产生拉应力，其危险截面的轴向应力为

$$\sigma_z=\frac{F-ql}{\frac{\pi}{4}(D^2-d^2)}\times10^{-6} \tag{1-11}$$

式中　σ_z——轴向应力，MPa；

F——大钩载荷，N；

q——钻井液中单位钻杆的有效重量，N/m；

l——危险点至井口长度，m；

d，D——钻柱内、外径，m。

② 剪切应力

钻柱受扭矩作用，在其各个截面上产生剪切应力，在钻柱外壁的剪切应力最大。

$$\tau_{max}=\frac{T}{\frac{\pi D^3}{16}\left[1-\left(\frac{d}{D}\right)^4\right]}\times10^{-6} \tag{1-12}$$

式中　τ_{max}——最大扭转剪切应力，MPa；

T——扭矩，N·m，由钻柱的摩擦阻力计算。

③ 离心力

钻柱在转压下产生弯曲，在一定条件下，弯曲钻柱围绕井眼中心线旋转产生离心力，使钻柱更加弯曲。所产生的离心力可由下式计算：

$$P = m \cdot R \cdot \omega^2 \tag{1-13}$$

式中 m——弯曲段钻柱质量，kg；

R——回转半径，m；

ω——回转角速度，s^{-1}。

④ 弯曲应力

弯曲状态下的钻杆在发生回转时，会产生交变弯曲应力，对于钻杆的最大弯曲应力，可按改进的鲁宾斯基模型确定，最大弯曲应力发生在靠近接头处。

$$\sigma_{bmax} = \frac{ED}{2}\left[(c-q_1)\frac{KL}{\tanh(KL)}+q_1\right] \tag{1-14}$$

式中 $q_1 = \frac{1Q\sin\theta}{K^2EI}$，$K=\sqrt{\frac{|F|}{EI}}$。

其中 E——杨氏模量，MPa；

c——井眼曲率，(°)/30m；

L——钻杆半长，m；

Q——单位长度钻杆的有效重量，N/m；

F——轴向载荷，N；

I——钻杆惯性矩，cm^4；

θ——井眼平均井斜角，(°)。

⑤ 径向应力与周向应力

可采用拉梅(Lame)公式计算由内外压引起的周向应力和径向应力。

$$\sigma_t = \frac{D^2p_o - d^2p_i}{D^2-d^2} - \frac{d^2D^2(p_o-p_i)}{(D^2-d^2)r^2} \tag{1-15}$$

$$\sigma_r = \frac{D^2p_o - d^2p_i}{D^2-d^2} - \frac{d^2D^2(p_o-p_i)}{(D^2-d^2)r^2} \tag{1-16}$$

式中 σ_t——周向应力，MPa；

σ_r——径向应力，MPa；

p_i——截面处内压力，MPa；

p_o——截面处外压力，MPa；

r——危险点距中心距离(取钻柱外半径)，m。

⑥ 振动载荷

钻柱产生的振动也会对钻杆的疲劳失效产生作用，图 1-10 为钻柱振动的示意图。钻柱的振动形式可分为纵向振动、扭转振动和横向振动三类。

a. 纵向振动：纵向振动指的是钻柱沿其轴向的伸缩运动。该种振动产生

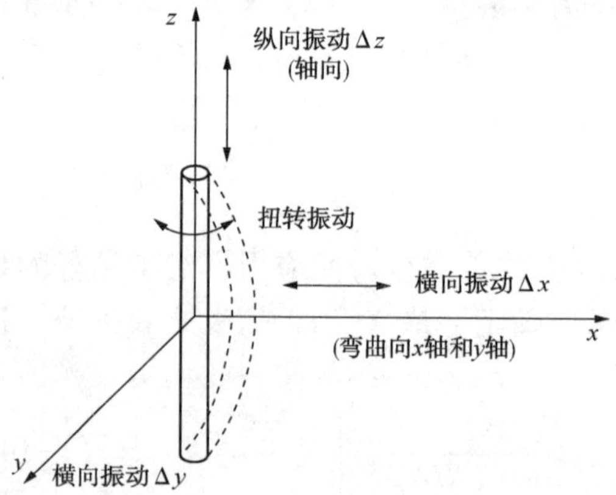

图 1-10　钻柱振动的示意图

的原因是井底不平、钻头牙齿间歇压入岩石和岩石间歇破碎。

b. 扭转振动：扭转振动指的是钻柱绕其中心线的旋转运动。该种振动产生的原因是钻头间歇破碎岩石时所产生的变化转速。

c. 横向振动：横向振动指的是钻柱中心偏离井眼中心的振动。产生该种振动的原因一是钻头间歇破碎岩石所产生的轴向交变力和位移；二是钻柱绕井眼中心的涡动。

受以上各种载荷数值的不断变化产生扭转和纵向振动，振动的大小取决于弹性系统的固有振动周期及外作用力的周期。

固有纵向振动周期计算见下式

$$T_a = 2\pi L \times \sqrt{\frac{\gamma_c}{3gE}} \tag{1-17}$$

固有扭转振动周期计算见下式

$$T_b = 2\pi L \times \sqrt{\frac{\gamma_c}{3gG}} \tag{1-18}$$

式中　L——钻杆柱长度，m；

E——弹性模量，Pa；

G——剪切模量，Pa；

g——重力加速度，m/s^2；

γ_c——钻杆材料的容重，N/m^3。

(4) 钻杆的服役环境

钻杆服役时的环境主要是钻井液，在钻井过程中，钻井液始终与钻杆的内外管壁接触，造成钻杆呈现多种形态的腐蚀损伤。

钻井液的种类很多，物性状态也不尽相同，并且在钻井过程中还将受到地下油、气、水、岩、盐层等因素的影响，因而各油田所使用的钻井液在其成分和腐蚀性能上存在很大差异。

① 钻井液的组成物

多数钻井液是黏土以颗粒状态(小于 2μm)在分散介质中所形成的溶胶—

悬浮体。为了使钻井液具有钻井工艺所要求的各种性能，需加入各种化学处理剂。钻井液的分散介质主要有淡水、盐水、油及其混合液四种，其中水为使用最早和最广泛的分散介质。

钻井液可分为水基钻井液和油基钻井液两大类。按分散介质则可细分为：淡水钻井液—含盐量(NaCl)<1%，含钙量(Ca^{2+})<120mg/L；盐水钻井液—含盐量>1%，包括不饱和盐水钻井液、饱和盐水钻井液和海水钻井液；钙处理钻井液—含钙量>120mg/L；混油钻井液—原油或柴油以水包油状态分散在水中、油包水钻井液(油包水状态)和油基钻井液等。按主要钻井液处理剂来划分，则又可分为如铁铬盐—石膏钻井液、CMC—铁铬盐钻井液、低固相弱酸性钻井液、饱和盐水钻井液、铁胶钻井液、三磺钻井液等。

② 钻井液温度

钻井液循环途中被地热加热，温度升高，在井底附近温度最高，其温度可接近于井底温度。钻井液上返到一定高度后开始冷却，返出地面在钻井液池中继续冷却直到接近大气温度。因此钻井液温度主要与井底温度、钻井液在井内停留时间以及大气温度相关，其中最重要的因素是井底温度。井底温度与井深有关。一般地温梯度为2.4~3.0℃/100m。钻井液在井内停留时间与排量、井深有关，一般每千米井深钻井液往返时间为0.15~0.35h。

在起下钻、接单根和处理事故时，钻井液循环停止，在井筒内处于静止状态，时间视具体情况长短不一，短则0.5h，长则1天甚至更长。由于钻井液上返到一定高度后即开始冷却，所以井口温度一般不超过90℃。

③ 钻井液压力

在井眼里，地层中的油、气、水的压力是靠钻井液的液柱压力来平衡的，在某个井深处的钻井液柱近似压力=(1/100)×井深×钻井液密度。

④ 钻井液 pH 值

钻井液 pH 值大致反映了钻井液腐蚀性的大小，pH 值是钻井液中氢离子浓度大小的表示。各类钻井液 pH 值不相同，但主要都在碱性范围内。钻井液的 pH 值可以通过加入 NaOH 来调节。添加一些钻井液处理剂时，pH 值会降低，这是因为这些添加剂的低浓度水溶液呈酸性或弱酸性。H_2S、CO_2 的侵入，也会使钻井液 pH 值下降，腐蚀性加强。

⑤ 钻井液溶解氧

钻井液中存在溶解氧，则其腐蚀性大大增强，即使溶解氧的浓度很低也会造成严重的腐蚀损伤。钻井液在地面搅拌，在储罐、振动筛、离心泵等与大气接触，氧都可以进入钻井液。氧在钻井液中的体积分数一般为 1×10^{-3}~

1×10^{-2}mL/L，但在使用充气钻井液时，溶解氧含量则更高。

钻井液中的溶解氧极易引起钻具的腐蚀，在中性水溶液中，氧电极的平衡电位是0.815V，而氢电极的平衡电位只有-0.413V，因此在中性和碱性钻井液中，钢质钻柱构件倾向于发生氧腐蚀，溶解氧的腐蚀速率分别为CO_2溶液和H_2S溶液的80倍和400倍。当钻井液中的NaCl浓度为2%~5%，尤其是NaCl浓度为3%时，氧腐蚀的速率最大。

⑥ 钻井液中的CO_2

CO_2可溶于钻井液中形成弱酸使钻杆发生腐蚀。此外，钻井液中的有机添加剂在热降解作用和细菌作用下产生重晶石粉或膨润土中的碳化物，苏打粉产生的CO_2也能进入钻井液。CO_2在水溶液中呈多级电离，因此可以同时存在溶解CO_2和H^+、HCO_3^-及少量的CO_3^{2-}，CO_2的溶解量增加可使溶液pH值下降。CO_2的溶解度随温度升高而下降，随入侵油气中CO_2分压增加而增加。CO_2分压大于0.2MPa时即可出现CO_2腐蚀问题。

⑦ 钻井液中的H_2S

硫化氢溶于钻井液中的水，形成弱酸，降低钻井液的pH值。硫化氢会导致钻柱的硫化物应力腐蚀开裂、氢致开裂、氢鼓泡等现象，也会造成钻柱的全面腐蚀和局部腐蚀。钻井液中的硫化氢来源：钻开油气层后，当钻井液柱压力小于油气层压力时，油气流中所含的H_2S就会大量进入钻井液，即使钻井液液柱压力大于油气层压力，由于气体的吸附、扩散及油气与钻井液间局部置换、对流作用，油气中的硫化氢也会或多或少地混入钻井液中；一些钻井液中加入磺化物处理剂，这类磺化物在井底高温下不稳定，会分解出硫化氢；铁铬木质素磺酸盐和磺化褐煤分别在130~180℃和130~140℃就开始分解出硫化氢；厌氧硫酸盐还原菌的代谢产物中也有H_2S，尤其是在长时间贮存的钻井液中，这种现象更明显。

钻井液的pH值一般大于9，因此钻井液中分子态硫化氢较少，但如果局部酸化和连续被硫化氢污染使pH值下降，则有可能以硫化氢分子态存在于钻井液中。硫化氢在钻井液中的饱和浓度随温度升高而降低，随入侵油气中硫化氢分压增加而增加。

⑧ 钻井液中的溶解盐

钻井液中一般都含有大量的离子，钻井液处理剂和地下油、气、水、盐、岩层中物质是这些离子的主要来源。饱和盐水钻井液中氯离子浓度不小于170000mg/L。食盐在水中的溶解度随温度升高而增加，可以从40℃时的36.6%增加到100℃时的39.8%，可见井底的盐度可能比井上部要高，特别是钻遇盐层时，要加入过饱和的食盐。其他类型钻井液中的氯离子浓度与添加剂、水来源和地质情况有关，浓度上差距很大。一般来说，任何类型钻井液在钻遇盐层时和与高矿化度地下水串流时，氯离子浓度都会升高。使用海水钻井液时氯离子浓度大于1.9%。

在NaCl浓度为3%左右时，溶解氧的腐蚀速度最大，氯离子本身并没有腐蚀作用，但其有催化、促进腐蚀的作用。卤族离子均有破坏钝态的能力，尤其是氯离子，具有较强的活化能力。一般认为氯离子半径小、穿透能力强，容易透过钻柱构件表面膜内极小的孔隙，直接与金属接触而形成可溶性化合物；也有人认为氯离子有很强的被金属吸附的能力，优先吸附，并可从金属表面清除吸附的致钝的氧。由于氯离子的“深挖”作用引起缝隙局部酸化可促进缝隙腐蚀。

硫酸根离子是厌氧硫酸盐还原菌(SRB)生长的基本条件，SRB在代谢过程产生的H_2S能引起金属阳极溶解，可使钻柱构件产生点蚀直至穿孔。

1.3 钻杆的失效形式及原因

1.3.1 钻杆的失效形式

钻杆在钻井时承受着拉伸、压缩、弯曲、扭转、冲击等各种交变应力的作用，其内孔还承受高压泥浆的冲刷和腐蚀，外壁承受磨损和腐蚀。在含有H_2S、CO_2、NaCl的油气田里，还要求钻杆具有抗H_2S腐蚀的能力，加上钻井液腐蚀和温度的影响，其工况条件极为复杂，工作条件非常恶劣。因此，在钻井过程中，钻杆任何部位的失效都会造成严重后果，甚至使井报废。钻杆的失效形式多样，归纳起来其失效形式可分为过量变形、断裂和表面损伤三类。

(1) 过量变形

过量变形是工作应力超过材料的屈服极限所引起的。例如钻杆本体的扭转及弯曲、钻杆接头在受载情况下螺纹部分的伸长。

(2) 断裂

断裂在钻杆失效事故中所占的比例较大，危害也较严重。断裂形式主要有过载断裂、低应力脆断、疲劳、腐蚀疲劳、应力腐蚀和氢脆等。

① 过载断裂

过载断裂是由于工作应力超过材料的抗拉强度引起的。例如钻杆遇卡、提升时焊缝热影响区的断裂及蹩钻时的钻杆管体折断。

② 低应力脆断

低应力脆断在整个钻柱失效中占相当大的比例。如钻杆焊缝的脆性断裂和钻铤及钻柱转换接头螺纹部位的脆性断裂。钻铤、钻杆和转换接头处均有低应力脆断发生。低应力脆断一般与表面或内部存在缺陷及显微组织不良有关。这种断裂的原因是疲劳损伤，在断裂前没有宏观先兆，故是钻杆最危险的断裂方式之一。

③ 疲劳

一般发生于钻铤、钻杆接头和转换接头螺纹部位等截面变化区域或因表面损伤而造成的应力集中区。由于整个钻柱承受复杂的交变应力，有些部位如螺纹根部、焊缝及划伤等缺陷处会出现应力集中。在交变应力的作用下，缺陷处很快萌生裂纹并快速扩展，直到断裂。

④ 腐蚀疲劳

腐蚀疲劳是交变载荷和腐蚀介质(钻井液、H_2S 等)联合作用下所产生的一种严重的破坏形式。在钻杆失效中，腐蚀疲劳断裂约 80%。与空气中的疲劳断裂一样，裂纹一般产生于应力集中部位或以表面腐蚀坑为裂纹源，萌生裂纹并扩展。

⑤ 应力腐蚀断裂

应力腐蚀断裂是钻柱常见的失效形式。比如钻柱在含硫油气井中工作时的硫化物应力腐蚀破裂及钻柱接触某些腐蚀介质(如 HCl、NaCl)时的应力腐蚀开裂。

⑥ 氢脆

当金属中存在的氢超过一定量时，在拉应力作用下材料产生氢脆。实际上，由 H_2S 和 HCl 引起的钻柱应力腐蚀断裂也是属于氢脆的范畴。

(3) 表面损伤

表面损伤包括腐蚀、磨损和机械损伤三方面。

① 腐蚀

钻杆的腐蚀主要分为均匀腐蚀、缝隙腐蚀和小孔腐蚀(点蚀)三类。

a. 均匀腐蚀

由电化学或电化学反应造成的金属暴露的全部表面或大部分表面上发生的腐蚀，如钻具锈蚀等。

b. 缝隙腐蚀

钻杆内加厚过渡区表面褶皱处的钻井液腐蚀。

c. 小孔腐蚀(点蚀)

钻杆存放或使用过程中内表面的腐蚀为小孔腐蚀。小孔腐蚀常常会诱导腐蚀疲劳和应力腐蚀开裂或脆性断裂。

② 磨损

a. 黏着磨损

钻杆接头、钻铤及转换接头螺纹部位的磨损。

b. 磨料磨损

井壁和地层对钻杆的磨损。

c. 冲蚀磨损

钻杆内表面及螺纹连接部分受到钻井液的冲蚀磨损。

③ 机械损伤

表面烧伤、碰伤及其他工具咬伤等。表面损伤常常会诱发疲劳、腐蚀疲劳或脆性断裂。

1.3.2 钻杆的失效原因

统计分析表明，我国各油田每年发生钻杆事故五六百起，经济损失巨大，每年进口各种规格的钻杆就要耗费数千万美元。我国某石油集团下属的五大钻探公司2007年就累计发生钻具失效事故339起，2008年发生钻具失效事故298起，造成巨大的经济损失。对资料中近年来的钻具断裂案例进行分析后发现，其中85%以上的案例属于低应力脆断、疲劳和腐蚀疲劳。

国内外研究者在钻杆失效方面进行了大量的研究工作。Dale B A认为由于裂纹扩展而导致钻柱疲劳失效的原因除了与材料本身有关外，还与应力集中、腐蚀、微裂纹扩张、摩擦、划痕等因素有关；Ramgopal T等人认为在酸性环境中pH值、H_2S浓度、温度对钻杆钢的腐蚀疲劳性均有影响；Shuanlu Lu等对IEUG105酸洗钻杆进行失效分析，分析结果表明钻杆内表面的腐蚀坑和应力集中是导致钻杆失效的主要原因；Li Fangpo等针对ϕ127mm IEU G105钻杆的失效原因进行分析，结果表明热处理工艺不当和不恰当的表面处理是导致钻杆发生疲劳失效的主要原因；董晓明等对某油田S135钻杆的刺穿失效进行了分析，结果表明，因氯离子在钻杆表面形成点蚀，在应力作用下引发腐蚀疲劳开裂导致钻杆的失效；聂采军等人对某井发生断裂的S135钻杆钢断裂原因进行分析，结果表明钻杆断裂的原因是由于H_2S应力腐蚀开裂；张春婉等人认为钻杆刺穿的实质是早期的疲劳失效，钻井液中的溶解氧对钻杆外表面造成氧腐蚀并形成腐蚀坑，促进了疲劳裂纹的萌生；李方坡等人认为钻井液中的氧对钻杆内表面造成严重腐蚀，在交变应力作用下，裂纹从腐蚀坑萌生，并最终导致钻杆发生早期腐蚀疲劳失效；蔡锐等人认为钻杆钢断裂的主要原因是硫化物应力腐蚀开裂，并伴有一定程度的二氧化碳腐蚀；孙学云等人认为热处理工艺参数不合理造成钻杆接头的强度偏低，导致钻杆接头发生塑性断裂；万里平等人从材料、环境和力学三方面对钻柱失效原因进行分析，并提出预防钻柱失效的四项措施。具体来说，钻杆失效的原因主要有以下几种：

(1) 钻杆的基本力学工况

钻杆在充满钻井液的狭长井眼里工作，通常承受拉压、弯曲、扭转、液压力等载荷。如果钻杆所受应力小于 $206.8N/m^2$ 时，钻杆虽经过无数次的弯曲，也不会产生疲劳裂纹。钻井时钻杆承受弯曲、扭转和拉伸应力组成的复合应力很大，特别是在大位移定向井及水平井中扭矩极大，钻杆在远远小于 100×10^4 次弯曲次数时便产生疲劳微裂纹；微裂纹产生后便不断扩大延伸，此时如果具有腐蚀作用的高压钻井液进入微裂纹中，就会加速裂纹扩展，最终造成钻井液刺穿钻杆的失效事故。刺穿发展的结果，是钻杆有效断面不断缩小，当刺孔加裂纹的总长度超过其临界裂纹尺寸时，即发生断裂。

(2) 材料本身因素

① 钢质不纯，夹杂物含量偏高，特别是脆性夹杂物，导致材料冲击性能不足，易于产生脆性断裂；

② 钻杆材料的钢级对腐蚀疲劳强度有影响，腐蚀疲劳强度并不随钢级强度提高而增加。在钻井液中，随着钢级的升高，腐蚀疲劳强度降低。钢的强度越高，越容易发生氢脆断裂。

(3) 钻杆结构

钻杆接头内加厚附近的钻杆本体为承受弯曲应力集中区。当钻杆接头与不能形成泥饼的井壁接触时，接触摩擦系数大，摩擦力足以激发反进动。在反进动状态下弯曲应力交变频率成倍增加，因此疲劳裂纹很容易在这个区域形成。螺纹是整个钻柱上最薄弱的环节，其寿命一般难于同钻杆本体相抗衡，在承受复杂交变应力(疲劳)频繁作用时，螺纹处公扣、母扣刺漏是常见的现象。

(4) 流体介质

流体介质主要是指钻井液、H_2S、CO_2、O_2、溶解盐类及各种酸性物质。

① 钻井液的循环系统不是密封的，空气中的氧气混入钻井液中成为游离氧，当钻井液中含有一定量的溶解氧时，就会对钻杆造成腐蚀；

② 在 CO_2 和 O_2 共存的环境中，铁基体与环境介质会产生腐蚀产物 $FeCO_3$ 与 $FeOOH \cdot nH_2O$ 的混合物；

③ 地层或泥浆中一些含硫有机添加剂高温分解硫酸盐、还原菌的新陈代谢产生的 H_2S 还会导致钻杆的氢致应力腐蚀断裂；

④ 钻井液中的化学物质，如盐水钻井液、酸性钻井液、铁矿粉加重材料系等会使钻杆材料产生腐蚀和腐蚀疲劳；

⑤ 在含 H_2S 油气环境中，易产生硫化物应力腐蚀；

⑥ 含沙钻井液及其循环会造成冲蚀磨损及磨料磨损。

(5) 淬火开裂

钻杆在淬火过程中，由奥氏体向马氏体转变时比容增大而产生应力，从而造成产品开裂。

(6) 井眼因素

由于各种原因造成井径扩大率较大，造成较大的钻柱弯矩，加剧钻柱的疲劳破坏。

(7) 地层因素

地层构成不同，对钻杆尤其是对钻杆接箍的研磨程度也不同。地层可钻性差(5~7 级)，地层不均质性强，在钻进过程中易发生“蹩跳”现象，加剧了钻杆纵向振动，使钻杆发生疲劳失效的概率增加。

1.3.3 钻杆疲劳及腐蚀疲劳失效的典型案例

钻杆是钻井的主要工具，在钻具用钢管中，钻杆的使用量最大。钻杆是用于连接钻机地表设备和位于钻井底端的钻磨设备，起到传递动力输送泥浆的作用，并与钻头一起提高、降低或旋转钻磨设备，同时高压洗井液通过钻杆内孔流向井底。在钻井时承受着弯矩、扭矩、轴向应力以及内外压力作用，其内孔还受高压泥浆的冲刷和腐蚀，在含有硫化氢的油气田里，还要求其能抗硫化氢腐蚀，工况极为复杂。据有关统计，钻具失效中 80%以上属于疲劳失效或腐蚀疲劳。当然，由于钻具的使用环境及钻具的日常管理和维护特点，单纯由一种原因引起的失效情况比较少，往往是几个方面综合共同作用的结果。

(1) 点蚀引起的疲劳失效

某油田在石油开采钻进作业过程中发生一起钻杆刺漏事故，该井为直井，采用 TCI 牙轮钻头。钻杆为投入使用不久(不超过 1000h)的新钻杆，发生刺漏的钻杆在加重钻杆向上第三柱的位置上，距加重钻杆约 90m。刺漏部位位于管体区域上，距母接头密封端面 1.7~1.9m 处。钻杆刺漏部位存在多条小刺缝，刺缝长短不一，长度在 10~40mm，沿管体周向分布。将管体沿轴向剖开，管体内壁涂层完好，并无脱落的痕迹，且外壁上只有一条刺缝已穿透管体至内壁，该刺缝在内壁的长度约 20mm。将刺缝沿钻杆周向压开，发现已穿透管体的刺缝两侧尖端区域未被冲蚀，较为平坦，呈黑褐色，刺缝中间区域受钻井液的冲蚀，原始形貌已被破坏并留下刺漏痕迹。未穿透管壁的刺缝压开后呈扇形圆弧形貌，同样较为平坦，表面呈黑褐色。将管体刺漏部位进行清洗后，发现管体表面存在一些腐蚀坑，将腐蚀坑剖开后可以发现部分腐蚀坑底已经萌生裂纹，裂纹呈穿晶形式扩展。

理化检验结果表明，失效钻杆的化学成分、力学性能、显微组织均符合 API SPEC 5DP-2009 标准的规定，且具有较高的冲击性能(-20℃的平均冲击功为 93J)。因此，可以排除由于钻杆材料质量原因导致钻杆刺漏的可能性。失效钻杆裂纹位置远离内加厚过渡带消失位置，说明钻杆内加厚过渡带质量良好，钻杆的薄弱环节逐渐向管体侧偏移。失效钻杆裂纹起源于外壁而非内壁，这说明钻杆内涂层保护良好。

扫描电镜分析结果表明，裂纹的扩展尖端存在明显的疲劳辉纹，钻杆刺漏断口呈现典型的疲劳断口特征。但钻杆失效时工作时间不超过 1000h，使用时间大大低于正常使用寿命，属于早期疲劳失效。

钻杆的受力分析表明，虽然发生失效钻杆距离中和点较远，但转动时的离心作用会导致中和点上部的钻杆绕井眼轴线公转，从而产生弯曲，造成拉压载荷，由于钻杆自转，使整个圆周面交替承受拉压载荷。另外，钻铤的刚度远大于钻杆，所以通常在整个钻柱上存在两个弯曲应力较大的区域：紧邻钻铤的上部区域和钻杆柱中偏下的区域。此次发生刺漏的钻杆位于钻杆柱中偏下的区域，为钻柱旋转弯曲疲劳的敏感区。其次，该钻井采用牙轮钻头，牙轮钻头靠冲击破碎岩石钻进，因此整个钻柱跳钻较为严重，岩石硬度越大，牙齿吃进度越少，冲击时间越短，频率越高，冲击载荷也越大。钻头工作时产生的冲击载荷作用于钻柱上，引发钻柱的高频纵向振动。在地层结构较复杂的情况下(如软硬交错地层)，当转速引发的纵向振动频率与钻柱固有频率一致时，便引发跳钻。频繁的跳钻易在钻柱的下部区域产生较大的弯曲应力，加速整个钻柱疲劳失效进程，容易导致钻柱早期疲劳的产生。

钻杆的服役环境分析结果表明，该井采用的是水基钻井液，pH 为 7，但钻杆外壁表面受到腐蚀而存在腐蚀坑，EDS 能谱分析结果表明腐蚀产物主要有氧、碳、钙等元素。这是因为水基钻井液融入部分地层岩屑形成的泥浆中

存在少许 CO_3^{2-}、SiO_3^{2-}等离子，呈一定的酸性，对管体表面造成一定程度的腐蚀，在局部形成腐蚀坑。腐蚀坑底的裂纹分析结果也说明，造成钻杆刺漏的裂纹起源于管体外表面的腐蚀坑底部。如图 1-11 所示。

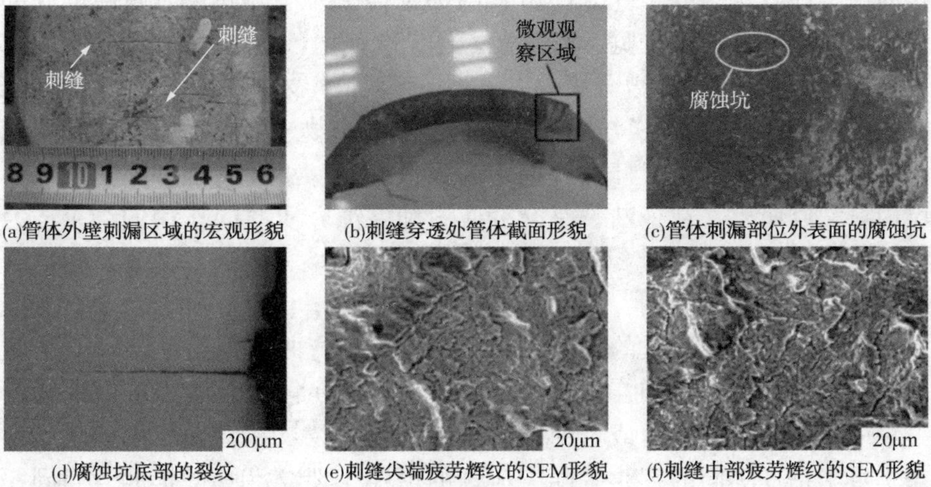

图 1-11　点蚀引起钻杆的疲劳失效

（2）腐蚀疲劳引起钻杆的失效

2021 年 10 月，某地热井用 ϕ139. 7mm×11. 5mm S135 钻杆，使用两个月，在起钻深度 500~800m 时发生断裂，断裂位于钻杆公扣端，距管端 0. 8~1m 位置。

失效钻杆从靠近公扣端的加厚过渡区断裂，表面附着一层厚厚的腐蚀产物，外表面腐蚀产物较多，内外表面无防腐涂层。除去表面的腐蚀产物，试样呈铁灰色和棕红色。断口呈台阶状，没有明显的塑性变形。钻杆内外壁均被腐蚀，内壁腐蚀坑小而浅，腐蚀不均匀，残留的腐蚀产物比较轻薄；外壁腐蚀严重，残留的腐蚀产物比较厚重，且腐蚀严重区域沿钻杆轴向呈带状分布。断口上有几处分别从内、外壁起裂的扇形区，部分区域磨损严重。

理化检验结果表明，失效钻杆的化学成分满足 API SPEC 5DP 对 S135 材料的要求，P、S 含量未超标；失效钻杆的显微组织为回火索氏体，组织均匀，未见异常组织；拉伸试验结果满足 API SPEC 5DP《钻杆产品规范》对 S135 材料的要求。

断口分析和 EDS 能谱分析结果表明，裂纹从钻杆内、外壁腐蚀较严重的区域起裂，呈半圆形径向扩展，断口表面磨损比较严重，起裂区有疲劳台阶，扩展区可观察到疲劳弧线，断口没有明显的塑性变形。试样内壁腐蚀较轻，不均匀，个别区域腐蚀坑较多；部分腐蚀坑内有针状孔洞深入材料内部，为小孔腐蚀，腐蚀严重区可观察到与轴向垂直的裂纹。试样外壁腐蚀严重，有大量的腐蚀坑，个别地方腐蚀坑已连成与轴向垂直的线性缺陷。腐蚀坑较内壁大而深，并有很多针状孔洞向材料内部延伸，为小孔腐蚀。腐蚀坑底部有穿晶或沿晶裂纹，裂纹较宽、有分叉、且尖端钝化，为典型的腐蚀疲劳裂纹。

腐蚀产物的 EDS 能谱分析结果表明，腐蚀产物中含有 O、Cl、Ca、Si、Al、Mg 等元素，这些元素与钢铁的电化学腐蚀产物、泥浆及地下矿物质成分基本一致。分析认为，钻杆内外壁均为吸氧腐蚀、小孔腐蚀和垢下腐蚀，腐蚀坑内有裂纹萌生，钻杆断裂是交变应力和腐蚀介质共同作用的结果，为腐蚀疲劳断裂。

钻杆的受力分析表明，钻杆在井下承受拉、压、弯、扭等复杂交变应力作用，受重力和作业性质的影响，轴向拉应力和弯曲应力是钻杆承受的主要应力。受服役环境的影响，钻杆管壁因腐蚀形成腐蚀坑，腐蚀坑内部易产生应力集中，在轴向拉应力或弯曲应力的作用下，裂纹在腐蚀坑内萌生，形成多条垂直于钻杆轴向的裂纹。随着应力的增加，裂纹沿管壁扩展，当同一平面的两条裂纹相遇时，裂纹汇合并加速扩展；当不同平面的两条裂纹相遇时，裂纹从一个平面跳跃到另一个平面，形成台阶状断口形貌。该失效钻杆断裂发生在距公扣管端 0.8~1m 位置处，该处为钻杆的加厚过渡区，是钻杆的薄弱环节。由于钻杆接头和加厚部分刚性高、不易弯曲，钻杆的薄厚过渡区就成了最易弯曲的地方。当钻杆到达“狗腿”井段时，加厚过渡区截面突变，加之过渡区腐蚀严重，在交变应力和腐蚀介质双重作用下，腐蚀坑迅速加深，裂纹萌生并迅速扩展。

钻杆在服役过程中钻杆表面与环境介质发生电化学腐蚀生成 FeO(OH)，FeO(OH)失水后形成红棕色 Fe_2O_3，Fe_2O_3 继续氧化生成 Fe_3O_4($FeFe_2O_4$)，该腐蚀产物疏松多孔，附着在钻杆表面起不到保护作用。溶解的氧、Fe^{2+}和H^+富集在腐蚀坑内，使坑内呈酸性。为维持电荷平衡，泥浆中的Cl^-进入坑内，由于Cl^-半径较小，穿透力强，极易穿过腐蚀产物到达金属表面，破坏钻杆表面腐蚀产物的结构，阻碍腐蚀产物膜形成，促进膜下点蚀向材料内部深入，产生小孔腐蚀。小孔腐蚀对材料的破坏远比普通的氧腐蚀要大得多，氯的增加，会使腐蚀速率增加。该钻杆腐蚀产物能谱分析结果显示，Cl^-含量高达 3%以上，大大促进了钻杆表面的局部腐蚀的速率。此外，试样表面尤其外表面垢层较厚，能谱分析有大量 Ca、Mg 元素存在，它们以离子的形式存在于工况中，Ca^{2+}、Mg^{2+}在钢材表面沉积结垢，构成缝隙腐蚀条件，进一步诱发并加速腐蚀。如图 1-12 所示。

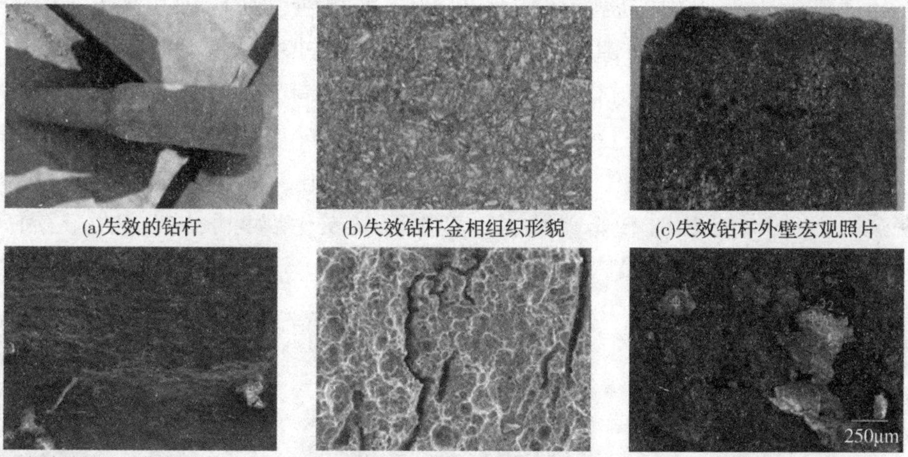

(a)失效的钻杆　(b)失效钻杆金相组织形貌　(c)失效钻杆外壁宏观照片

(d)失效钻杆疲劳扩展区断口形貌　(e)失效钻杆外表面蚀坑和裂纹　(f)断口腐蚀产物能谱分析

图 1-12　腐蚀疲劳引起钻杆的失效

(3) 铝合金钻杆的失效分析

国内外关于钢制钻杆材料失效分析的研究报告较多，然而关于铝合金钻杆的断裂失效分析的研究报告较少，近年来随着铝合金、钛合金钻杆的使用，其失效引起了广泛的关注。

某油田 4in 铝合金钻杆井下 6320m 位置发生失效。失效钻杆外表面附着较多的泥浆，经自来水清洗后，管体表面明显有许多腐蚀坑和平行圆周裂纹，腐蚀坑底部存在裂纹。

理化检验结果表明，失效钻杆的化学成分、常规力学性能(拉伸性能和冲击性能)符合 ISO 15546—2011 标准要求，但在泥浆环境中浸泡样品的抗拉伸强度低于 ISO 15546—2011 标准要求；显微组织中存在间歇带状 $Al_6(MnFe)$ 固溶溶液，$S(CuMgAl_2)$ 相和 AlFeSi 相分布在 α 固溶体上。

图 1-13 中对腐蚀产物的物相分析结果表明，腐蚀产物主要有 Al_2O_3、Al_2S_3、$AlPO_4$、$BaSO_4$ 和 $CaCl_5$。可以推断，从泥浆中含硫物质如硫化物和硫化氢的分解中推断出来 S 对铝合金钻杆造成损坏。此外，它与 Al 反应形成 Al_2S_3。

图 1-13 中扫描电镜观察和 EDS 分析结果表明，失效钻杆表面可观察到腐蚀坑和裂纹，试样的表面和横截面存在腐蚀坑和腐蚀产物，腐蚀产物底下存在大而深的腐蚀坑，且一些腐蚀产物已经剥落并形成孔洞。钻杆外表面较大腐蚀坑的尺寸约 6mm，较大基坑且腐蚀坑底部的腐蚀产物已经脱落。腐蚀坑底部存在许多裂纹，这些裂纹为外部腐蚀性介质渗透到基体的通道，进一步加剧了材料的腐蚀。横截面的微观形态 SEM 图像显示腐蚀坑的深度为

1.2mm，靠近管外表面的腐蚀坑底部的裂纹被腐蚀，在腐蚀坑的径向方向上没有观察到裂缝。BSD图像中可以明显看出，腐蚀坑处有许多圆周裂缝。这表明腐蚀介质导致铝合金材料的腐蚀开裂产生圆周裂纹而不是径向裂纹，这是钻杆外表面上的许多平行圆周裂纹的原因。腐蚀坑横截面元素分析结果表明，失效铝合金钻杆材料中含有的主要有害元素是S和Cl，Si的含量也很高，表明含有Si的第二相对S非常敏感。这里容易发生腐蚀裂纹，然后是周向裂纹。最后，在含有Si的第二相位置产生了腐蚀坑。

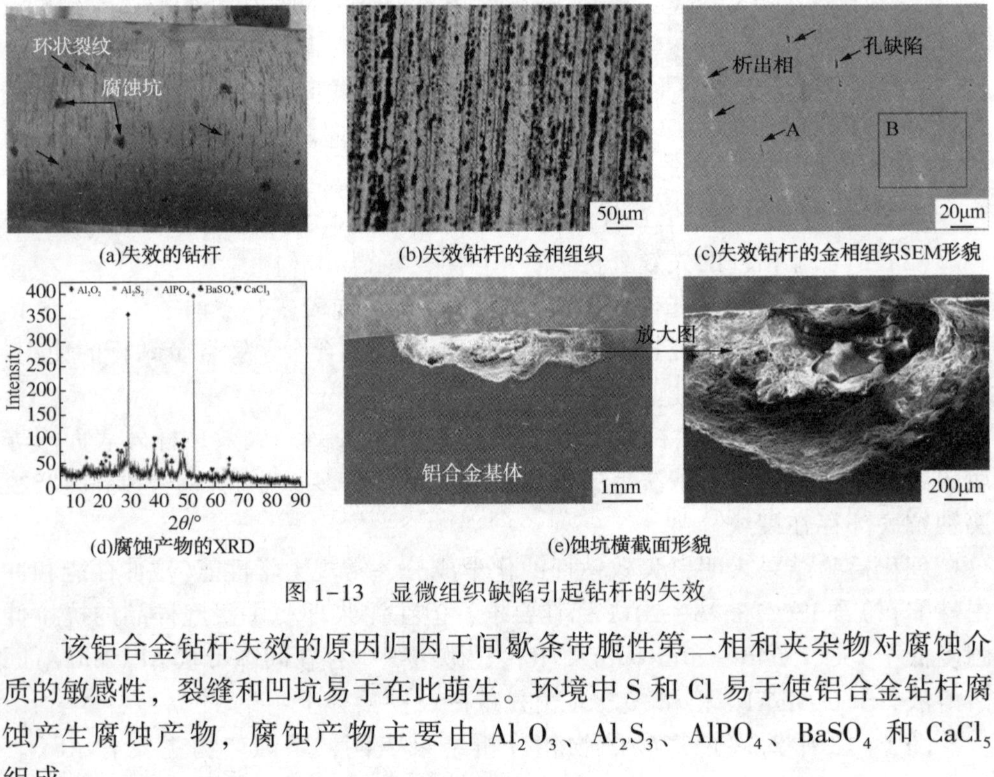

(a)失效的钻杆 (b)失效钻杆的金相组织 (c)失效钻杆的金相组织SEM形貌

(d)腐蚀产物的XRD (e)蚀坑横截面形貌

图1-13 显微组织缺陷引起钻杆的失效

该铝合金钻杆失效的原因归因于间歇条带脆性第二相和夹杂物对腐蚀介质的敏感性，裂缝和凹坑易于在此萌生。环境中S和Cl易于使铝合金钻杆腐蚀产生腐蚀产物，腐蚀产物主要由Al_2O_3、Al_2S_3、$AlPO_4$、$BaSO_4$和$CaCl_5$组成。

1.4 本章小结

在对钻井工程中钻柱的组成、作用、钻杆钢级、材料和生产工艺介绍的基础上，阐述了钻杆的受力、失效形式、原因及影响钻杆服役性能的因素，对典型钻杆疲劳及腐蚀疲劳的失效案例进行了深入的分析。

第2章 疲劳及疲劳寿命预测

2.1 疲　　劳

2.1.1 疲劳的定义

疲劳通常指材料在受到变动(载荷)应力(一般低于屈服应力)作用下的行为。在变动载荷下工作的机件，如轴、齿轮和弹簧等，其主要的破坏形式是疲劳断裂。疲劳断裂是指机件在变动载荷作用下经过长时间工作发生的断裂现象。疲劳寿命指在循环加载下，产生疲劳破坏所需应力或应变的循环次数。

在各类机件破坏中有80%~90%是疲劳断裂，而且疲劳断裂多是在没有征兆的情况下突然发生的，所以危害性很大。金属的疲劳断裂是材料科学的重要领域之一，一直受到材料科学工作者的极大关注。

2.1.2 疲劳的特点

疲劳断裂与静载荷或一次冲击加载断裂相比，具有以下特点：

(1) 疲劳是低应力循环延时断裂，即具有寿命的断裂。

疲劳的断裂应力水平往往低于材料抗拉强度，甚至屈服强度。断裂寿命随应力不同而变化，应力高、寿命短，应力低、寿命长。当应力低于某一临界值时，寿命可达无限长。

(2) 疲劳是脆性断裂。

由于一般疲劳的应力水平比屈服强度低，所以不论是韧性材料还是脆性材料，在疲劳断裂前均不会发生塑性变形及有形变预兆，它是在长期累积损伤过程中，经裂纹萌生和缓慢亚稳扩展到临界尺寸时才突然发生的。因此，疲劳是一种潜在的突发性脆性断裂。

(3) 疲劳对缺陷(缺口、裂纹及组织缺陷)十分敏感。

由于疲劳破坏是从局部开始的，所以它对缺陷具有高度的选择性。缺口和裂纹因应力集中增大对材料的损伤作用；组织缺陷(夹杂、疏松、白点、脱碳等)降低材料的局部强度，三者都加快疲劳破坏的开始和发展。

2.1.3 疲劳的分类

只有在承受扰动应力作用的条件下，疲劳才会发生。所谓扰动应力，是指随时间变化的应力，也可称之为扰动载荷，载荷可以是力、应力、应变、位移等。载荷随使用时间的变化可以是有规则的，也可以是不规则的，甚至是随机的，如图 2-1 所示。描述载荷—时间变化关系的图或表，称为载荷谱。图 2-1 给出了应力随时间的变化，由应力给出的载荷谱称为应力谱，类似地，还有应变谱、位移谱、加速度谱等。

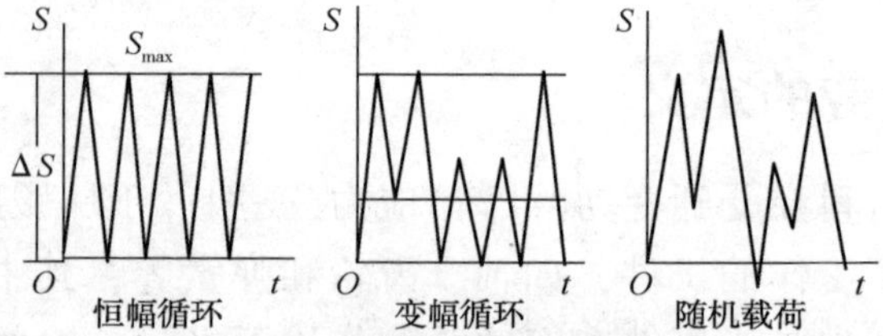

图 2-1　疲劳载荷形式分类

最简单的循环载荷是恒幅应力循环载荷。图 2-2 所描述的是正弦型恒幅循环应力。显然，描述一个应力循环，至少需要两个参量，即循环最大应力 S_{max} 和最小应力 S_{min}。这两者是描述循环之应力水平的基本参量。疲劳分析中，还常常使用到下述参量，即：

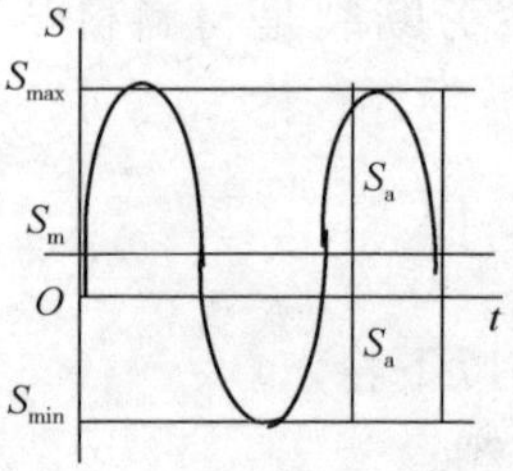

图 2-2　正弦型恒幅循环应力

应力变程(全幅)ΔS 定义为：

$$\Delta S=S_{max}-S_{min} \tag{2-1}$$

应力幅(半幅)S_a 定义为：

$$S_a=\Delta S/2=(S_{max}-S_{min})/2 \tag{2-2}$$

平均应力 S_m 定义为：

$$S_m=(S_{max}+S_{min})/2 \tag{2-3}$$

应力比 R 定义为：

$$R=S_{min}/S_{max} \tag{2-4}$$

其中，应力比 R 反映了不同的循环特征，当 $S_{max}=-S_{min}$ 时，$R=-1$；是对称循环；$S_{min}=0$ 时，$R=0$，是脉冲循环；$S_{max}=S_{min}$ 时，$R=1$，$S_a=0$，是静载荷，如图 2-3 所示。

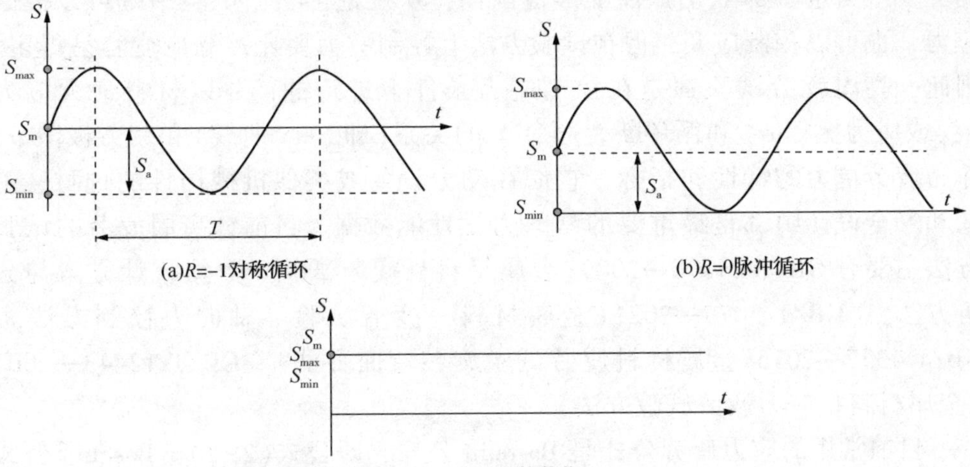

图 2-3　不同应力比 R 的循环特征

疲劳的分类如表 2-1 所示。

表 2-1　疲劳的分类

分 类 方 式	疲劳类型
应力状态	弯曲疲劳；扭转疲劳；拉压疲劳；复合疲劳
环境和接触情况	大气疲劳；腐蚀疲劳；高温疲劳；热疲劳；接触疲劳
断裂寿命和应力高低	低周疲劳(应变疲劳)：$N_f=10^2 \sim 10^5$ 周次，断裂应力水平较高，往往有塑性应变发生
	高周疲劳(应力疲劳)：$N_f>10^5$ 周次，断裂应力水平较低
	超高周疲劳：经受 1×10^7 循环周次以上而发生断裂损伤的疲劳行为

从试验的控制方式来区分，疲劳试验可以分为应力控制和应变控制两种。

（1）应变疲劳

金属在较高的循环应变作用下发生的疲劳失效，称为应变疲劳。金属材料的应变疲劳寿命一般都比较短（$<10^5$ 周次），故将应变疲劳称为低周疲劳，即短寿命疲劳。目前，国内低周疲劳试验方法主要有 ASTM E606—2012《Standard Test Method for Strain-Controlled Fatigue Testing》、GB/T 15248—2008《金属材料轴向等幅低循环疲劳试验方法》，以及参考 ISO 国际标准体系的 GB/T 26077—2010《金属材料　疲劳试验　轴向应变控制方法》。

（2）应力疲劳

应力疲劳又称“高周疲劳”。高周疲劳是指材料在低于其屈服强度的循环应力作用下，疲劳断裂寿命≥10^5 周次的疲劳过程。由于这种疲劳所施加的交变应力水平都处于弹性变形范围内，从理论上讲，试验中既可以控制应力，也可以控制应变，但在试验方法上控制应力要比控制应变容易得多。因此，高周疲劳试验都是在控制应力条件下进行的，并以材料最大应力 σ_{max} 或应力振幅 σ_{α} 和循环断裂寿命 N 的关系（即 $S-N$ 曲线）和疲劳极限 σ_R 作为疲劳抗力的特性和指标。它们在动力设备或类似机械构件的选材、工艺和安全设计中都是最重要的材料力学性能数据。目前，高周疲劳的试验方法主要有 GB/T 24176—2009《金属材料　疲劳试验　数据统计方案与分析方法》、GB/T 3075—2021《金属材料　疲劳试验　轴向力控制方法》、GB/T 4337—2015《金属材料疲劳试验旋转弯曲方法》、GB/T 12443—2007《金属材料扭应力疲劳试验方法》。

目前常用的应力疲劳公式是 Basquin 公式，即公式（2-5）。Basquin 公式的缺点是不能表明疲劳极限的存在，因而不能拟合长寿命区内的疲劳实验结果。

$$S_a = \sigma'_f N_f^b \tag{2-5}$$

式中　b、σ'_f——实验确定的常数。

Weibull 提出的应力疲劳公式为

$$N_f = S_f (S_a - S_{ac})^b \tag{2-6}$$

式中 S_f、b、S_{ac} 是常数，所以又叫作三参数疲劳公式。其中，$b<0$，S_{ac} 是理论应力疲劳极限；当 $S_a \leq S_{ac}$ 时，$N_f \to \infty$。公式中未给出常数 S_f 和 b 之值或结算公式，且 Weibull 公式只能拟合某一定的应力比或平均应力下的疲劳实验结果，不能表明应力比或平均应力的影响。

疲劳极限在理论上可定义为：试件可经受无限的应力循环而不发生疲劳失效，即 $N_f \to \infty$，所能承受的上限循环应力。在工程实践中，常将疲劳极限定义为：在给定的寿命下，试件所能承受的循环应力；当应力比 $R=-1$ 时，疲劳极限记为 S_{-1} 或 σ_{-1}。这样定义的疲劳极限可用升降法测定。由于实验测定疲劳极限要耗费大量的时间，研究人员建立了疲劳极限与材料拉伸性能之间的关系。疲劳极限 σ_{-1} 与抗拉强度 σ_b 之间的经验关系式可表示为：

① 对于 $\sigma_b<1800$MPa 的钢：$\sigma_{-1}=0.5\sigma_b$；

② 对于镁合金、铜合金和镍合金：$\sigma_{-1}=0.35\sigma_b$；

③ 对于铝合金：$\sigma_{-1}=1.49\sigma_b^{0.63}$。

2.1.4　疲劳宏观断口特征

疲劳断裂和其他断裂一样，其断口也保留了整个断裂过程的所有痕迹，记载着很多断裂信息，具有明显的形貌特征。这些特征受材料性质、应力状态、应力大小及环境等因素的影响，因此疲劳断口分析是研究疲劳过程和分析疲劳断裂原因的重要方法之一。

如图 2-4 所示，典型疲劳宏观断口具有三个形貌不同的区域—疲劳源区、疲劳扩展区及瞬断区。

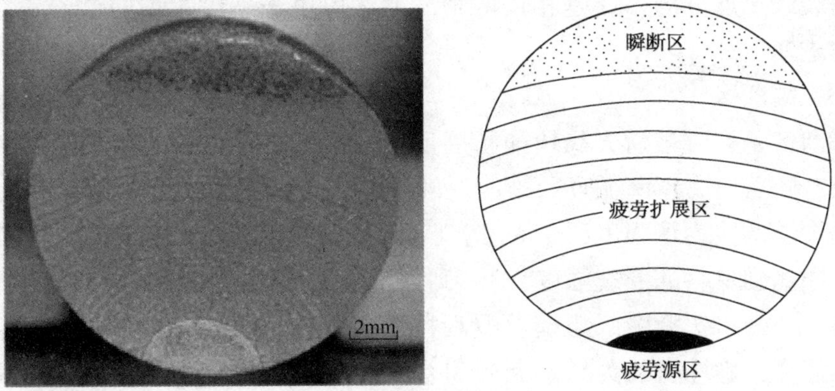

图 2-4　疲劳宏观断口

（1）疲劳源

疲劳源是疲劳裂纹萌生的策源地，疲劳源一般在机件表面，常和缺口、裂纹、刀痕、蚀坑等缺陷相连，因为这里的应力集中会引发疲劳裂纹。但是当材料内部存在严重冶金缺陷(夹杂、缩孔、偏析、白点等)或内裂纹时，因局部强度降低也会在机件内部产生疲劳源。从断口形貌来看，疲劳源区的光亮度最大，因为这里在整个裂纹亚稳扩展过程中断面不断摩擦挤压，故显示光亮平滑，而且因加工，其表面硬度也有所提高。在一个疲劳断口中，疲劳源可以有一个或几个不等，主要与机件的应力状态及应力大小有关。当断口中同时存在几个疲劳源时，可以根据源区的光亮度、相邻疲劳区的大小和贝纹线的密度去确定它们产生的顺序。源区光亮度越大，相邻疲劳区越大，贝纹线越多越密者，其疲劳源就越先产生；反之，则疲劳源就越后产生。

（2）疲劳区

疲劳区是疲劳裂纹亚稳扩展所形成的断口区域，该区是判断疲劳断裂的重要特征证据。疲劳区的宏观特征是断口比较光滑并分布着贝纹线(或海滩花样)。断口光滑是疲劳源区域的延续，但其程度随裂纹向前扩展逐渐减弱。贝纹线是疲劳区的最大特征，一般认为它是由载荷变动引起的，如机器运转时的开动和停歇，偶然过载引起的载荷变动，使裂纹前沿线留下了弧状台阶痕迹。所以，这种贝纹特征总是出现在实际机件的疲劳断口中，而在实验室的试样疲劳断口中，因变动载荷较平稳，很难看到明显的贝纹线。有些脆性材料如铸铁、铸钢、高强度钢等，它们的疲劳断口上也看不到贝纹线。每个疲劳区的贝纹线好像一簇以疲劳源为圆心的平行弧线，其凹侧指向疲劳源，凸侧指向裂纹扩展方向，或是相反的情况。这取决于裂纹扩展时裂纹前沿线各点的前进速度。

(3) 瞬断区

瞬断区是裂纹最后失稳快速扩展所形成的断口区域。在疲劳裂纹亚稳扩展阶段，随着应力不断循环，裂纹尺寸不断长大，当裂纹长大到临界尺寸时，因裂纹尖端的应力场强度因子 K_I 达到材料断裂韧度 $K_{IC}(K_C)$（或是裂纹尖端的应力集中达到材料的断裂强度）时，则裂纹就失稳快速扩展，导致机件最后瞬时断裂。其断口比疲劳区粗糙，宏观特征同静载的裂纹件的断口一样，随材料性质而变；脆性材料为结晶状断口；若为韧性材料，则在中间平面应变区为放射状或人字纹断口，在边缘平面应力区为剪切唇。

瞬断区位置一般应在疲劳源的对侧，但对于旋转弯曲来说，低名义应力的光滑机件，其瞬断区的位置逆旋转方向偏转一定角度，这是因为疲劳裂纹逆旋转方向扩展快而产生的结果。但是，当名义应力较高时，因疲劳源有多个，裂纹从表面同时向内扩展，其瞬断区就移向中心位置。

瞬断区的大小和机件名义应力及材料性质有关，若名义应力较高或材料韧性较差，则瞬断区就较大；反之，则瞬断区就较小。

2.2 疲劳曲线及疲劳寿命预测

2.2.1 基本 S-N 曲线

材料的疲劳性能，用作用应力 S 与到破坏时的寿命 N 之间的关系描述。在疲劳载荷作用下，最简单的载荷谱是恒幅循环应力。描述循环应力水平需要两个量，为了分析的方便，使用应力比 R 和应力幅 S_a，应力比给定了循环特性，应力幅是疲劳破坏的控制参量。

$R=-1$ 时，对称恒幅循环载荷控制下，实验给出的应力—寿命关系，用

S_a-N 曲线表达，是材料的基本疲劳性能曲线。应力水平 $R=-1$ 时，有 $S_a=S_{max}$，故基本应力-寿命曲线称为 S-N 曲线，如图 2-5 所示。应力 S 可以是 S_a，也可以是 S_{max}，因为二者数值相等。

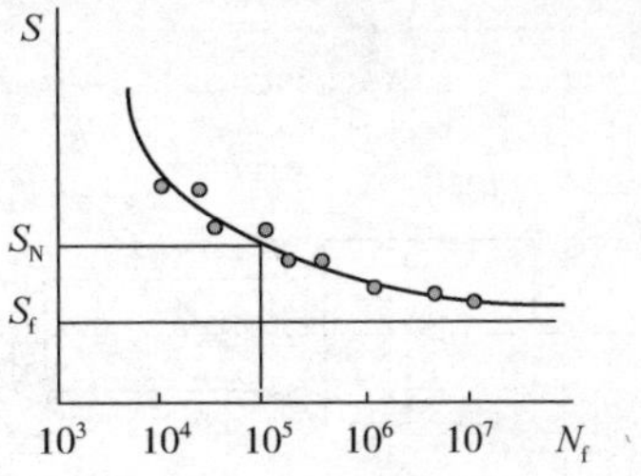

图 2-5　S-N 曲线

材料疲劳性能试验所用标准试件，一般是小尺寸（3~10mm）光滑圆形或矩形横截面试样。材料的基本 S-N 曲线，给出的是光滑材料在恒幅对称循环应力作用下的裂纹萌生寿命。常用的疲劳试样尺寸如图 2-6 所示，试验装置如图 2-7 所示。

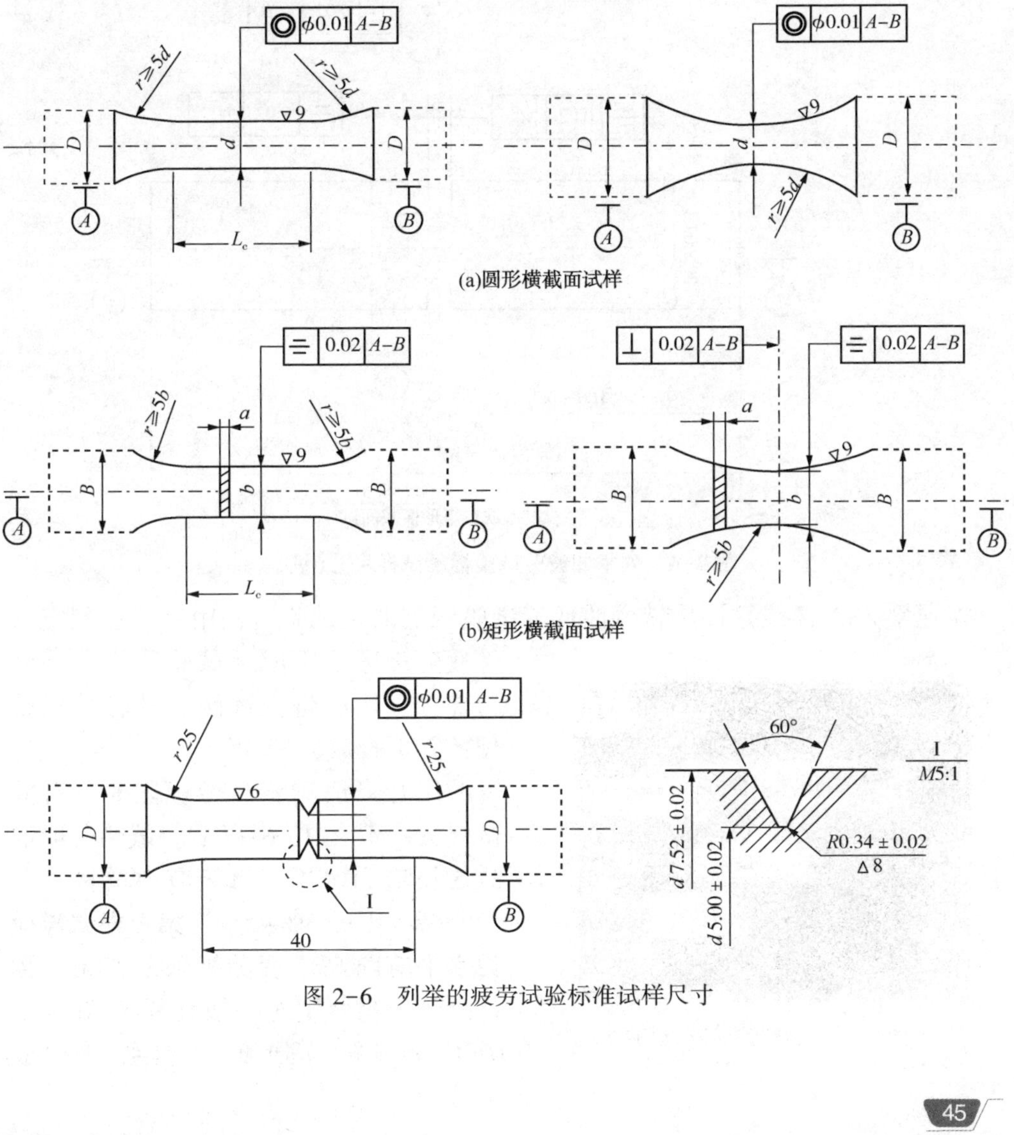

图 2-6　列举的疲劳试验标准试样尺寸

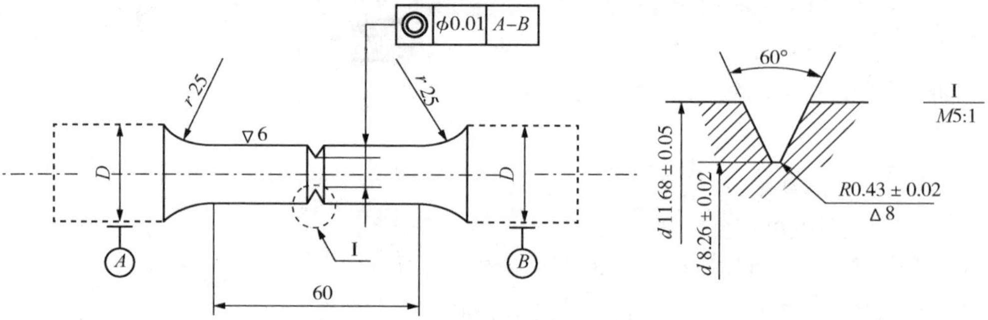

(c)V型缺口圆形横截面试样

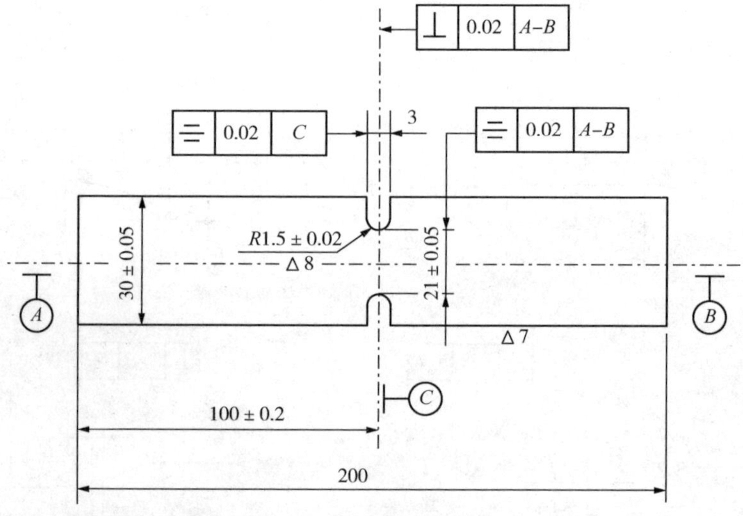

(d)U型缺口矩形横截面试样

图 2-6　列举的疲劳试验标准试样尺寸(续)

通常 S-N 曲线是用旋转弯曲疲劳试验测定的。试验时，用升降法测定条件疲劳极限；用成组试验法测定高应力部分，然后将上述两个试验数据整理，并拟合成疲劳曲线。

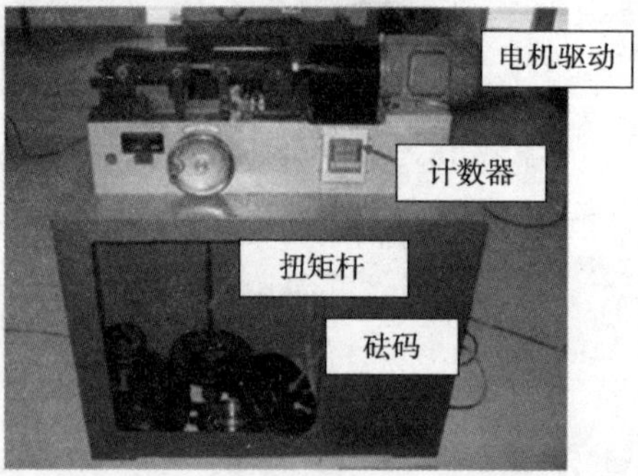

图 2-7　旋转弯曲疲劳试验机

用升降法测定疲劳极限时，有效试样数一般在 13 根以上。试验一般取 3~5 级应力水平。每级应力增量一般为疲劳极限的 3%~5%。第一根试样应力水平应略高于疲劳极限，若无法预计疲劳极限，则对一般材料取(0.45~0.50)σ_b(抗拉强度)，高强度钢取

$(0.30 \sim 0.40)\sigma_b$。第二根试样的应力水平根据第一根试样试验结果(破坏或通过，即试样经 10^7 周次循环断裂或不断裂)而定。若第一根试样断裂，则对第二根试样施加的应力应降低 3%~5%；反之，第二根试样的应力则较前升高 3%~5%。其余试样的应力值均依此法处理，直至完成全部试验。首先如出现一对结果与以前的数据相反，同时也在以后数据的应力波动范围之内，则可作为有效数据加以利用，否则就应舍去。图 2-8 为升降法示意图。

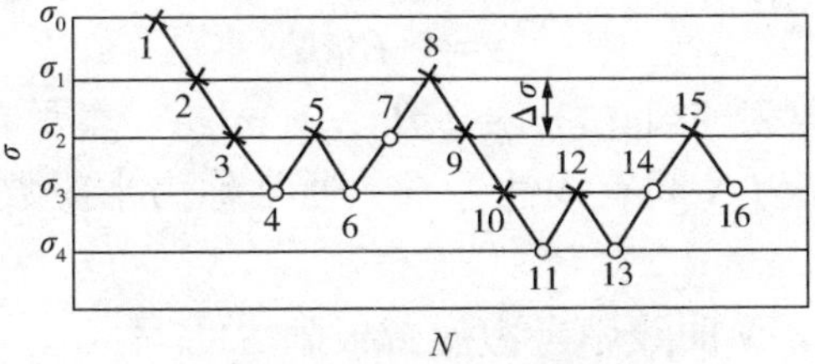

图 2-8　升降法示意图

(Δσ—应力增量；×—试样断裂；○—试样通过)

最后按公式(2-7)计算疲劳极限($R=-1$，$N=10^7$ 周次)。

$$\sigma_R = \frac{1}{n}\sum_{i=1}^{m}\sigma_i V_i \qquad (2-7)$$

式中　n——有效数据点个数(破坏及越出数据点均计算在内)；

m——实验应力水平级数；

σ_i——第 i 级应力水平($i=1, 2, \cdots, n$)；

V_i——在第 i 级应力水平的数据点个数(破坏及越出数据点均计算在内)。

S-N 曲线的高应力(有限寿命)部分用成组试验法测定，即取 3~4 级较高应力水平，在每级应力水平下，测定五根左右试样的数据，然后进行数据处理，计算中值(存活率为 50%)疲劳寿命。

将升降法测得的疲劳极限作为 S-N 曲线的最低应力水平点，与成组试验法的测定结果拟合成直线或曲线，即得存活率为 50%的中值 S-N 曲线。

2.2.2　疲劳公式

(1) 幂函数

描述材料 S-N 曲线的最常用形式是幂函数式，即

$$S^m \cdot N = C \qquad (2-8)$$

m 与 C 是与材料、应力比、加载方式等有关的参数。两边取对数，有

$$\lg S = A + B\lg N \qquad (2-9)$$

式中　材料参数 $A=\lg C/m$，$B=-1/m$。式(2-9)表示应力 S 与寿命 N 间有对数线性关系，这一点，可由观察实验数据 S、N 在双对数图上是否成线性关系而确定。

(2) 指数式

指数形式的 $S-N$ 曲线表达式为

$$e^{mS} \cdot N=C \tag{2-10}$$

两边取对数后成为

$$S=A+B\lg N \tag{2-11}$$

式中　材料参数为 $A=\lg C/m\lg e$，$B=-1/m\lg e$。表示在寿命取对数，应力不取对数的图中，S 与 N 间有线性关系，通常称为半对数线性关系。

(3) 三参数式

有时也希望在 $S-N$ 曲线中考虑疲劳极限 S_f，写成

$$(S-S_f)^m \cdot N=C \tag{2-12}$$

与式(2-9)、式(2-10)相比，此式中多了一个参数，即疲劳极限 S_f，且当 S 趋近于 S_f 时，N 趋于无穷大。

以上三种形式中，最常用的是幂函数式表达的 S 与 N 间的双对数线性关系。注意到 $S-N$ 曲线描述的是高周应力疲劳，故其使用下限为 $10^3 \sim 10^4$，上限则由疲劳极限定义。

(4) 拟合方法

疲劳寿命可以通过试验的方式测得，也可以通过拟合的方法得到。基于应变疲劳理论和试验分析，给出了全寿命范围对称和非对称循环应力疲劳寿命公式：

$$N_f=A(S_a-S_c)^{-2} \tag{2-13}$$

式中　A 和 S_c——与材料性能相关的疲劳抗力系数和疲劳极限。

当 $S_a>S_c$ 时，为有限疲劳寿命；当 $S_a \leqslant S_c$ 时，疲劳寿命趋于无限。所以，S_c 可称为理论疲劳极限。

对式(2-13)两边取对数可得：

$$\lg N_f=\lg A-2\lg(S_a-S_c) \tag{2-14}$$

在 $\lg N_f$ 与 $\lg(S_a-S_c)$ 的双对数坐标中，式(2-14)为一条斜率为-2 的直线。利用尾差法原理，编制一个线性回归计算机程序，可求得疲劳抗力系数 A 和理论疲劳极限 S_c。

(5) 其他疲劳公式

① 目前，广泛应用的仍是 Manson-Coffin 公式。Manson 和 Coffin 首先根据各自的实验结果提出，在低循环或短寿命范围内，疲劳寿命 N_f 可表示为塑

性应变范围 $\Delta\varepsilon_p$ 的幂函数

$$\Delta\varepsilon_p = \varepsilon'_f N_f^c \tag{2-15}$$

式中　ε'_f，c——实验确定的常数。

该式在短寿命区是适用的，而当 $\Delta\varepsilon_p$ 减小，疲劳寿命较长时，实验结果偏离式(2-15)。

② 交变对称循环应力下的疲劳寿命公式

应变疲劳公式 $N_f = A(\Delta\varepsilon - \Delta\varepsilon_c)^{-2}$，在弹性范围内 $\Delta S = E\Delta\varepsilon$、$\Delta S_c = E\Delta\varepsilon_c$，$\Delta S$ 和 ΔS_c 分别为加工光滑试件上的名义应力范围和用名义应力范围表示的理论疲劳极限，将 ΔS 和 ΔS_c 带入应变疲劳公式，得出

$$N_f = S_f(S_a - S_{ac})^{-2} \tag{2-16}$$

此即应力比 $R=-1$ 时的疲劳寿命公式，式中 S_a 和 S_{ac} 分别为名义应力幅和用应力幅表示的理论疲劳极限，S_f 可称为应力疲劳抗力系数，是与拉伸性能有关的常数

$$S_f = \frac{1}{4}E^2 A = \frac{1}{4}(E\varepsilon_f)^2 \tag{2-17}$$

由此可见，新的应力疲劳公式，即式(2-16)，包含三个常数，其中指数为-2，是定值，另两个常数 S_f、S_{ac} 均有明确的定义。

③ 应力疲劳寿命的普遍公式

对于小尺寸的光滑疲劳试样，尤其当循环应力接近疲劳极限时，其疲劳裂纹起始寿命接近于疲劳寿命。文献表明，裂纹起始寿命可以表示为当量应力幅的函数。当量应力幅 $\Delta\sigma_{eqv}$ 可表示为

$$\Delta\sigma_{eqv} = \sqrt{\frac{1}{2(1-R)}}K_t\Delta S \tag{2-18}$$

对于光滑试样，$K_t=1$。于是，有

$$S_{eqv} = \sqrt{\frac{1}{2(1-R)}}\Delta S = 2\sqrt{\frac{1}{2(1-R)}}S_a \tag{2-19}$$

S_{eqv} 可称为当量名义应力幅，因为 $R=-1$ 时，$S_{eqv}=S_a$，类似地，有

$$(S_{eqv})_c = 2\sqrt{\frac{1}{2(1-R)}}S_{ac} \tag{2-20}$$

$(S_{eqv})_c$ 是用当量名义应力幅表示的理论疲劳极限。

据上所述，有理由假设，小尺寸试件在不同应力比下的疲劳寿命可以表示为当量名义应力幅的函数，且具有与公式(2-16)相同的函数形式。用 S_{eqv} 和 $(\Delta S_{eqv})_c$ 分别取代公式(2-16)中的 S_a 和 S_{ac}，可得应力疲劳寿命的普遍表达式如下：

$$N_f = S_f[S_{eqv} - (S_{eqv})_c]^{-2} \tag{2-21}$$

当 $R=-1$ 时，公式(2-20)即简化为公式(2-16)。因此，可以认为，公式(2-16)是公式(2-21)的特例。

2.3 疲劳裂纹扩展速率及疲劳门槛值

从疲劳宏观断口分析可知，疲劳过程是由裂纹萌生、亚稳扩展及最后失稳扩展所组成的。其中裂纹亚稳扩展占有很大比例，是决定机件整个疲劳寿命的重要组成部分；对于含有原始裂纹或缺陷的实际机件来说，裂纹亚稳扩展更为重要。因此，研究疲劳裂纹的扩展规律、扩展速率及其影响因素，对延长疲劳寿命和预测实际机件疲劳剩余寿命均具有重要意义。

2.3.1 疲劳裂纹扩展曲线

在高频疲劳试验机上测定疲劳裂纹扩展曲线，一般常用三点弯曲单边缺口试样(SENB3)、中心裂纹拉伸试样(CCT)或紧凑拉伸试样(CT)，如图2-9所示，先预制疲劳裂纹，随后在固定应力比 R 和应力范围 $\Delta\sigma$ 条件下循环加载。观察并记录裂纹长度 a 随 N 循环扩展增长的情况，便可作出疲劳裂纹扩展曲线(a-N 曲线，图2-10)。由图2-10可见，在一定循环应力条件下，疲劳裂纹扩展时其长度 a 是不断增长的。曲线的斜率表示疲劳裂纹扩展速率 $\frac{da}{dN}$，即每循环一次裂纹扩展的距离，也是不断增加的。当加载循环周次达到 N_p 时，a 长大到临界裂纹尺寸 a_c，$\frac{da}{dN}$增大到无限大，裂纹失稳扩展，试样最后断裂。若改变应力，将 $\Delta\sigma_1$ 增加到 $\Delta\sigma_2$，则裂纹扩展加快，曲线位置向左上方移动，a_c 和 N_p 都相应减小。

2.3.2 疲劳裂纹扩展速率

(1) 疲劳裂纹扩展速率曲线

图2-10表明，材料的疲劳裂纹扩展速率$\frac{da}{dN}$不仅与应力水平有关，而且与当时的裂纹尺寸有关，将应力范围 $\Delta\sigma$ 和 a 复合为应力强度因子范围 ΔK，$\Delta K = K_{max} - K_{min} = Y\sigma_{max}\sqrt{a} - Y\sigma_{min}\sqrt{a} = Y\Delta\sigma\sqrt{a}$。如果认为疲劳裂纹扩展的每一微小

过程类似是裂纹体小区域的断裂过程，则 ΔK 就是在裂纹尖端控制裂纹扩展的复合力学参量，从而可建立由 ΔK 起控制作用的$\frac{da}{dN}$与 ΔK 曲线，即疲劳裂纹扩展速率曲线(纵、横坐标均用对数表示，图 2-11 所示)。曲线分为Ⅰ、Ⅱ、Ⅲ三个区段。在Ⅰ、Ⅲ区，ΔK 对$\frac{da}{dN}$影响较大；在Ⅱ区，ΔK 与$\frac{da}{dN}$之间呈幂函数关系。

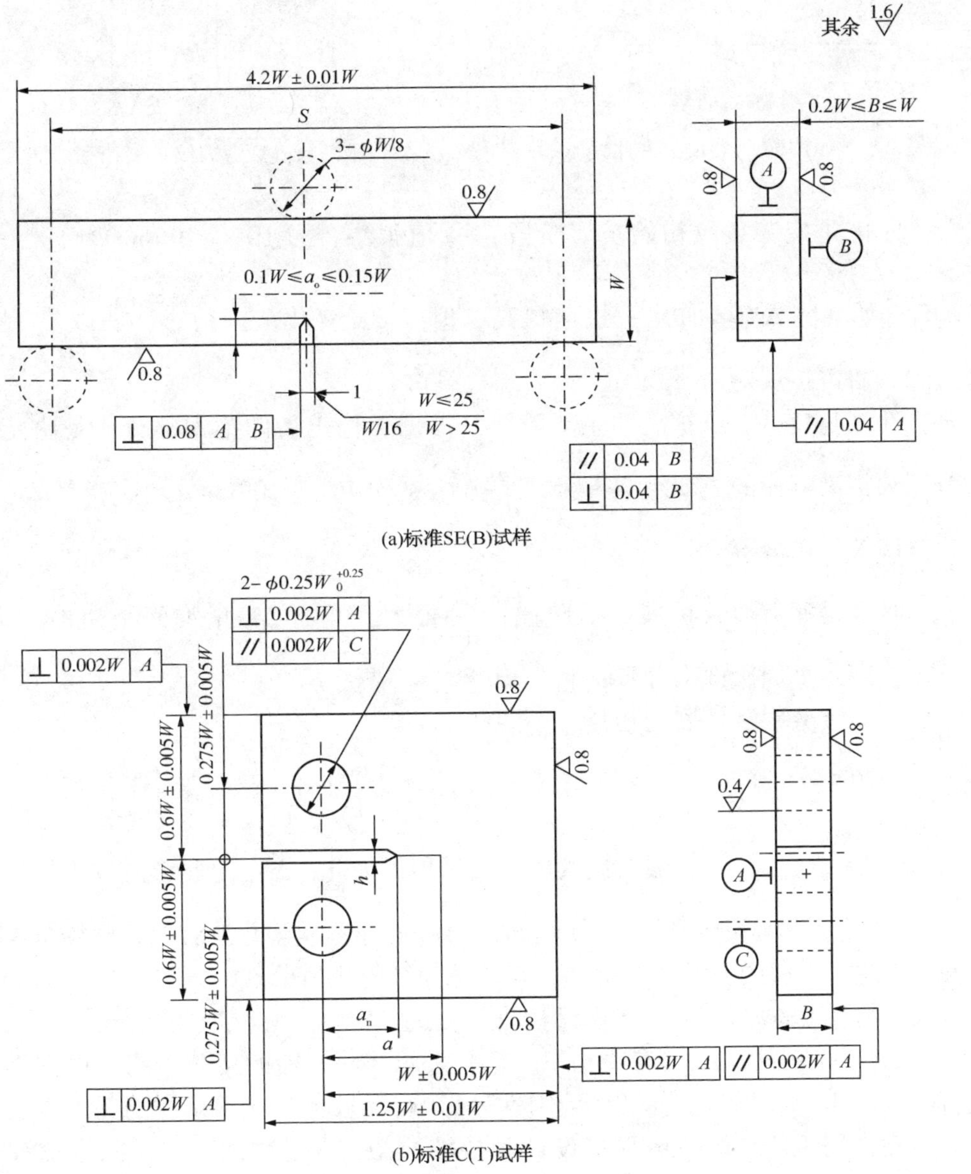

(a)标准SE(B)试样

(b)标准C(T)试样

图 2-9　测试疲劳裂纹扩展试样

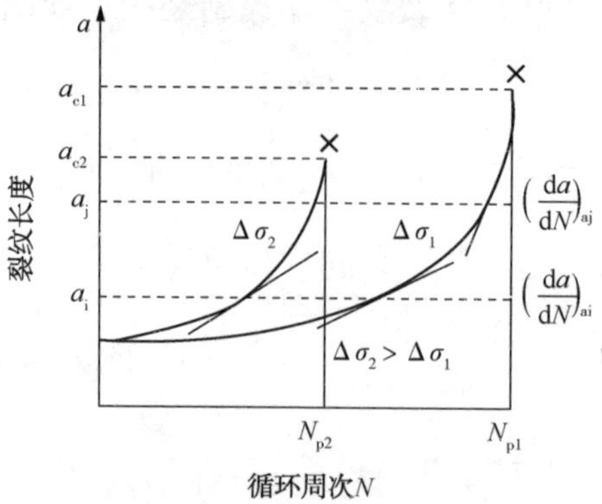

图 2-10　疲劳裂纹扩展曲线

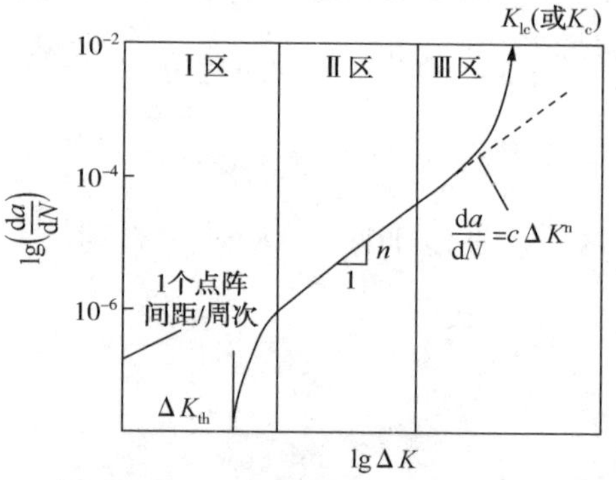

图 2-11　疲劳裂纹扩展速率曲线

Ⅰ区是疲劳裂纹初始扩展阶段，$\frac{da}{dN}$值很小，为 $10^{-8}\sim10^{-6}$mm/周次。从ΔK_{th}开始，随 ΔK 增加，$\frac{da}{dN}$快速提高，但因 ΔK 变化范围很小，所以$\frac{da}{dN}$提高有限，所占扩展寿命不长。

Ⅱ区是疲劳裂纹扩展的主要阶段，占据亚稳扩展的绝大部分，是决定疲劳裂纹扩展寿命的主要组成部分，$\frac{da}{dN}$较大，为 $10^{-5}\sim10^{-2}$mm/周次；且 ΔK 变化范围大，扩展寿命长。

Ⅲ区是疲劳裂纹扩展最后阶段，$\frac{da}{dN}$很大，并随 ΔK 增加而很快地增大，只需扩展很少周次即会导致材料失稳断裂。

（2）疲劳裂纹扩展门槛值

由图 2-11 可见，在Ⅰ区，当 $\Delta K\leqslant\Delta K_{th}$时，$\frac{da}{dN}=0$，表示裂纹不扩展；只有当 $\Delta K>\Delta K_{th}$时，$\frac{da}{dN}>0$，疲劳裂纹才开始扩展。因此，ΔK_{th}是疲劳裂纹不扩展的 ΔK 临界值，称为疲劳裂纹扩展门槛值。ΔK_{th}表示材料阻止疲劳裂纹开始扩展的性能，也是材料的力学性能指标，其值越大，阻止疲劳裂纹开始扩展的能力就越大，材料就越好。ΔK_{th}的单位和 K 相同，也是 $MN\cdot m^{-3/2}$或 $MPa\cdot m^{1/2}$。

ΔK_{th}与疲劳极限 σ_{-1}有些相似，都是表示无限寿命的疲劳性能，也都受材料成分和组织、载荷条件及环境因素等影响；但 σ_{-1}是光滑试样的无限寿命疲劳强度，用于传统的疲劳强度设计和校核；ΔK_{th}是裂纹试样的无限寿命疲劳性能，适于裂纹件的设计和校核。

根据 ΔK_{th} 的定义可以建立裂纹件不疲劳断裂(无限寿命)的校核公式

$$\Delta K = Y\Delta\sigma\sqrt{a} \leqslant \Delta K_{th} \tag{2-22}$$

利用式(2-22)，即可在 ΔK_{th}、a、$\Delta\sigma$ 三个参量中已知两个去求另一个。如已知裂纹件的裂纹尺寸 a 和材料的疲劳门槛值 ΔK_{th}，即可求得该件无限疲劳寿命的承载能力

$$\Delta\sigma \leqslant \frac{\Delta K_{th}}{Y\sqrt{a}} \tag{2-23}$$

显然，这里的 $\Delta\sigma$ 小于光滑试样的疲劳极限 σ_{-1}。照此设计的机件很笨重，只适用于地面结构，而航空航天机件绝不可能采用。

若已知裂纹件的工作载荷 $\Delta\sigma$ 和材料的疲劳门槛值 ΔK_{th}，即可求得裂纹的允许尺寸

$$a < \frac{1}{Y^2}\left(\frac{\Delta K_{th}}{\Delta\sigma}\right)^2 \tag{2-24}$$

实际在测定材料 ΔK_{th} 时很难做到 $\frac{da}{dN}=0$ 的情况，因此实验时，常规定在平面应变条件下 $\frac{da}{dN}=10^{-6}\sim10^{-7}$ mm/周次，它所对应的 ΔK 作为 ΔK_{th}，称为工程(或条件)疲劳门槛值。

工程金属材料的 ΔK_{th} 值很小，为 $5\%\sim10\% K_{IC}$。如钢，$\Delta K_{th} \leqslant 9\text{MPa}\cdot\sqrt{\text{m}}$；铝合金，$\Delta K_{th} \leqslant 4\text{MPa}\cdot\sqrt{\text{m}}$。表 2-2 为几种工程金属材料的 ΔK_{th} 测定值，可资比较。

表 2-2　几种工程金属材料的 ΔK_{th} 测定值($R=0$)

材　料	$\Delta K_{th}/\text{MPa}\cdot\sqrt{\text{m}}$	材　料	$\Delta K_{th}/\text{MPa}\cdot\sqrt{\text{m}}$
低合金钢	6.6	纯铜	2.5
18-8 不锈钢	6.0	60/40 黄铜	3.5
纯铝	1.7	纯镍	7.9
4.5 铜铝合金	2.1	镍基合金	7.1

(3) Paris 公式

1961 年，Paris 根据大量试验数据，提出了在疲劳裂纹扩展速率曲线Ⅱ区，$\frac{da}{dN}$ 与 ΔK 关系的经验公式为

$$\frac{da}{dN} = c(\Delta K)^n \tag{2-25}$$

式中　c、n——材料试验常数，与材料、应力比、环境等因素有关，但显微组织对 n 的影响不明显。根据 $\lg \frac{da}{dN}$ 与 $\lg\Delta K$ 试验曲线的截距及斜率可求得 c、n 值。多数材料的 n 值在 2~4 之间变化。

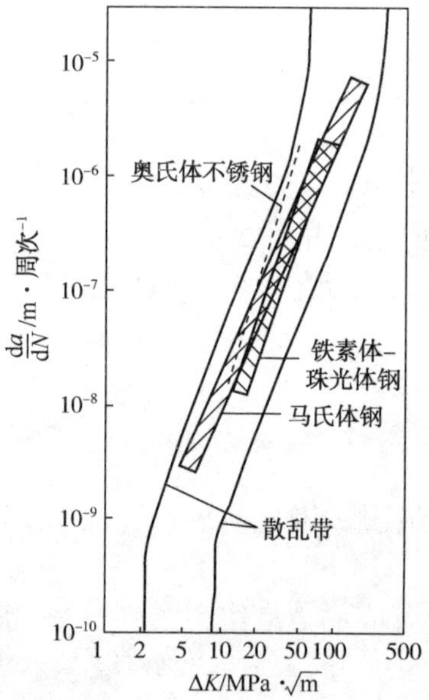

图 2-12　各种钢的疲劳裂纹扩展速率的分散带

图 2-12 是三种组织钢的 $\frac{da}{dN}$ 与 ΔK 曲线，它们的 Paris 公式分别为：

铁素体-珠光体钢　$\frac{da}{dN}=6.9\times10^{-12}(\Delta K)^{3.0}$

奥氏体不锈钢　$\frac{da}{dN}=5.6\times10^{-12}(\Delta K)^{3.25}$

马氏体钢　$\frac{da}{dN}=6.9\times10^{-12}(\Delta K)^{3.0}$

由图 2-12 可见，上述三类组织钢的 $\frac{da}{dN}$ 数据都集中在很窄的分散带内。因此，钢的强度水平和显微组织对Ⅱ区的疲劳裂纹扩展速率影响不大。

铝合金的 $\frac{da}{dN}$ 分散度较大，$n=2\sim7$；典型的航空用高强度铝合金，其 Paris 公式为 $\frac{da}{dN}=1.6\times10^{-1}(\Delta K)^{3}$。

以上诸式中 $\frac{da}{dN}$ 的单位为 m/周次，ΔK 的单位是 MPa · $\sqrt{m}$。

Paris 公式可以描述各种材料和各种试验条件下的疲劳裂纹扩展规律，为疲劳机件的设计或失效分析提供了有效的寿命估算方法。但 Paris 公式一般只适用于低应力（$\sigma_s>\sigma\geqslant\sigma_{-1}$）、低扩展速率 $\left(\frac{da}{dN}\leqslant10^{-2}\text{mm/周次}\right)$ 的范围及较长的疲劳寿命（$N_f>10^4$ 周次），即所谓的高周疲劳场合。

（4）影响疲劳裂纹扩展速率的因素

① 应力比 R（或平均应力 σ_m）的影响

平均应力 σ_m 可用应力比 R 和应力幅 σ_a 表示，$\sigma_m=\frac{(1+R)\sigma_a}{1-R}$，在 σ_a 一定条件下 σ_m 随 R 增大而增高，因此平均应力和应力比的影响具有等效性。

由于压应力使裂纹闭合不会使裂纹扩展，所以研究 R 对$\frac{da}{dN}$的影响，都是在 $R>0$ 的情况下进行的。

图 2-13 为应力比对疲劳裂纹扩展速率的影响，可见，应力比影响裂纹扩展速率曲线的位置，随 R 增加，曲线向左上方移动，使$\frac{da}{dN}$升高，而且在Ⅰ、Ⅲ区的影响比在Ⅱ区的大。在Ⅰ区，R 还降低 ΔK_{th}，其影响规律为

$$\Delta K_{th}=\Delta K_{th0}\left(\frac{1-R}{1+R}\right)^{1/2}\quad (R>0) \tag{2-26}$$

式中　ΔK_{th0}——脉动循环（$R=0$）下的疲劳门槛值。

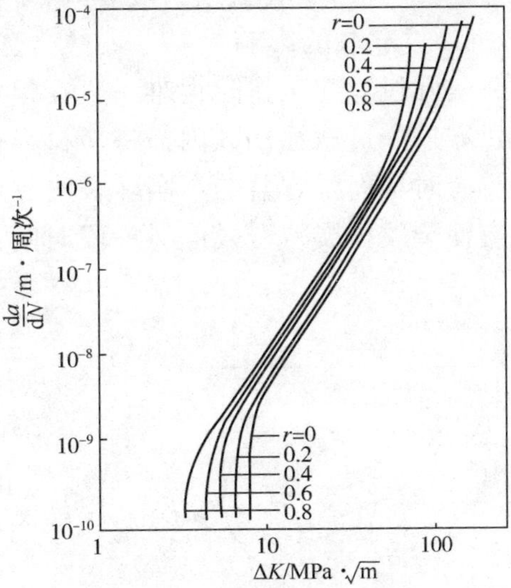

图 2-13　应力比 R 对疲劳裂纹扩展速率的影响

1967 年，Forman 考虑了应力比和材料断裂韧度对$\frac{da}{dN}$的影响，提出了下列公式

$$\frac{da}{dN}=\frac{c(\Delta K)^n}{(1-R)K_C-\Delta K} \tag{2-27}$$

式中　R——应力比；

K_C——与试件厚度有关的材料断裂韧度。

实际上，式(2-27)是对 Paris 公式的修正，它可以描述裂纹在Ⅱ、Ⅲ区的扩展，但没有反映Ⅰ区的裂纹扩展情况。

当机件内部存在残余应力时，因与外加循环应力叠加将改变实际应力比，所以也会影响$\frac{da}{dN}$和 ΔK_{th}。残余压应力会减小 R，使$\frac{da}{dN}$降低和 ΔK_{th} 升高，对疲劳寿命有利；而残余拉应力会增大 R，使$\frac{da}{dN}$升高和 ΔK_{th} 降低，对疲劳寿命不利。因此生产中总是用喷丸、滚压等表面强化处理工艺手段，除起到表面强化外，还使机件表面形成残余压应力减小，降低了$\frac{da}{dN}$，提高 ΔK_{th} 和延长疲劳寿命。试验表明，在对机件进行具体表面强化处理时，残余压应力层深 s 要

足够厚。一般，s 比裂纹长度 a 大 2~4 倍(即 $s/a=3\sim5$)时，效果较好。

② 过载峰的影响

实际机件在工作时很难一直在恒载，往往会有偶然过载。前已述及，偶然过载进入过载损伤区内，将使材料受到损伤并降低疲劳寿命。但若过载适当，有时反而是有益的。实际表明，在恒载裂纹疲劳扩展期内，适当的过载峰会使裂纹扩展减慢或停滞一段时间，发生裂纹扩展过载停滞现象，并延长疲劳寿命。

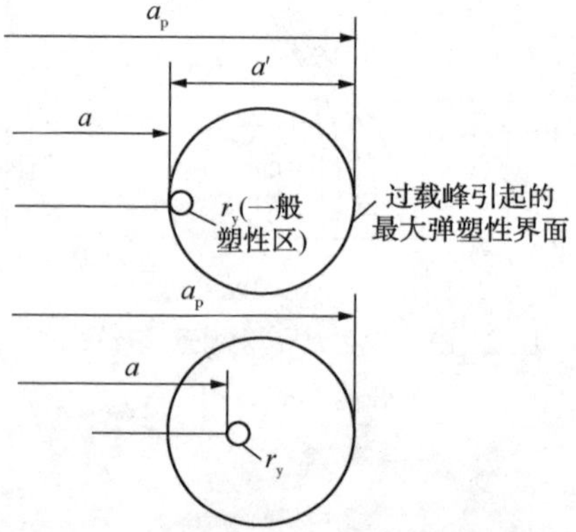

图 2-14　过载在裂纹尖端形成的塑性区

裂纹扩展发生过载停滞的原因，可用裂纹尖端过载塑性区的残余压应力影响来说明。如图 2-14 所示，在应力循环正半周时，过载拉应力产生较大的塑性区，当这个较大塑性区在循环负半周时，因阻止周围弹性变形恢复而产生残余压应力。这个压应力叠加在裂纹上，使裂纹提前闭合，减小裂纹尖端的 ΔK，从而降低$\frac{da}{dN}$，这种影响一般称为裂纹闭合效应。当疲劳裂纹扩展使裂纹尖端走出大塑性区后，由于应力恢复正常，疲劳裂纹扩展也恢复正常。

③ 材料组织的影响

在疲劳裂纹扩展过程中，材料组织对Ⅰ、Ⅲ区的$\frac{da}{dN}$影响比较明显，而对Ⅱ区的$\frac{da}{dN}$影响不太明显。一般来说，近门槛Ⅰ区的裂纹扩展对疲劳安全性更为重要，所以对该区的组织影响研究较多。通常，晶粒越粗大，其 ΔK_{th} 值越高，$\frac{da}{dN}$越低。此规律正好与晶粒对屈服强度的影响规律相反，因此在选用材料、控制材料晶粒度时，提高疲劳裂纹萌生抗力和提高疲劳裂纹扩展抗力存在截然不同的途径。实践中常采用折中方法，或抓主要矛盾的方法处理问题。

2.3.3　疲劳裂纹扩展寿命的估算

根据疲劳裂纹扩展速率表达式，用积分方法算出疲劳裂纹扩展寿命 N_p，也可以算出带裂纹或缺陷机件的剩余疲劳寿命。这在生产上是很有实用意义的。

对于机件疲劳剩余寿命的估算，一般先用无损探伤方法确定机件初始裂纹尺寸 a_0、形状位置和取向，从而确定 ΔK 的表达式 $\Delta K=Y\Delta\sigma\sqrt{a}$，再根据材料的断裂韧度 K_{IC} 及工作名义应力，确定临界裂纹尺寸 a_c，然后根据由试验确定的疲劳裂纹扩展速率表达式，最后用积分方法计算从 a_0 到 a_c 所需的循环周次，即疲劳剩余寿命 N_c。所以，从这个意义上说，这种寿命是机件有初始裂纹 a_0 后的疲劳裂纹扩展寿命。而且必要时还要考虑到机件服役的温度、环境介质、加载频率及过载等的影响。

在选择$\frac{da}{dN}$表达式时，从简便角度出发，常选用 Paris 公式。若取 $\Delta K=Y\Delta\sigma\sqrt{a}$，则

$$\frac{da}{dN}=c(Y\Delta\sigma\sqrt{a})^n$$

所以

$$dN=\frac{da}{cY^n(\Delta\sigma)^n a^{n/2}} \tag{2-28}$$

当 $n\neq2$ 时

$$N_c=\int_0^{N_c}dN=\int_{a_0}^{a_c}\frac{da}{cY^n(\Delta\sigma)^n a^{n/2}}=\frac{2}{(n-2)c(Y\Delta\sigma)^n}\left[\frac{1}{a_0^{(n-2)/2}}-\frac{1}{a_c^{(n-2)/2}}\right] \tag{2-29}$$

当 $n=2$ 时

$$N_c=\frac{1}{c(Y\Delta\sigma)^2}(\ln a_c-\ln a_0) \tag{2-30}$$

2.4 疲劳断裂机理

疲劳是在零部件承受扰动应力的作用下发生的，它起源于高应力应变的应力集中部位，在足够次数的扰动载荷作用下，应力集中部位产生裂纹。在接下来的一段时间内因扰动载荷的作用，裂纹不断扩展直到达到临界尺寸时零部件因强度不够而瞬时断裂。因此疲劳是一个发展的过程，主要经历裂纹的萌生、发展、断裂三个阶段，疲劳寿命也就是裂纹萌生阶段与裂纹发展阶段这两个阶段寿命的和。这也造成了典型的疲劳断口由于疲劳断裂发生的这

三个阶段而能观察到裂纹源区、裂纹扩展区、瞬时断裂区三个部分。

2.4.1 疲劳裂纹萌生机理

裂纹主要从滑移带、晶界、夹杂物、第二相与基体的界面等高应力集中处开裂，一般而言裂纹源只有一个，但也有可能有多个。在工程实际中疲劳往往起源于表面或近表面处，这是由于表面所受的约束少，外部环境容易使表面产生划痕、腐蚀坑等缺陷，裂纹在此萌生后逐渐向内扩展直至断裂。滑移带开裂是由于在循环载荷作用下，材料产生塑性变形形成滑移带，滑移带因为扰动的作用在表面不断被挤入挤出，逐渐形成小尺度的切口，再逐渐扩展为宏观尺度的裂纹。晶界、夹杂物、第二相与基体的界面开裂与滑移带开裂类似，滑移面在循环载荷作用下滑移，在晶界或界面处受阻形成位错塞积，造成应力集中，当应力峰值达到某一临界值时便会造成开裂。

疲劳微裂纹在其形成和扩展过程中，会表现出与宏观裂纹不同的行为，一般来说，疲劳微裂纹长度小于或相当于材料内部微观组织单元(如晶粒、第二相粒子等)尺度，对于光滑的工程材料，疲劳微裂纹总是在自由表面处形成，但是由于受到材料微观组织的影响，微裂纹有着不同的形核位置和萌生形式。比如，对于高强度钢，裂纹一般萌生于夹杂物；对于高强度铝合金，裂纹往往起源于尺度较小的第二相颗粒；对于一些中、低强度的合金材料，裂纹趋于在滑移带上形成。尽管短裂纹的萌生方式因材料而异，但其过程都是由表面或近表面处的局部塑性应变集中造成的。

(1) 驻留滑移带开裂

在低强度的金属材料中，疲劳裂纹一般起始于某些滑移带。与静载荷下出现的滑移带不同，交变载荷下形成的表面滑移带分布不均匀，滑移台阶一般在高应力的局部地区产生。滑移产生的表面突起经过抛光后虽能暂时消除，但是如果继续循环几个周次，滑移台阶又在原处出现，这称为“驻留滑移带”，它标志着疲劳损伤的开始。随着不断地循环变形，在材料表面形成了许多的“挤出”和“挤入”，如图 2-15 所示，“挤入”好比尖锐的缺口，有很厉害的应力集中，疲劳裂纹很容易在该处萌生。

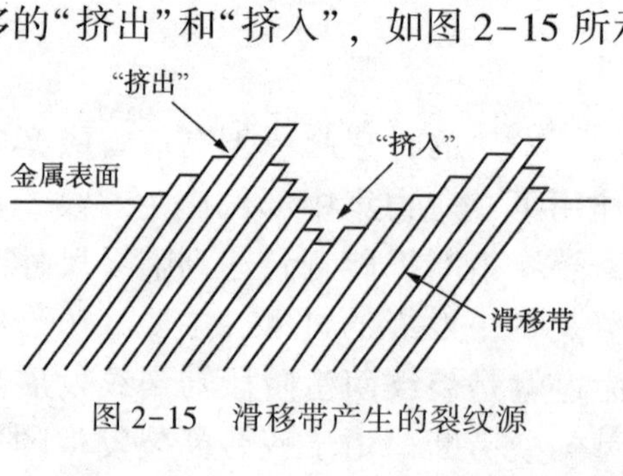

图 2-15　滑移带产生的裂纹源

(2) 夹杂物界面开裂

在金属材料中，经常不同程度地存在着一些非金属夹杂物和第二相粒子，在交变应力作用下，这些夹杂物或第二相粒子会与基体沿界面分离或者本身发生断裂，这都可能导致疲劳微裂纹的萌生。图 2-16 是夹杂物与基体沿界面开裂过程示意图。

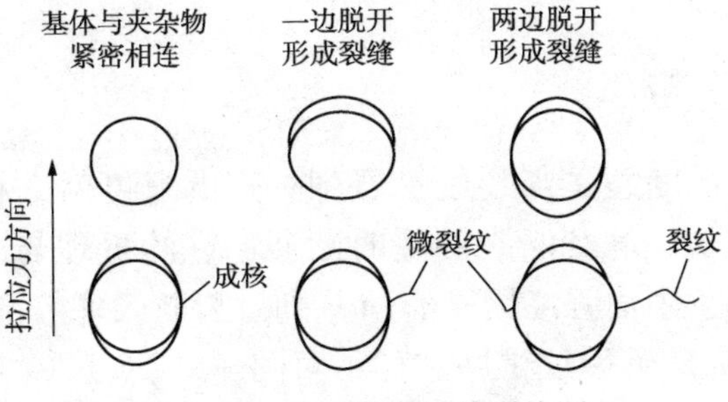

图 2-16　滑移带产生的裂纹源

(3) 晶界开裂

当经受较高的应力/应变幅时，尤其是在高温的情况下，裂纹经常萌生于晶界处。对于高温下的材料，滑移带到达晶界时，会受到晶界的阻碍，但是载荷的继续作用，使得滑移带在晶界上引起的应变不断增加，造成位错堆积，当位错堆积形成的应力达到理论断裂强度时，晶界就会开裂，形成微裂纹。材料晶粒尺寸越大，晶界上的应变量和堆积的位错就越大，就越容易形成裂纹。

2.4.2　疲劳裂纹扩展机理

裂纹的扩展可分为两个阶段，第一阶段裂纹在萌生后在交变载荷的作用下沿最大切应力方向扩展，具有一定的结晶学特性。此阶段的裂纹数量较多，随着裂纹的扩展一部分在几个晶粒的尺度就停止了，还有一部分连接成一条主裂纹，进入第二阶段。第二阶段由于裂纹由材料表面约束少的地方进入内部，滑移受到巨大阻碍而由剪切扩展方式转变为拉伸扩展，此时不再具有结晶学特性。裂纹在扩展的过程中会留下疲劳辉纹，疲劳辉纹方向与裂纹扩展方向垂直，它的间距能够反映出裂纹扩展的速率。整个裂纹扩展区由于整个扩展过程中不断地张开、闭合，相互摩擦使得断口较为光滑平整，并常常会留下腐蚀的痕迹。

裂纹的第一阶段扩展是由剪应力分量控制的，而第二阶段则由拉应力控制。与长裂纹相比，微裂纹的扩展行为的主要特点如下：

(1) 微裂纹可以在比长裂纹低的名义驱动力下扩展，而且在同样的名义驱动力下，微裂纹具有比长裂纹更高的扩展速率。

(2) 微裂纹可以弥散地分布和发展，单位面积上的裂纹数随循环周次增加而增加，当微裂纹密度达到一临界值时将发生裂纹的汇合扩展。

（3）疲劳微裂纹的扩展对微观结构有着强烈的依赖性，因此裂纹的扩展行为具有很大的随机性，最初萌生的裂纹或者初始长度较长的裂纹也并不一定就能生长为主裂纹。

2.4.3 疲劳断裂

疲劳断裂最后的断裂是当裂纹扩展到一定的程度时，材料的强度下降到临界值而发生的类似于静载断裂的瞬时断裂，它的机理与静载断裂一致，但两者加载速率不同，因而强度因子有所差别。瞬断区一般会有45°剪切唇与大量韧窝。图2-17为疲劳裂纹扩展过程示意图。

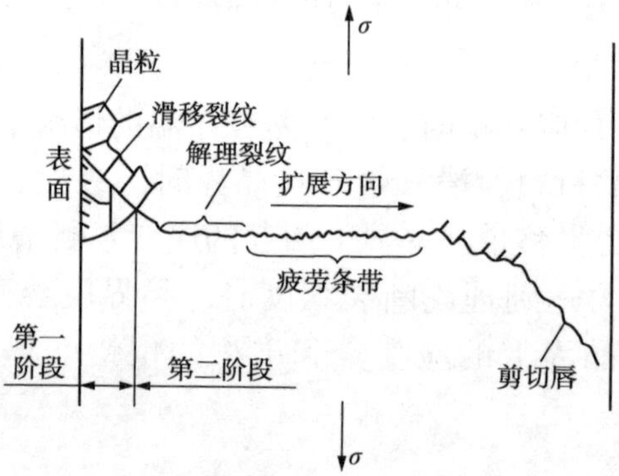

图2-17　疲劳裂纹扩展示意图

断口主要分为裂纹源区、扩展区和瞬断区三个区域。疲劳源区多呈半圆形或半椭圆形，面积最小，萌生于表面或应力集中处，由于裂纹在此扩展速度慢，所以较为平坦。裂纹扩展区往往指第二阶段的扩展区，因为第一阶段的只有几个晶粒的尺度往往难以分辨，它位于疲劳源区与瞬断区之间，面积最大，表面常出现海滩花纹或细晶粒，在靠近疲劳源区的区域由于在扩展时被裂纹面不断挤压摩擦而会被磨光。瞬断区多呈亮色粗晶粒，面积大小由载荷和材料本身决定。

2.5 钻杆疲劳寿命评估

疲劳是钻杆的主要失效形式。据统计，在钻杆的失效事故中疲劳失效约占80%，严重影响钻井安全。API Spec5D 和 ISO/DIS 11960 等标准仅对钻杆材料的化学成分、硬度、拉伸、冲击等性能做了比较详细的规定，但未对钻杆材料的疲劳性能做出具体要求，在实际钻杆强度设计时，通常基于静载条件下的实验结果估计钻杆的疲劳极限，存在一定的局限性。国内外学者从事了大量钻杆失效机理和疲劳寿命预测方面的研究，目前钻杆疲劳寿命评估的方法主要有：

（1）采用小尺寸试样疲劳实验评估钻杆的疲劳寿命；

（2）采用全尺寸疲劳实验评估钻杆的疲劳寿命；

（3）通过理论计算方法评估钻杆的疲劳寿命。

2.5.1 小尺寸试样疲劳实验

通过小尺寸试样模拟实验研究钻杆材料疲劳寿命预测方法的主要思路：通过标准疲劳试样试验测试钻杆材料在一定应力或应变条件下疲劳寿命或疲劳裂纹扩展速率及其他相关参数，建立载荷条件与材料疲劳寿命的定量计算关系，进而对钻杆材料的疲劳寿命进行预测。采用小尺寸试样模拟实验进行钻杆疲劳寿命预测的试样有光滑圆棒试样、板状试样、紧凑拉伸试样、标准单边缺口试样、三点弯曲单边缺口试样（SENB3）、中心裂纹拉伸试样（CCT）或紧凑拉伸试样（CT）等。

Dezhi Zeng 等依据 GB/T 4337—2008《金属材料　疲劳试验　旋转弯曲方法》测定了 S135 钻杆钢光滑圆棒试样和缺口圆棒试样的疲劳寿命，测定了经 25℃和 80℃的钻井液中预腐蚀后的光滑圆棒试样和缺口圆棒试样的疲劳寿命，对其疲劳寿命进行了预测。采用 13 个试样按照式（2-31）确定其条件疲劳极限：

$$S_{\mathrm{R}}(N)=S_{\mathrm{R}}(10^{7})=\left(\frac{1}{m}\right)\sum_{i=1}^{n}S_{i}V_{i} \tag{2-31}$$

确定具有有限疲劳寿命的 $S-N$ 曲线。$S-N$ 曲线通常在 4~5 个应力水平下通过组测试方法测量。所谓的小组测试方法描述如下：在每个应力水平测量 3~5 个数据，然后计算中位疲劳寿命 $N50$（50%存活率的疲劳寿命）。

在每个应力水平下计算 $N50$ 或 $\lg N50$。将各应力水平下的疲劳寿命 N_1、N_2、$N_3 \cdots N_n$ 代入方程式（2-31）计算 $\lg N50$。

$$\lg N_{50}=\frac{1}{n}\sum_{i=1}^{n}\lg N_{i} \tag{2-32}$$

对式（2-32）求得

$$N_{50}=\lg^{-1}N_{50} \tag{2-33}$$

依据幂函数关系式（2-7）对其 $S-N$ 曲线进行了拟合，具体结果如图 2-18 所示。

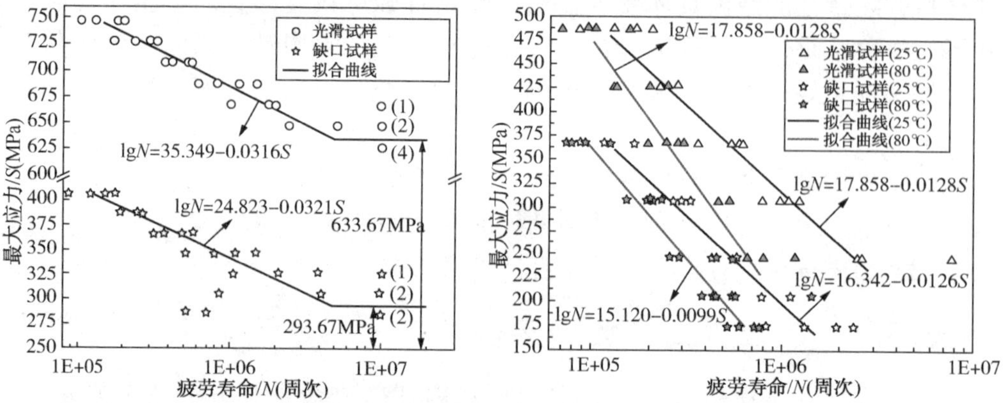

图 2-18　S135 钻杆钢光滑、缺口试样的不同试验条件下的 $S-N$ 及拟合曲线

Hao Yu 测定了 V150 钻杆钢光滑圆棒试样在空气和含 H_2S 钻井液环境中疲劳寿命，基于 Zheng 的应力疲劳寿命公式获得了 V150 钻杆钢在空气、泥浆和含 H_2S 钻井液环境中的疲劳寿命预测模型分别为：$N_{空气}=8.59\times10^{10}(S-330)^{-2}$，$N_{泥浆}=3.45\times10^{10}(S-270)^{-2}$ 和 $N_{含H_2S的泥浆}=2.13\times10^{10}(S-167)^{-2}$，并对空气和含 H_2S 钻井液环境中 V150 钻杆钢的疲劳断裂机理进行了分析。图 2-19 为 V150 钻杆钢在空气、泥浆和含 H_2S 钻井液环境中的 $S-N$ 及拟合曲线。

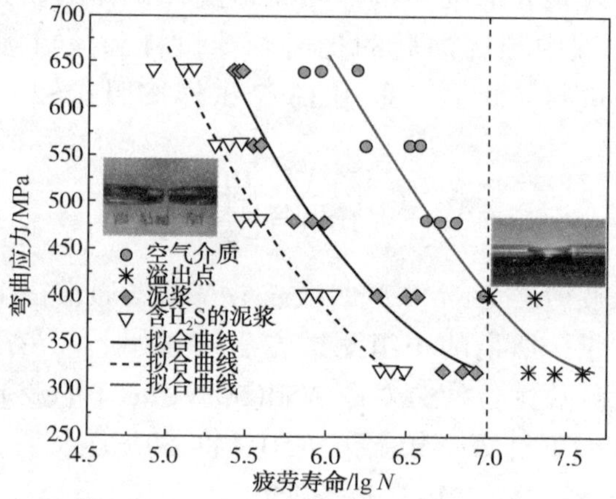

图 2-19　V150 钻杆钢在空气、泥浆和含 H_2S 钻井液环境中的 $S-N$ 及拟合曲线

2.5.2　全尺寸疲劳实验

钻杆的疲劳损伤主要是由于钻杆在井下狗腿位置旋转造成的，而且钻杆的疲劳损伤随井眼狗腿严重度的增加而增加。基于 Lubinski 这一理论，国外有研究机构结合钻杆服役条件专门设计了钻杆实物疲劳寿命试验装备，并开

展钻杆实物疲劳寿命的试验研究。我国国家标准 GB/T 24956—2010《石油天然气工业钻柱设计和操作限度的推荐作法》也规定了钻杆疲劳寿命的 *S-N* 曲线及其计算公式。

B. Alberta 大学 Grondin G Y 等对外径为 114mm 的 E75 钻杆加厚结构部位在空气环境和 3.5%NaCl 溶液中的实物疲劳寿命进行了试验研究，研究了应力幅、平均应力、加厚结构及腐蚀环境对钻杆疲劳寿命的影响，提出了 *E* 钻杆加厚结构部位的疲劳寿命预测公式。他们认为，与钻杆内外加厚结构相比，外加厚结构尺寸对于钻杆疲劳寿命的影响较小，当疲劳裂纹穿透壁厚以后，钻杆剩余疲劳寿命将非常少，为了在钻杆断裂前检测到刺穿的发生，建议选用壁厚较薄的钻杆。针对钻杆加厚部位的疲劳寿命问题，李鹤林等与日本钢管中央技术研究所合作对钻杆三种不同尺寸内加厚结构的疲劳寿命进行试验研究，结果表明，内加厚过渡锥部越长，过渡半径越大，钻杆加厚部位的疲劳寿命越长，该项研究成果在美国石油学会第 64 届年会上发布，并最终被 API 采纳。针对钻杆加厚结构部位的疲劳失效问题，目前国内外普遍采取延长加厚部位锥面长度和增加过渡曲率半径的方法来提高钻杆管体加厚部位的疲劳寿命。

钻杆实物疲劳试验系统较为真实地反映了钻杆服役过程中材料、结构和服役载荷等多方面因素对于钻杆疲劳寿命的综合作用，实验结果与实际情况吻合较好，获得业界的广泛认可。然而，由于实物疲劳实验受费用高和周期长等不利因素的制约，钻杆实物疲劳寿命研究方面的试验数据相对较少。为了分析小尺寸试样模拟实验结果与钻杆实物疲劳实验结果之间的相关性，Miscow G F 通过对比分析一种 S135 钻杆实物疲劳实验结果和板状小试样疲劳实验结果发现，不同尺寸试样的疲劳寿命实验结果具有一定的一致性，这为钻杆疲劳寿命研究提供了重要参考，其测试装置和结果如图 2-20所示。

Sathuvalli U B 等基于已有的疲劳寿命实验数据提出将小尺寸试样疲劳实验结果通过结构、温度、加工及环境等各种参数因子的设置实现向全尺寸疲劳试验结果进行转换的思路，但转换因子的数值大多需要经验确定。

2.5.3 理论计算

为了节约成本，提高分析速度，国内外许多学者采用理论计算的方法对钻杆疲劳寿命进行了分析研究，理论计算分析的基础主要为断裂力学和损伤力学理论。研究思路主要为：先计算钻杆受力最严重部位的最大应力，然后借助疲劳裂纹扩展公式或 *S-N* 曲线对疲劳寿命进行分析计算。计算过程中最重要的就是建立疲劳裂纹扩展速率 da/dN 及疲劳寿命 S-N 曲线的定量计算公式，目前对于疲劳裂纹扩展速率计算最为常用的是 Paris 公式：

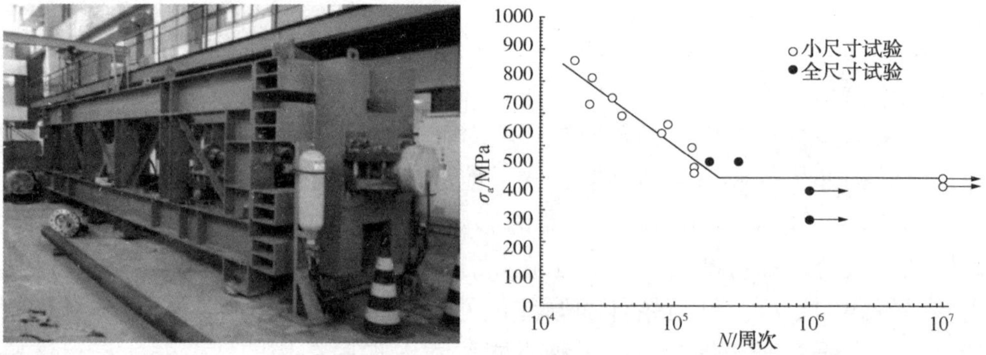

图 2-20　全尺寸疲劳测试装置

$$\frac{\mathrm{d}a}{\mathrm{d}N}=C(\Delta K)^{m} \tag{2-34}$$

当考虑平均应力的影响时，可使用 Forman 提出的修正公式，如公式(2-35)所示：

$$\frac{\mathrm{d}a}{\mathrm{d}N}=\frac{C(\Delta K)^{m}}{(1-R)K_{c}-\Delta K} \tag{2-35}$$

对式(2-34)或式(2-35)进行积分，即可得到钻杆疲劳裂纹扩展阶段的寿命 N，如式(2-36)和式(2-37)所示：

$$N=\int_{a_0}^{a_c}\frac{\mathrm{d}a}{C(\Delta K)^{m}} \tag{2-36}$$

$$N=\int_{a_0}^{a_c}\frac{(1-R)K_{c}-\Delta K}{C(\Delta K)^{m}}\mathrm{d}a \tag{2-37}$$

Tom Hill 等基于裂纹扩展速率 Forman 方程，提出采用弯曲指数 CI 作为钻杆疲劳寿命的评价指标，通过比较 CI 值的大小判断钻杆疲劳寿命的长短，CI 值可以进行线性累积。Jiang Wu 等提出了一种计算钻柱危险部位弯曲应力及寿命的模型，该模型考虑造斜段钻柱疲劳，以鲁宾斯基理论为基础，建立钻柱弯曲模型，并求得拉伸和压缩条件下钻柱危险部位弯曲应力，然后结合 S-N 曲线预测钻柱疲劳寿命。John P 等采用有限元法对同尺寸的 NC38 螺纹结构进行分析后，发现最后啮合部位螺纹牙底发生塑性变形后，上扣扭矩对于螺纹结构的疲劳寿命影响不大。朱庆流等采用 Ansys 软件对钻杆接头 NC50 螺纹连接结构的应力应变状态进行了分析计算，并基于 S-N 曲线对钻杆接头螺纹结构疲劳进行了预测。

2.5.4 钻杆疲劳寿命评估的发展趋势

随着新型油气资源的勘探开发及先进钻井技术的推广应用，对钻杆服役性能提出了更高的要求，为了有限控制和减少钻杆疲劳失效事故的发生，需要加强以下方面的研究。

(1) 由于多种因素的综合影响，钻杆疲劳寿命试验结果具有很大的离散性，这为钻杆疲劳寿命的预测造成了很大的困扰，为了提高钻杆疲劳寿命预测的准确性，应加强钻杆疲劳寿命可靠性方面的研究。

(2) 钻井作业过程中，为了节省成本，通常只是在换钻头或下套管时才进行起下钻柱作业，钻杆要在井下连续作业数百甚至数千小时，在钻进过程中，钻杆的服役载荷会发生很大变化，钻杆的疲劳损伤程度也不断变化，为了准确掌握钻杆的疲劳损伤情况，应加强钻杆疲劳寿命实时跟踪系统的研究。

(3) 随着陆地油气资源的枯竭，海洋石油天然气成为近年来开发的热点，海洋油气钻井工艺及作业方式都与陆地不同，钻杆服役环境也有很大的差别，钻杆失效造成的损失更大，为了满足海洋钻井过程中钻柱安全的需要，应加强海洋钻井用钻杆疲劳寿命预测技术的研究。

(4) 随着钻杆新材料新技术的推广应用，大量非标钻杆获得推广应用，钻杆的结构，甚至钢级都与标准钻杆有很大的差异，缺乏针对这类钻杆疲劳寿命预测的相关技术方法，应加强这方面的研究。

2.6 本章小结

本章在对疲劳的定义、特点、分类及断口特征介绍的基础上，阐述了疲劳寿命曲线及其预测方法、疲劳裂纹扩展速率测定和疲劳断裂机理，重点介绍了钻杆疲劳寿命预测的方法。

第3章 单轴载荷下钻杆钢的疲劳寿命预测与断裂机理

3.1 引　　言

国内外学者针对钻杆的疲劳失效问题进行了一定的研究，已在钻杆失效原因、钻杆材料的疲劳寿命预测及影响因素等方面取得了一定认识，但随着钻井深度、难度的增加，钻杆的疲劳失效事故经常发生。虽然由交变应力引起钻杆的疲劳损伤是不可避免的，但如果能通过试验获得钻杆用钢的疲劳数据，总结出钻杆疲劳的规律，并建立相应的定量模型，然后根据服役的载荷历史，在正确评估钻杆剩余寿命的基础上，延长其使用寿命和防止断裂事故的发生，则具有巨大的经济效益和社会效益。由于单轴疲劳是复合疲劳的特例，也是复合加载疲劳对比的基准，其研究仍然具有重要意义。为此，本章采用疲劳试验方法获得了 S135 钻杆钢光滑试样在单轴拉-压和扭转载荷下的疲劳寿命，应用回归分析的方法获得了实验材料在单轴拉-压和扭转载荷下的疲劳寿命表达式，并对断裂试样的断口形貌进行了宏观和微观分析，探讨了其断裂机理。

3.2 实验材料及方法

3.2.1 实验材料

实验材料为 S135 钻杆钢，供货状态为调质热处理，显微组织如图 3-1 所示，为回火索氏体组织，其化学成分和力学性能见表 3-1 和表 3-2。疲劳试样沿钻杆的纵向取样，试样的长度方向为钻杆纵向，取样加工成直径为 $\Phi=5$mm 的圆棒疲劳试样，如图 3-2 所示。

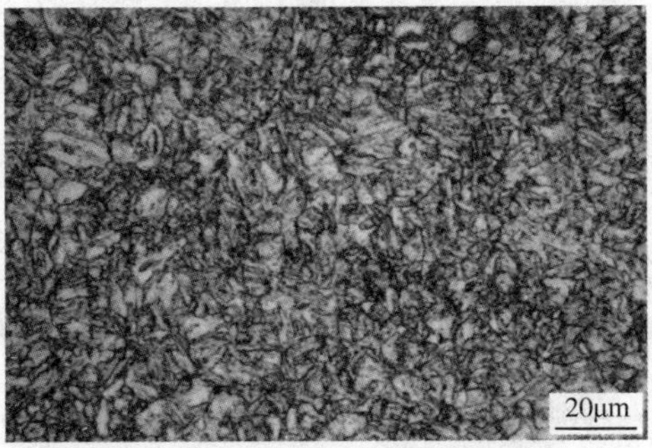

图 3-1　S135 钻杆钢的显微组织

表 3-1　S135 钻杆钢的化学成分　　%

C	Si	Mn	P	S	Ni	Cr	Mo	Ti	Cu	Fe
0.32	0.24	0.75	0.007	0.004	0.25	1.02	0.41	0.06	0.06	余量

表 3-2　S135 钻杆钢的力学性能

σ_s/MPa	σ_b/MPa	ψ/%	δ/%	A_{kv}/J(20℃)	HRC
935	1058	62	22	80	31

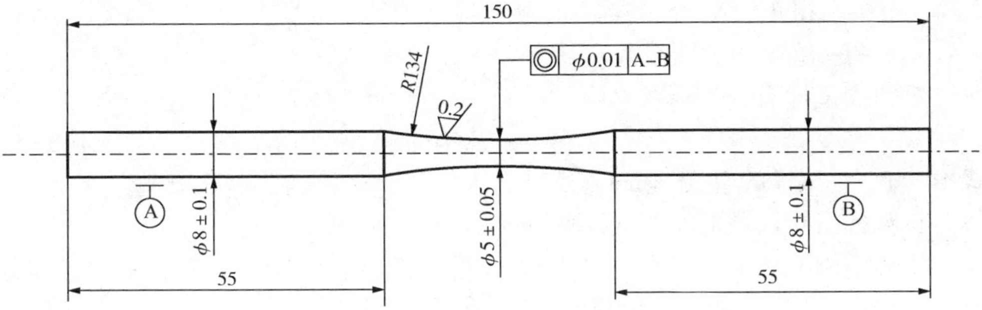

图 3-2　疲劳试样尺寸/mm

3.2.2　实验方法

拉-压疲劳实验按照 GB/T 3075—2021《金属材料　疲劳试验　轴向力控制方法》在 PLD-100KN 型电液伺服疲劳试验机上进行，实验过程采用应力控制，应力比 $R=-1$，加载频率为 5Hz，加载波形为三角波，实验环境为实验室大气。

在拉-压疲劳试验时，施加于试样上的正应力 σ 由载荷来计算：

$$\sigma=\frac{P}{S} \tag{3-1}$$

式中 P——载荷；

S——试样的截面面积。

在对称循环加载时，正应力幅值 $S_a=\sigma_{max}$。

在应力控制的疲劳试验过程中，施加于试样上的疲劳循环应力可采用归一化的当量应力范围表示 S_{eqv}：

$$S_{eqv}=\sqrt{\frac{1}{2(1-R)}}\Delta\sigma=\sqrt{\frac{1}{2(1-R)}}\sigma_{max}(1-R) \tag{3-2}$$

式中 $\Delta\sigma$、σ_{max}和 R——疲劳加载的应力范围、加载的最大应力和应力比。

根据式(3-2)，将施加于试样上的疲劳循环应力转化为当量应力。在对称循环条件下，$S_{eqv}=S_a$。

扭转疲劳实验按照 GB/T 12443—2007《金属材料　扭应力疲劳试验方法》在 PLD-50KN-250NM 型拉扭电液伺服疲劳试验机上进行，实验过程采用扭矩控制并对称加载，切应力比为 $R=-1$，扭转加载频率为 3Hz，加载波形为三角波，实验环境为实验室大气。

扭转疲劳试验时施加于试样上的切应力 τ 与扭矩 M 的关系为：

$$\tau=\frac{M}{W} \tag{3-3}$$

式中 M——扭矩，N·m；

W——试样的截面系数。

对圆棒试样有：

$$W=\pi d^3/16 \tag{3-4}$$

式中 d——试样的直径，mm。

在对称扭转加载时，切应力幅值 $\tau_a=\tau_{max}$。

疲劳断裂试样的断口在 JSM-6390A 型扫描电镜(SEM)上进行了观察和分析，鉴别单轴拉-压和扭转加载下的疲劳断裂微观机制。

3.3 钻杆钢拉-压疲劳寿命预测与断裂机理

3.3.1 拉-压疲劳寿命预测与 S-N 曲线

图 3-3 为对称拉-压循环加载条件下 S135 钻杆钢的疲劳寿命随应力幅

值的变化关系。可见，试验钢的拉-压疲劳寿命随应力幅值的降低而延长。当应力幅降低到约 650MPa 以下时，疲劳寿命超过 10^5 循环周次，且随着应力幅值的降低疲劳寿命显著延长，呈现出明显的疲劳极限特征。

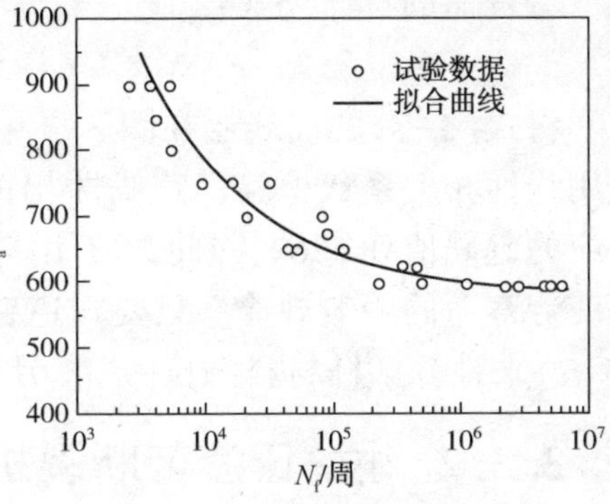

图 3-3　拉-压疲劳试验的 S-N 曲线

基于应变疲劳理论和试验分析，给出了全寿命范围对称和非对称循环应力疲劳寿命公式：

$$N_f = A(S_a - S_c)^{-2} \quad (3-5)$$

式中　A 和 S_c——与材料性能相关的疲劳抗力系数和疲劳极限。

当 $S_a > S_c$ 时，为有限疲劳寿命；当 $S_a \leq S_c$ 时，疲劳寿命趋于无限。所以，S_c 可称为理论疲劳极限。

对式(3-5)两边取对数可得：

$$\lg N_f = \lg A - 2\lg(S_a - S_c) \quad (3-6)$$

在 $\lg N_f$ 与 $\lg(S_a - S_c)$ 的双对数坐标中，式(3-5)为一条斜率为-2 的直线。利用尾差法原理，编制一个线性回归计算机程序，见图 3-4，在斜率为-2±0.002 的条件下可求得疲劳抗力系数 A 和理论疲劳极限 S_c。应该指出，采用拟合方法所得到的理论疲劳极限与 GB/T 3075—2021 中规定的采用升降法所获得的疲劳极限有所差别，拟合方法所获得的理论疲劳极限略低于升降法所获得的疲劳极限。

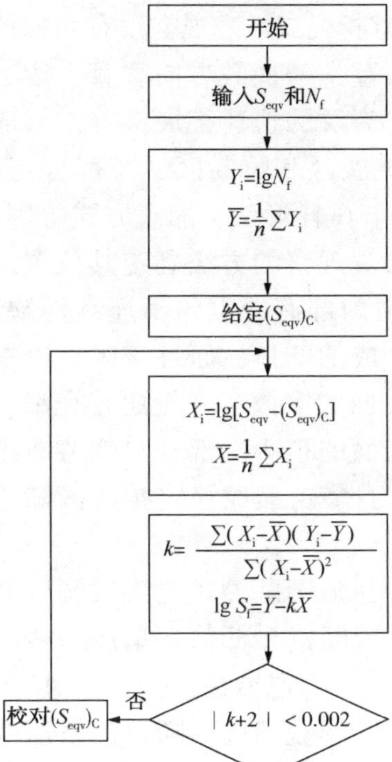

图 3-4　基于线性回归分析的计算机流程框图

按上述方法对对称拉-压疲劳实验结果进行了分析，得到了对称拉-压加载下的疲劳抗力系数 A 为 4.64×10^8，S_c 为 577.9MPa，将 A 值和 S_c 值代入式(3-5)中可得到 S135 钻杆钢在对称拉-压加载条件下疲劳寿命的具体公式：

$$N_f = 4.64 \times 10^8 (S_a - 577.9)^{-2} \tag{3-7}$$

将式(3-7)的曲线绘在图3-3中，可见，拟合曲线和实验结果吻合良好。应用线性相关系数检验，其线性相关系数$|r| = 0.9588$，大于99.9%置信度对应的起码值0.526。因此，应用式(3-5)可很好描述S135钻杆钢的对称拉-压疲劳寿命的一般规律。只要知道钻杆材料承受外力时的S_a，就可以应用式(3-7)来计算钻杆材料的拉-压疲劳损伤。

3.3.2 拉-压疲劳断裂机理

图3-5为S135钻杆钢在不同应力幅值下的拉-压疲劳断裂试样和宏观断口形貌。可见，在拉-压疲劳实验条件下，疲劳断裂试样宏观上没有明显的塑性变形，属于脆性断裂，裂纹形成和扩展断面基本与加载方向垂直，疲劳裂纹起始于试样表面，然后向试样内部扩展，在裂纹的快速扩展部分，形成斜断口。疲劳断口由疲劳源区、疲劳裂纹稳定扩展区和瞬断区三个部分组成，疲劳断口各区所占比例的大小取决于应力状态、试样形状、加载方式等因素。疲劳源区是疲劳裂纹萌生的区域，一般可用宏观观察的方法确定其位置。疲劳源区一般在试样的表面或次表面，如果材料内部有严重的不连续性缺陷，疲劳源也可能在材料内部。疲劳源区是最早生成的断口，而且该区裂纹扩展速率缓慢，裂纹反复张开闭合引起匹配断口表面的摩擦，一般比较光滑，见图3-5。由图可见，疲劳源区只占整个断口表面的很小一部分，疲劳裂纹稳定扩展区和瞬断区占断口表面的绝大部分，并且疲劳裂纹稳定扩展区随着应力幅值的增大而明显减少，瞬断区则增加。

图3-6为应力幅值$S_a = 596.2$MPa时，拉-压疲劳断裂试样裂纹源区和疲劳裂纹稳定扩展区的微观断口形貌。可见，疲劳断口在低倍下呈放射线状形貌，放射线状汇聚处为裂纹源区。裂纹源区附近为穿晶断裂，但因在对称拉-压加载时断裂面之间的挤压，大部分的解理台阶形貌消失，断口因挤压变得比较平坦；在疲劳裂纹的扩展区，裂纹扩展以疲劳条带为主要特征，疲劳条带与裂纹扩展方向基本垂直。由于在对称拉-压疲劳过程中，裂纹尖端产生强烈的往复变形，在疲劳条带间产生明显的二次开裂。

图3-7为应力幅值$S_a = 672.6$MPa时，拉-压疲劳断裂试样裂纹源区和疲劳裂纹稳定扩展区的微观断口形貌。可见，疲劳裂纹源区表面比较平坦，在低倍下呈放射线状形貌，放射线状汇聚处为裂纹源区，裂纹源附近为穿晶开裂；在疲劳裂纹的稳定扩展区，裂纹以疲劳条带机制进行扩展，由于加载应力较大，疲劳条带间的间距较大，在断口表面存在着解理台阶。

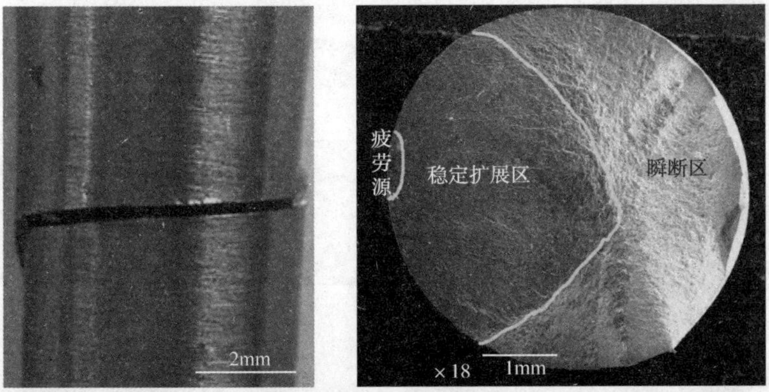

(a)S_a=596.2MPa

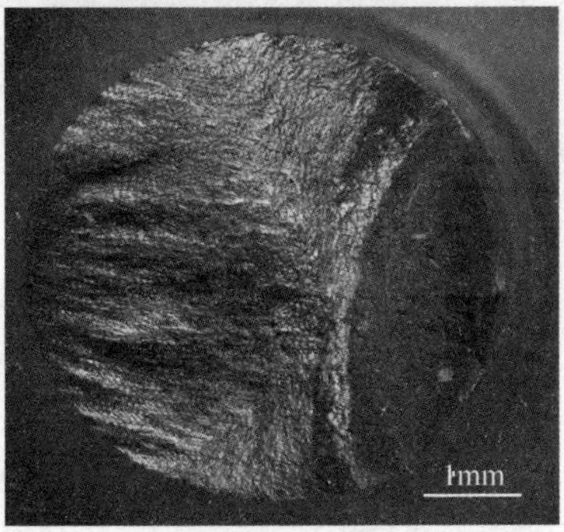

(b)S_a=621.7MPa

(c)S_a=749MPa

图 3-5　不同应力幅值下的拉-压疲劳断裂试样和宏观断口形貌

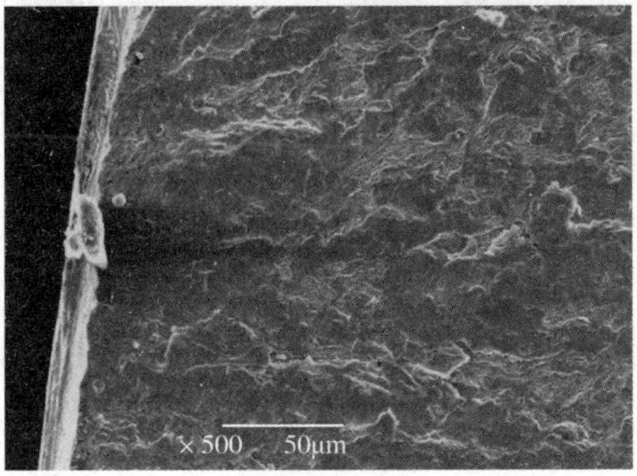

(a)裂纹源区

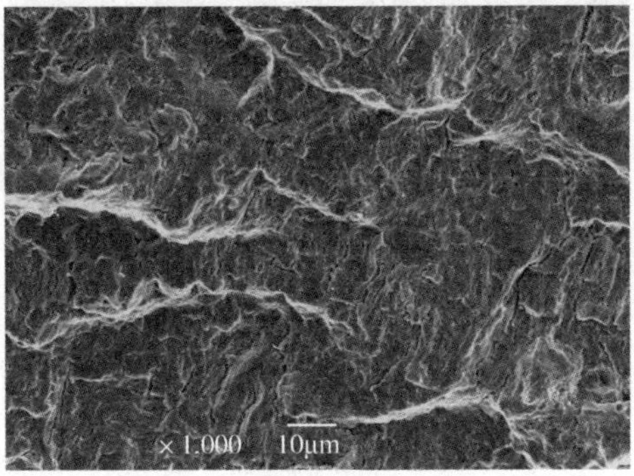

(b)裂纹扩展区

图 3-6　S_a = 596. 2MPa 裂纹源区和扩展区的微观形貌

图 3-8 为应力幅值 S_a = 845. 9MPa 时，拉-压疲劳断裂试样裂纹源区和疲劳裂纹稳定扩展区微观断口形貌。可见，疲劳裂纹源区表面也比较平坦，裂纹萌生后，以河流状花样的形式向前扩展，在河流状花样的两侧出现了大量

的解理特征；在疲劳裂纹的稳定扩展区，裂纹也为明显的穿晶断裂，形成明显的疲劳条带，在疲劳条带之间出现二次开裂，二次开裂与主裂纹扩展平面呈一定角度。

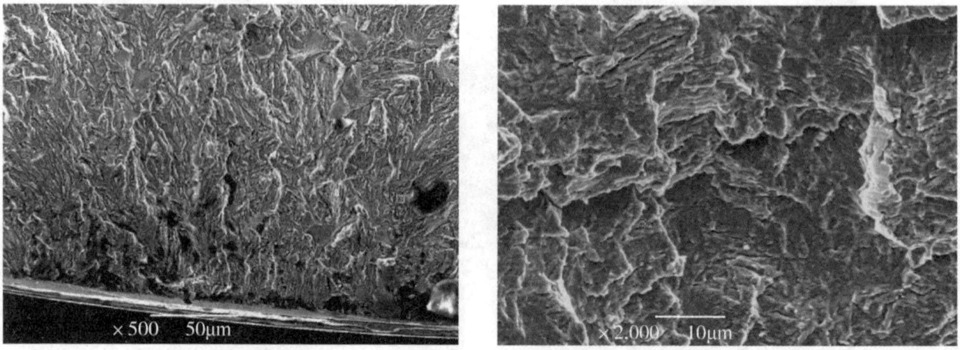

(a)裂纹源区 (b)裂纹扩展区

图 3-7 S_a = 672.6MPa 裂纹源区和扩展区的微观形貌

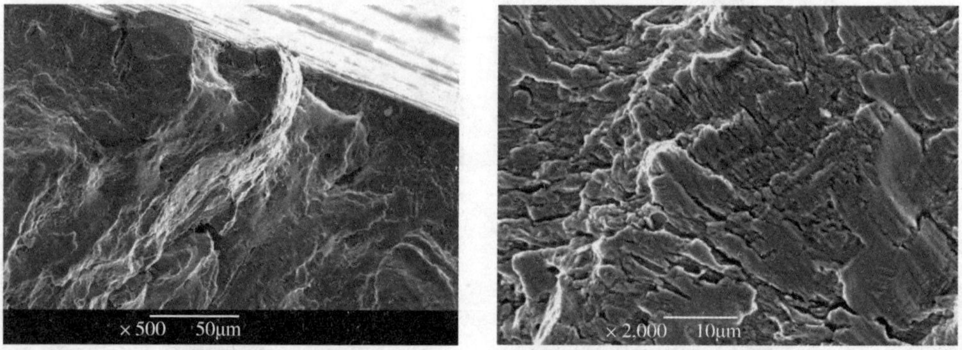

(a)裂纹源区 (b)裂纹扩展区

图 3-8 S_a = 845.9MPa 裂纹源区和扩展区的微观形貌

3.4 钻杆钢扭转疲劳寿命预测与断裂机理

3.4.1 扭转疲劳寿命预测与 *S*-*N* 曲线

图 3-9 为试验钢的扭转疲劳寿命随切应力幅值的变化关系。可见，试验钢的扭转疲劳寿命随切应力幅值的降低而延长。当切应力幅值降低到约 450MPa 以下时，疲劳寿命超过 10^5 周次，且随切应力幅值的降低疲劳寿命显

著延长，呈现明显的疲劳极限特征。

在对称扭转循环加载条件下，试样承受交变剪切应力，切应力幅值是施加于试样上的名义切应力幅值，它与对称拉-压疲劳的正应力幅值相似。因此，用切应力幅值 τ_a 取代式(3-5)中的正应力幅值 S_a，可得到对称扭转疲劳全寿命公式：

$$N_f = A'(\tau_a - \tau_c)^{-2} \qquad (3-8)$$

式中 A'——扭转疲劳抗力系数；

τ_c——理论扭转疲劳极限。

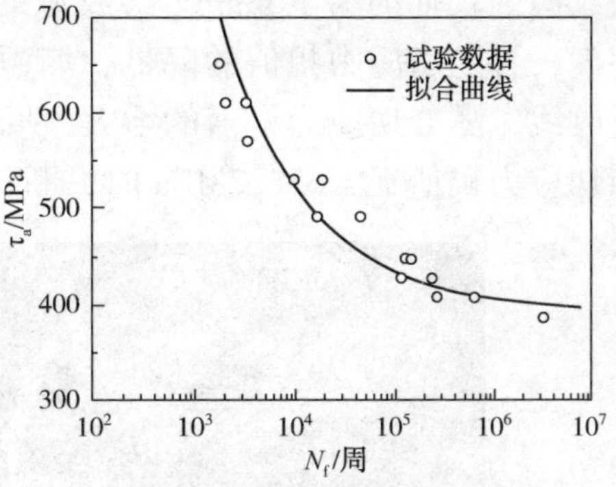

图 3-9 扭转疲劳试验的 τ-N 曲线

将式(3-8)两边取对数，在 $\lg N_f$ 与 $\lg(\tau_a - \tau_c)$ 的双对数坐标中试验数据为一条斜率为-2 的直线。利用尾差法原理，编制如图 3-4 所示的线性计算机程序，在斜率为-2±0.002 的条件下可求得扭转疲劳抗力系数 A' 和理论扭转疲劳极限 τ_c。按上述尾差法原理，对 S135 钻杆钢扭转疲劳寿命进行回归分析，得到了疲劳抗力系数 A' 为 1.66×10^8，疲劳极限 τ_c 为 393.9MPa，将 A' 值和 τ_c 值代入式(3-8)中可得到其扭转疲劳寿命的一般表达式：

$$N_f = 1.66\times10^8(\tau_a - 393.9)^{-2} \qquad (3-9)$$

将式(3-9)的曲线绘在图 3-9 中。可见，拟合曲线和试验结果吻合良好。应用线性相关系数检验，其线性相关系数 $|r| = 0.938$，大于 99.9%置信度对应的起码值 0.641。因此，应用式(3-8)可很好描述 S135 钻杆钢扭转疲劳寿命的一般规律。因此，只要知道钻杆材料承受外力时的 τ_a，就可以应用式(3-9)来计算钻杆材料的扭转疲劳损伤。

3.4.2 扭转疲劳断裂机理

图 3-10 为不同切应力幅值下扭转疲劳断裂试样宏观断口形貌。可见，断口比较平齐，与切应力方向平行，即与试样的纵向垂直，由疲劳源区、疲劳裂纹稳定扩展区和快速瞬断区三个部分组成。裂纹源萌生于试样表面或靠近表面的位置(图中白亮区)，然后沿扭转弧线向试样内部扩展，形成基本以裂纹源为中心，与裂纹扩展方向垂直的半圆形或扇形的弧形线，称为疲劳弧线或贝纹线。疲劳弧线是裂纹扩展过程中，其顶端的应力大小或状态发生变化时，在断裂面上留下的塑性变形的痕迹。裂纹源的形状为椭圆形，其大小随着切应力幅值的增加而增大，当 τ_a = 407.6MPa 时，裂纹源的长轴约为 0.5mm；当 τ_a = 529.9MPa 时，裂纹源的长轴约为 1mm；当 τ_a = 652.2MPa 时，

裂纹源的长轴约为 1. 5mm。裂纹源的周围为撕裂棱，与试样的纵轴呈一定的角度，且随切应力幅值的降低，撕裂棱起伏变小。裂纹扩展区的特征为疲劳贝纹线，随着切应力幅值的增大，贝纹线间的间距由小变大，数目由多变少；当切应力幅值 $\tau_a = 652.2$MPa 时，断口表面几乎观察不到疲劳贝纹线。

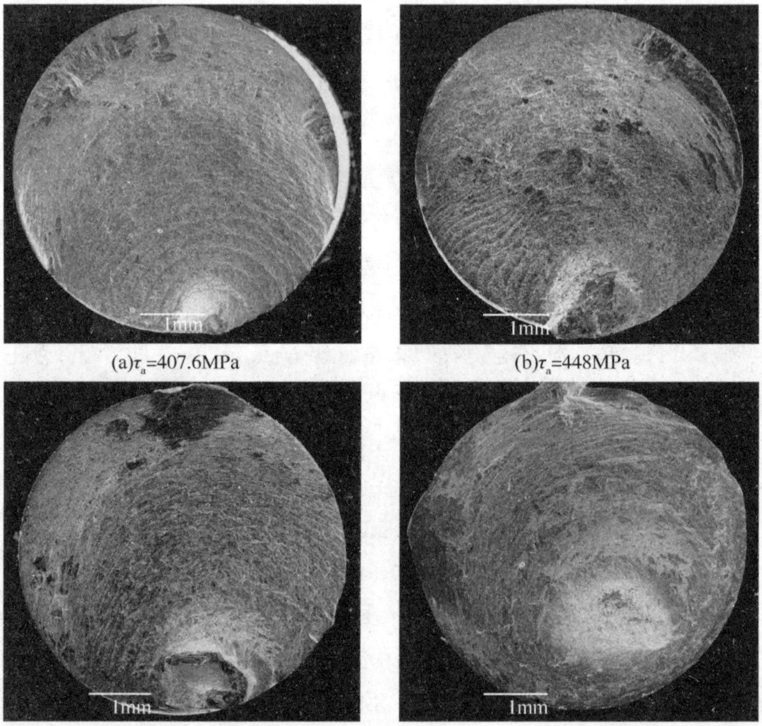

(a)τ_a=407.6MPa　(b)τ_a=448MPa

(c)τ_a=529.9MPa　(d)τ_a=652.2MPa

图 3-10　不同切应力幅值下的扭转疲劳宏观断口形貌

图 3-11 为不同切应力幅值下扭转疲劳断裂试样裂纹源区的微观断口形貌。可见，疲劳源区的微观特征为典型的纯滑移型断裂，断面上有明显的挤压摩擦痕迹。在纯扭转加载条件下，所萌生的疲劳裂纹位于平行和垂直于试样轴线的两个方向上，在这两个方向上均承受循环剪切应力作用，因此扭转加载下的裂纹属于滑开型裂纹。滑开型裂纹的形成是由于在循环切应力作用下，位错沿晶体滑移面运动，断裂时形成沿滑移面开裂的滑移型断裂特征，具有滑移台阶的穿晶小平面，在不同位向滑移面之间形成涟波状花样。

图 3-12 为不同切应力幅值下裂纹源区周围撕裂棱的微观断口形貌。可见，其微观断裂形貌为典型的韧窝特征，在某些韧窝底部存在一定数量的塑性坑。当切应力幅值 $\tau_a = 529.9$MPa 时，其断口特征以韧窝与少量的解理

刻面为主要特征；当切应力幅值 $\tau_a = 652.2\text{MPa}$ 时，其断口特征以等轴韧窝为主要特征。

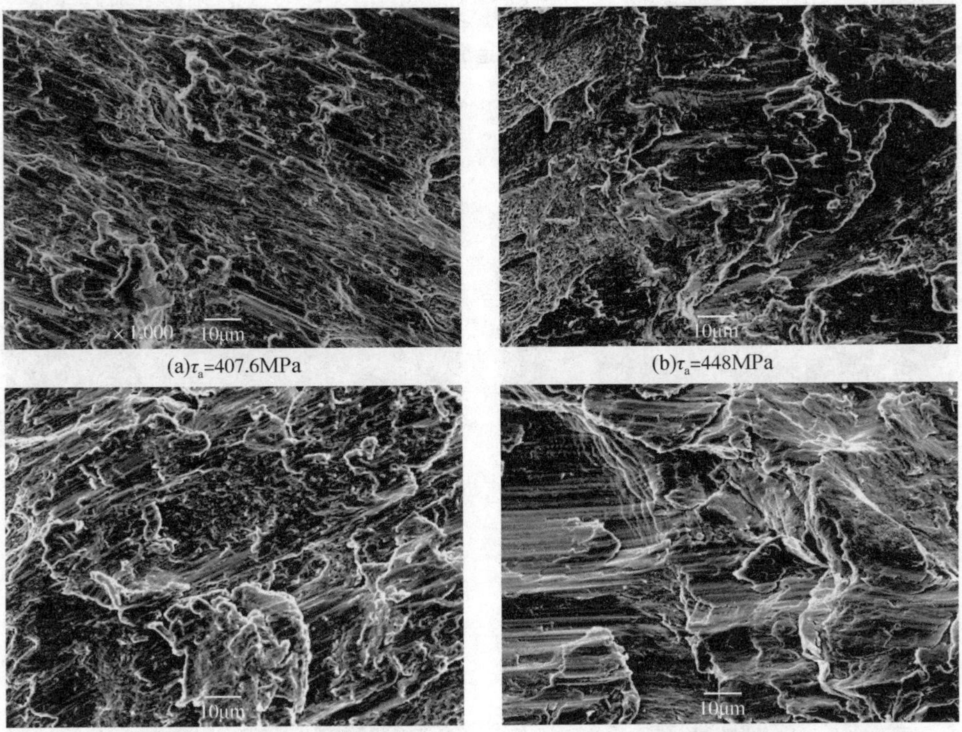

(a) τ_a=407.6MPa (b) τ_a=448MPa

(c) τ_a=529.9MPa (d) τ_a=652.2MPa

图 3-11 不同切应力幅值下的扭转疲劳源区断口形貌

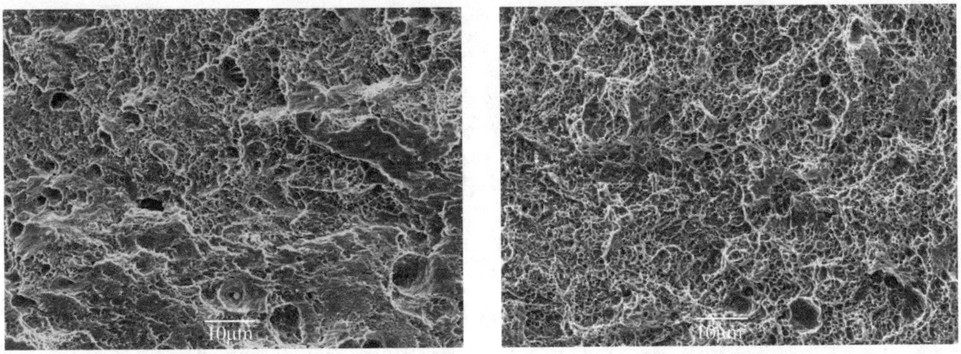

(a) τ_a=529.9MPa (b) τ_a=652.2MPa

图 3-12 不同切应力幅值下裂纹源区撕裂棱的 SEM 形貌

图 3-13 为不同切应力幅值下扭转疲劳断裂试样裂纹扩展区的微观断口形貌。可见，断口特征为比较平坦的涟波状花样，由于断口表面的摩擦，剪切

型断裂形成的台阶消失，涟波状花样区域的大小强烈依赖于切应力幅值水平，随着切应力幅值的下降涟波状花样区域变小。通过观察发现，在裂纹扩展区内存在沿圆周方向被撕断的、不连续的疲劳扩展条纹，随着切应力幅值的增大，疲劳条纹的撕裂棱逐渐加大几乎连成一片。

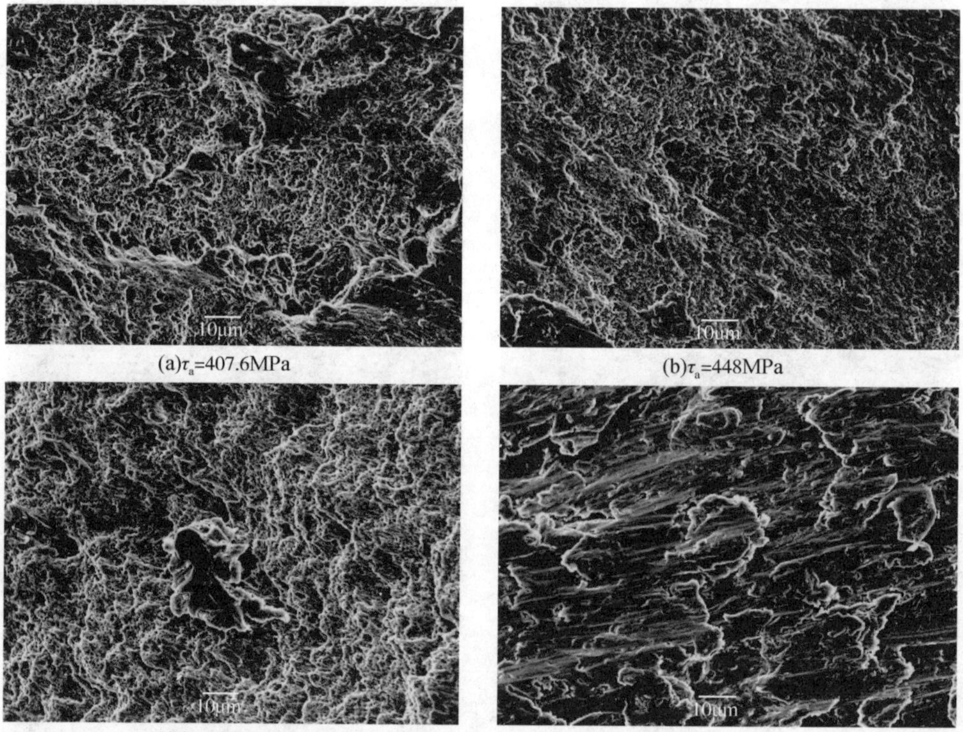

(a)τ_a=407.6MPa　(b)τ_a=448MPa　(c)τ_a=529.9MPa　(d)τ_a=652.2MPa

图 3-13　不同切应力幅值下扭转疲劳裂纹扩展区断口形貌

3.5　钻杆钢单轴疲劳性能对比

根据 BS ISO12107—2003 标准《金属材料疲劳试验数据的统计规划和分析》，回归分析得到的疲劳寿命曲线代表平均的结果，因此前面的实验结果所获得的疲劳参数代表 50%的概率。对比不同条件下 S135 钻杆钢的疲劳抗力系数和理论疲劳极限，可见对称扭转疲劳抗力系数比对称拉-压疲劳抗力系数降低了 64.22%，疲劳极限降低了 31.84%。因此，循环扭转加载会在试样中产生更多的疲劳损伤。

在等寿命条件下，即试样的循环拉-压疲劳寿命等于循环扭转疲劳寿命时，由式(3-7)和式(3-9)可得：

$$\frac{\tau_a-\tau_c}{S_a-S_c}=\frac{\Delta\tau_a}{\Delta S_a}=1.67 \tag{3-10}$$

式中 $\Delta\tau_a$ 和 ΔS_a——产生疲劳损伤的有效切应力幅值和正应力幅值。

因此，在等寿命或等疲劳损伤条件下，产生疲劳损伤的有效切应力幅值是有效正应力幅值的1.67倍。

疲劳极限是衡量材料疲劳抗力的一个重要参数，它表示材料经受很多次应力循环而不断裂的最大应力。当疲劳循环应力低于理论疲劳极限时，不会在试样内产生疲劳损伤，疲劳寿命趋于无限。S135钻杆钢扭转疲劳极限和拉-压疲劳极限的比值为0.682，这可理解为不产生疲劳损伤时，极限切应力和极限正应力所满足的关系。该比值和弹簧钢的0.68几乎相等，比各种软钢的比值0.52~0.58较高。

扭转疲劳极限和拉-压疲劳极限的比值被用来判断复合加载疲劳断裂所满足的应力准则。如果疲劳极限比值接近静加载屈服准则的理论值，则可用静应力准则来描述复合加载疲劳的情况。由于大多数钢的疲劳极限比值比较接近0.577，则可用Von Mises准则来预测复合加载的情况。

对拉伸和扭转复合的静加载，Von Mises准则的有效应力为：

$$\sigma_e=\sqrt{\sigma^2+(3\tau)^2} \tag{3-11}$$

式中 σ_e——等效应力；

σ——轴向应力幅值；

τ——切向应力幅值。

在拉扭复合疲劳情况下，用正应力幅值 S_a 和切应力幅值 τ_a 分别替代式(3-11)中的轴向应力和切应力，则复合疲劳条件下的应力幅值 σ_{ea} 为：

$$\sigma_{ea}=\sqrt{S_a^2+(3\tau_a)^2} \tag{3-12}$$

由于单轴疲劳是复合疲劳的特例，用式(3-12)可计算拉-扭疲劳的有效应力幅值 σ_{ea}，然后将疲劳寿命对应的有效应力数据绘在双对数坐标中，见图3-14，其中的曲线为回归曲线。可见，在相同Von Mises有效应力幅值下，扭转疲劳寿命比拉-压疲劳寿命长，这与弹簧钢的结果一致。

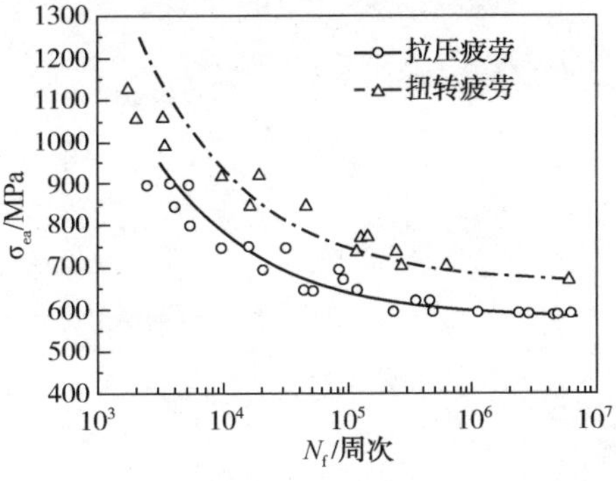

图3-14 有效应力幅值与疲劳寿命的关系

3.6 本章小结

针对钻杆在循环应力下的疲劳问题，通过疲劳试验测定了 S135 钻杆钢在单轴对称拉-压和扭转加载条件下的疲劳寿命，应用回归分析方法得到了 S135 钻杆钢的单轴疲劳寿命定量公式，并对疲劳断裂的机制进行分析，得出以下结论：

（1）S135 钻杆钢的单轴疲劳寿命受应力幅值的控制，在对称拉-压疲劳条件下，疲劳寿命与正应力幅值的关系为：$N_f=4.64\times10^8(S_a-577.9)^{-2}$，在扭转疲劳条件下，疲劳寿命与切应力幅值的关系为 $N_f=1.66\times10^8(\tau_a-393.9)^{-2}$。

（2）扭转疲劳的抗力系数和疲劳极限比拉-压疲劳的分别降低 64.22%和 31.84%，扭转疲劳在材料元中产生更多的疲劳损伤。扭转疲劳极限和拉-压疲劳极限的比值为 0.682。

（3）所有试样的疲劳裂纹萌生于试样表面；拉-压疲劳下，疲劳源区的特征为解理断裂，裂纹扩展以疲劳条带为主要特征；扭转疲劳下，疲劳源区的特征为典型纯滑移型断裂，裂纹扩展以涟波状花样为主要特征，且涟波状花样区域的大小随着切应力幅值的增加而增大。

第4章 拉扭复合加载下钻杆钢的疲劳寿命预测与断裂机理

4.1 引　　言

工程中的零、构件大部分承受多轴载荷。即使是承受单轴载荷的构件，由于其形状和尺寸的突变，如缺口、凸肩等，也会使构件局部区域的应力应变分布复杂化，从而引起多轴应力应变状态。所以，多轴疲劳的研究比单轴疲劳更接近工程的实际情况，如何防止零构件发生多轴疲劳失效，在工程实际中变得越来越重要。多轴疲劳是指在多轴循环加载条件下材料或构件所产生的疲劳失效。多轴加载主要分为双轴拉压、弯扭组合、拉扭组合、拉弯扭组合等。多轴疲劳研究的众多方法中，拉扭复合加载由于较易实现而得到广泛应用。

在钻井过程中，钻杆主要承受拉、压、弯、扭、振动载荷，内外压力、旋转离心力和起钻附加载荷的作用，工作条件十分恶劣，经常发生疲劳失效。除此之外，由于井眼的弯曲，形成"狗腿"，或水平井钻进，钻杆在旋转过程中通过"狗腿"产生弯曲，见图 4-1。钻杆不仅承受拉伸-压缩载荷，还要承受扭矩的作用，产生疲劳损伤。失效分析结果表明：钻杆的宏观断口呈现台阶状，裂纹形成后的扩展偏离钻杆轴线的垂直方向。因此，钻杆的疲劳目前被认为是Ⅰ～Ⅲ型复合加载引起的。

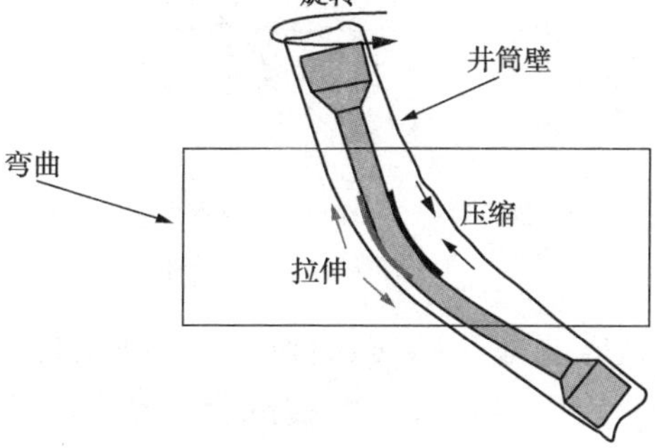

图 4-1 "狗腿"受力示意图

本章在对 S135 钻杆钢单轴疲劳

性能及断裂机制的研究基础上，通过疲劳实验测定了 S135 钻杆钢光滑试样在比例拉扭和 90°非比例拉扭复合加载下的疲劳寿命，应用回归分析方法获得了 S135 钻杆钢的拉扭疲劳寿命表达式，建立了钻杆钢拉扭复合加载疲劳的寿命预测模型，并对断裂试样的断口形貌进行了宏观和微观分析。

4.2 实验材料及方法

4.2.1 实验材料

实验材料为 S135 钻杆钢，供货状态为调质热处理，显微组织如图 3-1 所示，为回火索氏体组织，其化学成分和力学性能见表 3-1 和表 3-2。疲劳试样沿钻杆的纵向取样，试样的长度方向为钻杆纵向，取样加工成直径为 $\phi=$ 5mm 的圆棒疲劳试样，如图 3-2 所示。

4.2.2 实验方法

拉扭疲劳实验在 PLD-50KN-250NM 型拉扭电液伺服疲劳试验机上进行，采用对称加载，即加载的拉应力比 $R_\sigma=-1$，加载的切应力比 $R_\tau=-1$，且为同相比例加载，相位角分别为 0°和 90°，加载的 $\tau_a/\sigma_{eq}=0.7$，图 4-2 为比例加载路径和 90°非比例加载路径，加载频率为 3Hz，加载波形为三角波，实验环境为实验室大气。

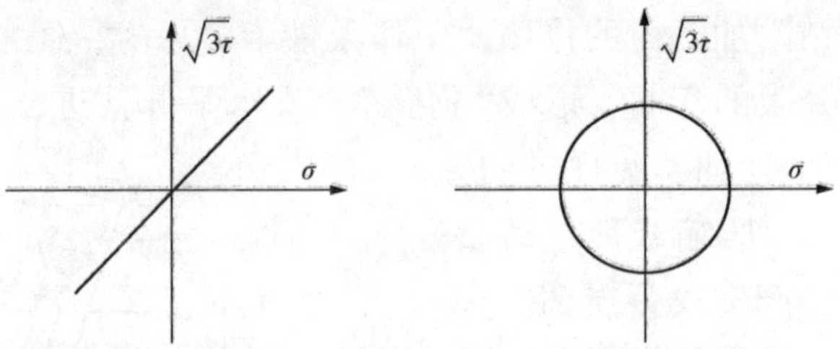

图 4-2　拉扭复合加载路径

拉扭疲劳断裂试样的断口在 JSM-6390A 型扫描电镜(SEM)上进行观察和分析，以鉴别疲劳断裂的微观机制。

4.3 钻杆钢比例拉扭复合加载疲劳寿命预测与断裂机理

4.3.1 比例拉扭复合加载疲劳寿命预测与 *S*-*N* 曲线

图 4-3 为比例拉扭复合加载条件下 S135 钻杆钢的疲劳断裂寿命随拉压应力幅值的变化关系。可见，随着拉压应力幅值的降低，拉扭疲劳寿命呈明显的升高趋势。当拉压应力幅值降低到约 550MPa 时，疲劳寿命超过 10^5 循环次数，随着拉压应力幅值水平的降低，疲劳寿命显著延长，呈现疲劳极限的特征。当拉压应力幅值降低到 500MPa 以下时，疲劳寿命接近 10^7 循环次数，趋于无限寿命。

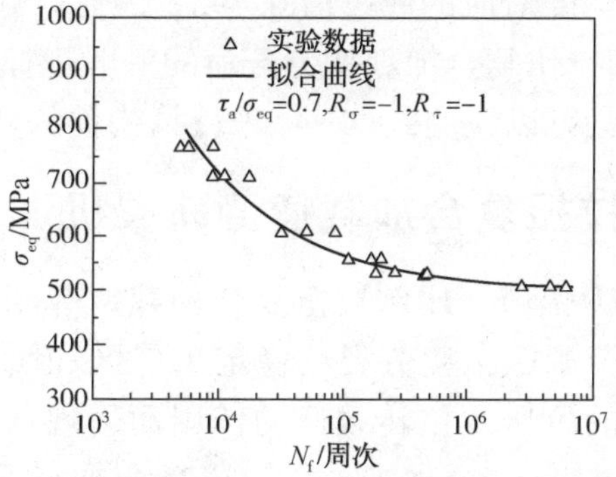

图 4-3　比例拉扭复合加载疲劳实验结果和拟合曲线

基于式(3-5)的全寿命范围对称循环应力疲劳寿命公式，在拉扭复合加载疲劳实验中，有效应力是控制疲劳寿命的主要因素，可合理地用有效应力幅值 σ_{eq} 和拉扭复合加载疲劳极限 $(\sigma_{eq})_c$ 分别替代式(3-5)中的 S_a 和 S_c，获得拉扭复合加载下的疲劳全寿命公式：

$$N_f = A''[\sigma_{eq} - (\sigma_{eq})_c]^{-2} \tag{4-1}$$

式中　A''——拉扭复合加载疲劳抗力系数，$(\sigma_{eq})_c$ 为理论拉扭复合加载疲劳极限。当 $\sigma_{eq} > (\sigma_{eq})_c$ 时，为有限疲劳寿命；$\sigma_{eq} \leqslant (\sigma_{eq})_c$ 时，拉扭复合疲劳寿命趋于无限。

等效应力幅值 σ_{eq} 可按式(4-2)进行计算：

$$\sigma_{eq} = \sqrt{\frac{1}{2(1-R)}}\Delta\sigma = \sqrt{\frac{1}{2(1-R)}}\sigma_{max}(1-R) \tag{4-2}$$

式中　$\Delta\sigma$，σ_{max}和 R——疲劳试验加载的应力范围、最大应力和应力比。

对式(4-1)两边取对数可得：

$$\lg N_f = \lg A'' - 2\lg[\sigma_{eq} - (\sigma_{eq})_c] \quad (4-3)$$

在 $\lg N_f$ 与 $\lg[\sigma_{eq}-(\sigma_{eq})_c]$ 双对数坐标中，式(4-3)代表一条斜率为-2的直线。利用尾差法原理，编制如图 3-4 所示的线性计算机程序，在斜率为 -2 ± 0.002 的条件下可求得拉扭复合加载疲劳抗力系数和理论疲劳极限 $(\sigma_{eq})_c$。按上述尾差法原理，对比例加载条件下 S135 钻杆钢的拉扭疲劳寿命进行回归分析，得到了疲劳抗力系数 A''为 4.4×10^8，疲劳极限 $(\sigma_{eq})_c$ 为 499MPa，将 A''和 $(\sigma_{eq})_c$ 代入式(4-1)可得到 S135 钻杆钢在比例拉扭复合加载条件下疲劳寿命的具体公式：

$$N_f = 4.40\times10^8 (\sigma_{eq} - 499.0)^{-2} \quad (4-4)$$

将式(4-4)的曲线画在图 4-3 中。可见，实验结果与拟合曲线吻合良好。应用相关系数检验表明，比例拉扭复合加载疲劳回归分析的线性相关系数 $|r|$ = 0.9773，大于 99%置信度对应的起码值 0.798。因此，式(4-1)可很好地用来描述 S135 钻杆钢比例拉扭复合加载疲劳寿命的一般规律。因此，只要知道钻杆结构承受的外力，就可以应用式(4-4)来计算构件的疲劳损伤。

4.3.2　比例拉扭复合加载疲劳断裂机理

图 4-4 为不同应力幅值下比例拉扭复合加载疲劳断裂试样的宏观断口形貌。可见，断口由疲劳源区、疲劳裂纹稳定扩展区和瞬断区三部分组成，且疲劳源由于承受反复的拉压及扭转载荷的作用而呈现灰黑色，各区域所占比例的大小随应力幅值的变化而改变。在拉扭复合加载下，试样呈脆性断裂，断口无明显的塑性变形，且不是一个平整的表面，高低不平。在扭矩产生的剪切应力作用下，断面与试样轴向大致呈 45°，疲劳裂纹从试样表面形成，向试样内部扩展，且常为多疲劳源，不同疲劳源断口的连接和复合加载的作用形成所谓的“屋脊”状特征。

图 4-5 为不同应力幅值下比例拉扭加载疲劳断裂试样裂纹源区的断口形貌。可见，疲劳裂纹萌生于材料表面或靠近表面的位置。由于疲劳源区是最早生成的断口，在该区域内疲劳裂纹的扩展速率缓慢，裂纹反复张开闭合引起断口表面的摩擦，通常需要经过多次循环才能形成，因此疲劳源区的断口通常比扩展区和瞬断区更平坦光滑。在断口上，裂纹从萌生点开始，以河流状花样向前扩展，在扩展中相遇，裂纹前沿因阻力不同而发生扩展方向上的偏离。此后，裂纹开始在各自的平面上继续扩展，不同的断裂面相互交叉而形成台阶，这些台阶在断口上构成了放射状射线，随着应力幅值的增加，河

流状花样减少并出现擦伤痕迹。在该区域内观察不到疲劳条带，而且加载应力越大，这个区域的面积就越小。

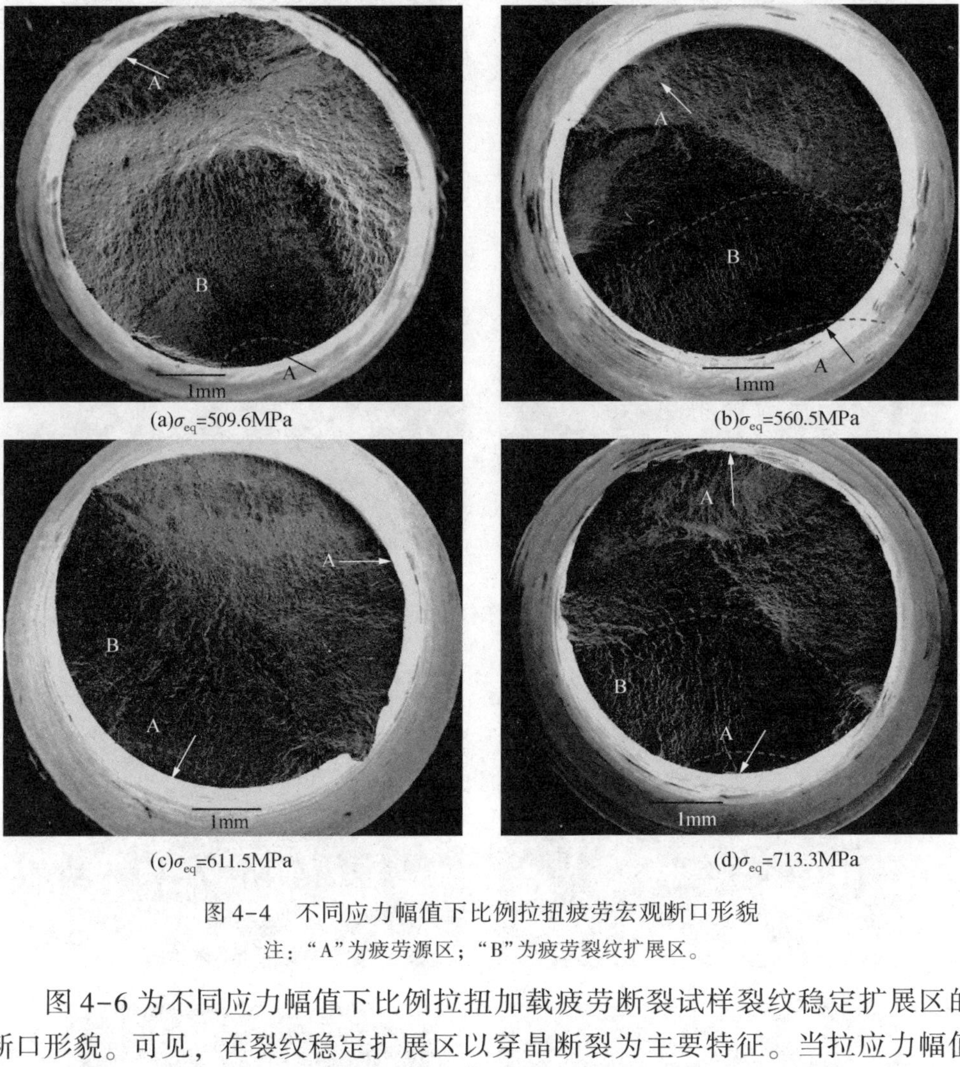

(a)σ_{eq}=509.6MPa　(b)σ_{eq}=560.5MPa

(c)σ_{eq}=611.5MPa　(d)σ_{eq}=713.3MPa

图 4-4　不同应力幅值下比例拉扭疲劳宏观断口形貌

注：“A”为疲劳源区；“B”为疲劳裂纹扩展区。

图 4-6 为不同应力幅值下比例拉扭加载疲劳断裂试样裂纹稳定扩展区的断口形貌。可见，在裂纹稳定扩展区以穿晶断裂为主要特征。当拉应力幅值 $\sigma_{eq}=560.5$MPa 时，裂纹为穿晶断裂，在断口中可观察到疲劳条带，疲劳条带与裂纹扩展方向垂直，断裂表面出现了明显的二次裂纹，与主裂纹呈一定角度。当拉应力幅值 $\sigma_{eq}=611.5$MPa 时，裂纹也为穿晶断裂，断口表面由一些平行的条纹构成，条纹方向与裂纹扩展方向基本垂直，条纹边界不像疲劳条带那样明锐，排列也不如疲劳条带规则，断口表面呈明显的涟波状花样，断口上没有观察到疲劳条带。涟波状花样区域的大小与应力幅值水平有关，随着应力半幅值的增加，涟波状花样区域增加。

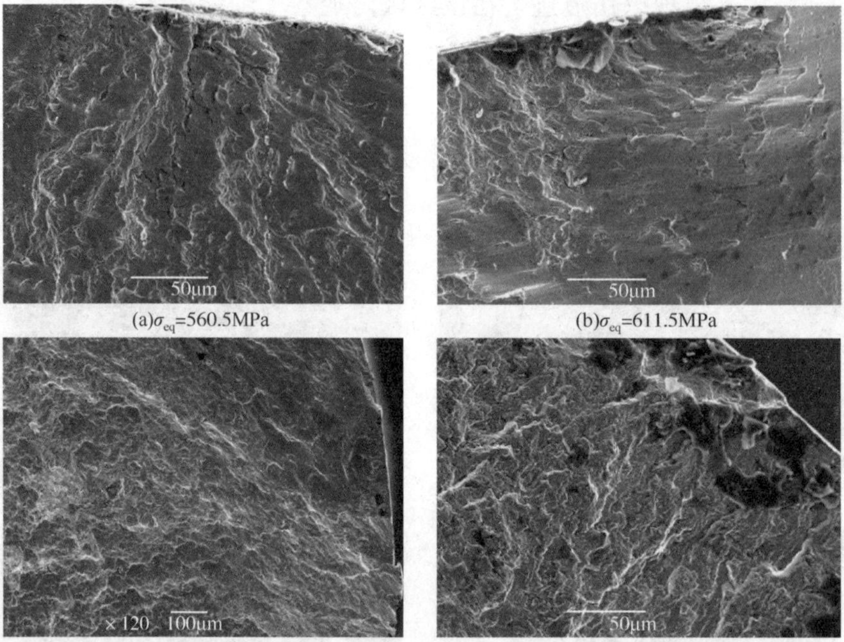

(a)σ_{eq}=560.5MPa (b)σ_{eq}=611.5MPa

(c)σ_{eq}=713.3MPa (d)σ_{eq}=764.3MPa

图 4-5　不同应力幅值下比例拉扭疲劳裂纹源区断口形貌

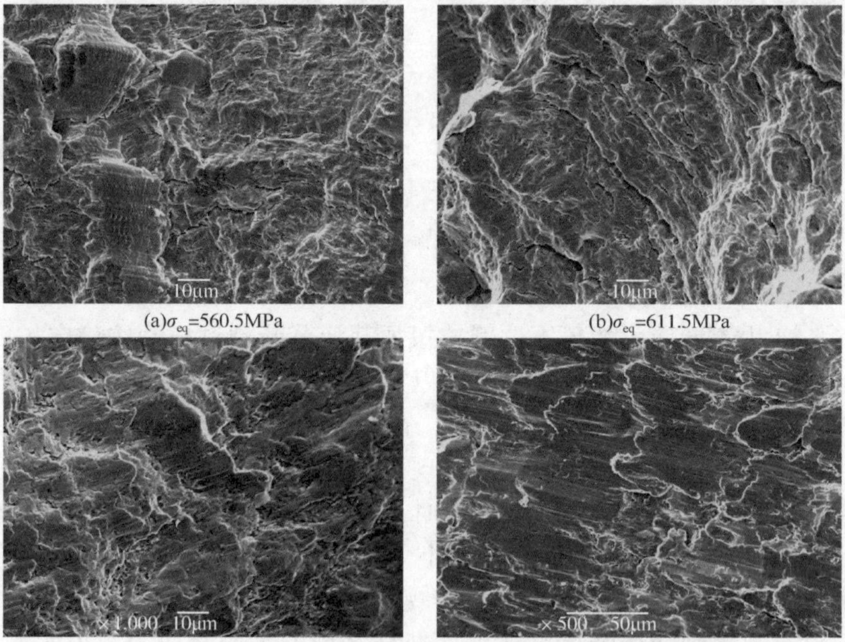

(a)σ_{eq}=560.5MPa (b)σ_{eq}=611.5MPa

(c)σ_{eq}=713.3MPa (d)σ_{eq}=764.3MPa

图 4-6　不同应力幅值下比例拉扭疲劳裂纹扩展区断口形貌

4.4 钻杆钢 90°非比例拉扭复合加载疲劳寿命预测与断裂机理

4.4.1 90°非比例拉扭复合加载疲劳寿命预测与 S-N 曲线

图 4-7 为 $\tau_a/\sigma_{eq}=0.7$ 时，90°非比例拉扭复合加载疲劳断裂寿命随拉压应力幅值的变化关系。可见，随着拉压应力幅值的降低，拉扭疲劳寿命呈明显的升高趋势。当拉压应力幅值降低到约 500MPa 时，疲劳寿命已超过 10^5 循环次数，随着拉压应力幅值水平的降低，疲劳寿命显著延长，呈现疲劳极限的特征。当拉压应力幅值降低到 450MPa 以下时，疲劳寿命接近 10^7 循环次数，趋于无限寿命。

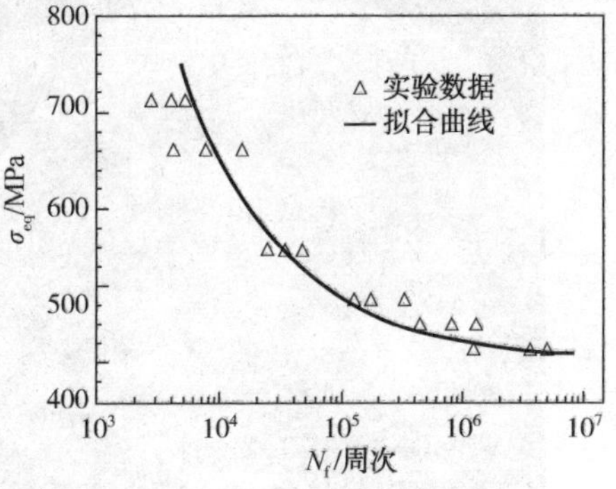

图 4-7　90°非比例加载拉扭疲劳实验结果和拟合曲线

基于式(4-1)、式(4-3)，利用如图 3-4 所示的线性计算机程序，在斜率为-2±0.002 的条件下对 S135 钻杆钢 90°非比例拉扭加载复合加载疲劳寿命进行回归分析，得到了疲劳抗力系数 A''为 4.36×10^8，疲劳极限$(\sigma_{eq})_c$为 449.2MPa，将 A''和$(\sigma_{eq})_c$代入式(4-1)可得到 S135 钻杆钢 90°非比例加载拉扭疲劳寿命的具体公式：

$$N_f=4.36\times10^8(\sigma_{eq}-449.2)^{-2} \tag{4-5}$$

将式(4-5)的曲线画在图 4-7 中。可见，实验结果与拟合曲线吻合良好。应用相关系数检验表明，90°非比例拉扭复合加载疲劳回归分析的线性相关系数 $|r|=0.9474$，大于 99%置信度对应的起码值 0.605。故应用式(4-1)可很好地描述 90°非比例拉扭复合加载疲劳寿命的一般规律。因此，只要知道钻杆结构承受的外力，就可以应用式(4-5)来计算构件的疲劳损伤。

4.4.2 90°非比例拉扭复合加载疲劳断裂机理

图 4-8 为不同应力幅值下 90°非比例拉扭复合加载疲劳断裂试样的宏观断口形貌。可见，在 90°非比例拉扭加载条件下，疲劳裂纹萌生于试样表面的

最大等效应力处，疲劳裂纹呈现多源性。当疲劳裂纹萌生后，裂纹将向材料内部扩展直至失稳断裂。裂纹形成和扩展断面与加载方向呈一定角度，但在较低的正应力水平试样的断裂面与正应力的加载方向垂直。宏观断口分析表明，断裂试样没有明显的塑性变形，属于脆性断裂，断口符合疲劳断裂的一般特征，由疲劳源区、疲劳裂纹稳定扩展区和快速瞬断区三个部分组成，各区所占比例随应力幅值的变化而改变。随着拉应力幅值的增加，裂纹源区的比例减小，快速瞬断区的比例增加。当应力幅值 $\sigma_{eq}=458.6\text{MPa}$ 时，断口上具有明显可见的裂纹源；当拉应力幅值 $\sigma_{eq}=662.4\text{MPa}$，断口上几乎看不到明显裂纹源，快速瞬断区的比例增加。

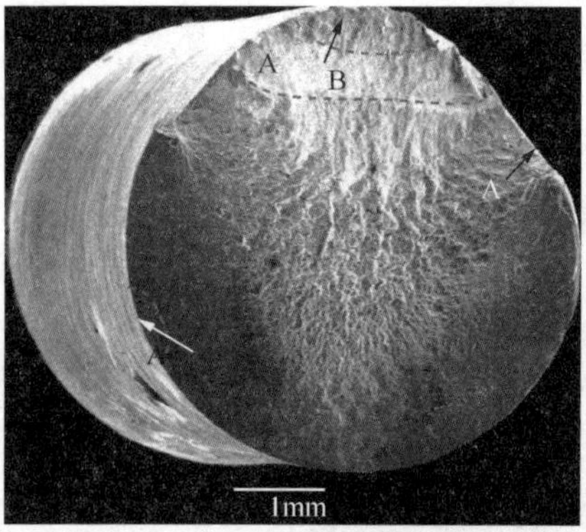

(a)σ_{eq}=458.6MPa

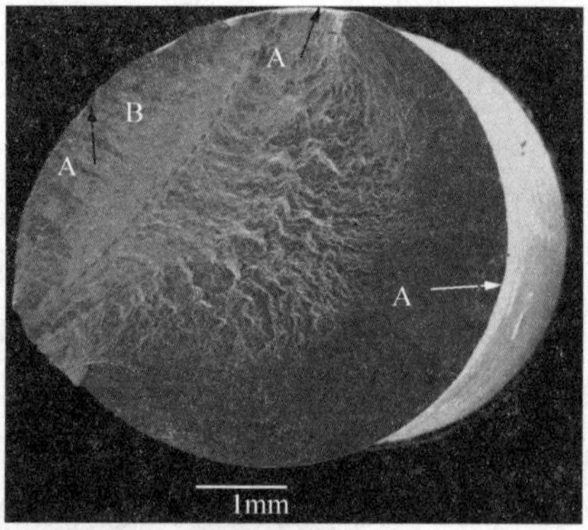

(b)σ_{eq}=509.6MPa

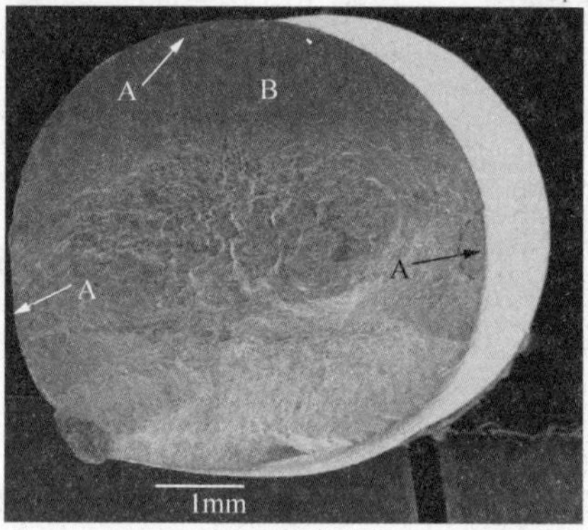

(c)σ_{eq}=622.4MPa

图 4-8　不同应力幅值下 90°非比例拉扭疲劳宏观断口形貌

注："A"为疲劳源区；"B"为疲劳裂纹扩展区。

图 4-9 为不同应力幅值下 90°非比例拉扭疲劳裂纹源区微观断口形貌。可见，裂纹源区的断口形貌以解理断裂为主要特征，随着应力幅值 σ_{eq} 的增加，解理面的比例增加，并出现擦伤痕迹。当 $\sigma_{eq}=458.6\text{MPa}$ 时，断口以撕裂棱和解理平面为主；当 $\sigma_{eq}=662.4\text{MPa}$，断口上具有少量的河流状花样和大

量的擦伤痕迹。疲劳裂纹源均萌生于材料表面或靠近表面的位置，由于在源区内疲劳裂纹的扩展速率很慢，通常需要经过很多次循环才能形成，所以疲劳源区的断口通常比扩展区和瞬断区要平坦，而在整个断口上与其余两个区相比，疲劳源区所占的面积也是最小的，并且加载应力越大，疲劳源区的面积就越小。裂纹萌生后，以放射线状特征向外扩展，随着裂纹扩展速率的增大，放射线的收敛程度降低。通过对比裂纹源区的大小发现，当 $\sigma_{eq}=458.6$MPa 时，裂纹源形成点约 500μm×450μm；当 $\sigma_{eq}=509.6$MPa 时，裂纹源形成点约 200μm×170μm；当 $\sigma_{eq}=622.4$ 时，裂纹源区的面积更小。同时裂纹源区由于材料承受较大的轴向和扭转应力反复作用，往往会在疲劳源区存在大量的擦伤痕迹。

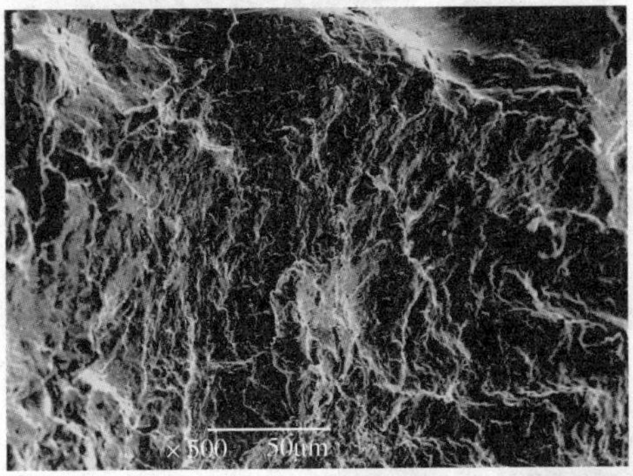

(a)σ_{eq}=458.6MPa

(b)σ_{eq}=509.6MPa

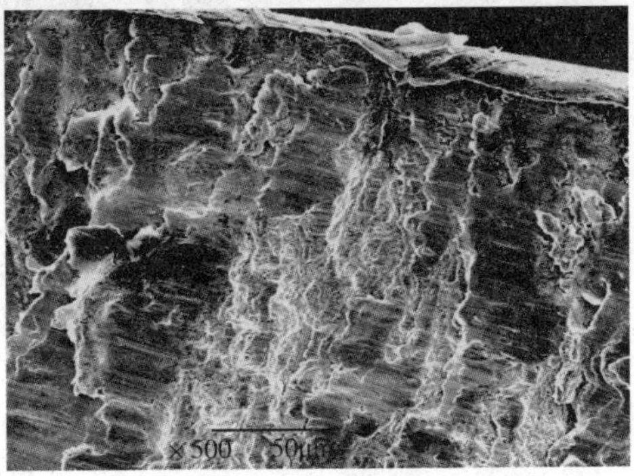

(c)σ_{eq}=622.4MPa

图 4-9　不同应力幅值下 90°非比例拉扭疲劳裂纹源区断口形貌

图 4-10 为不同应力幅值下 90°非比例拉扭复合加载疲劳裂纹扩展区的微观断口形貌。可见，疲劳裂纹扩展区主要以不同断裂面间连接形成的撕裂棱为特征，在各撕裂棱之间形成较为平坦的解理平面。在与撕裂棱垂直方向，形成比较规则的细台阶，这些细台阶是由循环切应力引起的疲劳断裂特征。当加载应力较小时，在疲劳裂纹扩展区观察到少量的类似于疲劳条带的台阶。当

加载应力 σ_{eq} = 458.6MPa 时，在撕裂棱之间存在着间距较小的细台阶，这些台阶规则且密集的排列在撕裂棱周围；随着加载应力幅值 σ_{eq} 的增加，撕裂棱之间细台阶的间距增大，并在断口表面出现少量的二次裂纹，见图 4-10(b)；当加载应力 σ_{eq} = 622.4MPa 时，断口表面存在尺寸很大的穿晶裂纹，见图 4-10(c)。

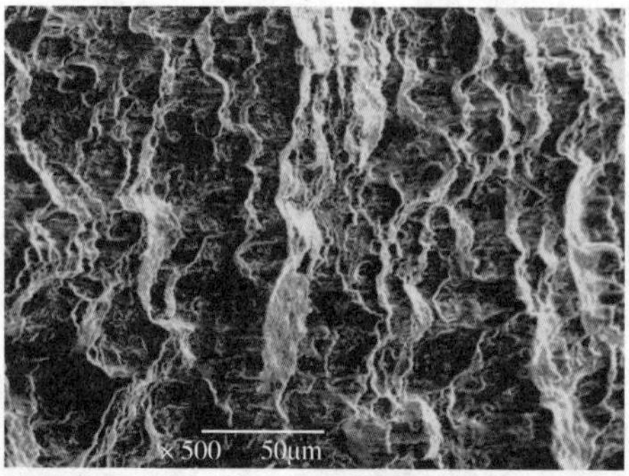

(a)σ_{eq}=458.6MPa

(b)σ_{eq}=509.6MPa

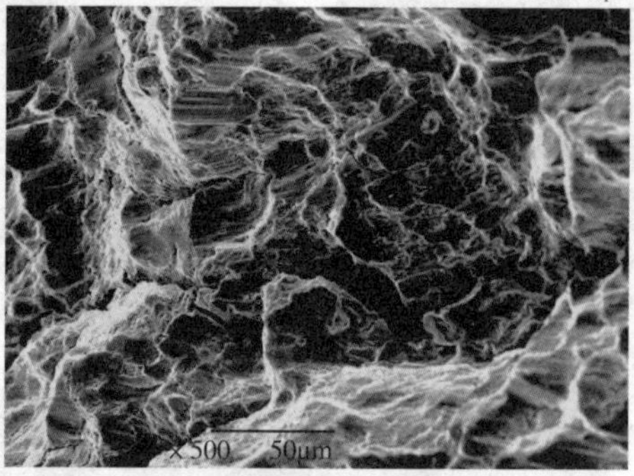

(c)σ_{eq}=622.4MPa

图 4-10 不同应力幅值下 90°非比例拉扭疲劳裂纹扩展区断口形貌

4.5 拉扭复合加载疲劳定量模型

4.5.1 基本假设

疲劳是构件在循环载荷作用下，疲劳损伤在构件内部逐渐积累，达到某一临界值时，形成初始疲劳裂纹。随后，初始疲劳裂纹在循环应力作用下逐步扩展，即发生亚临界扩展。当裂纹长度达到其临界裂纹长度时，难以承受外载，裂纹发生快速扩展，以至断裂。因此，对于光滑试件的疲劳过程包括裂纹形成、亚临界扩展和快速扩展，以至断裂等过程。从钻杆钢单轴疲劳、拉扭复合疲劳断口分析的结果可以看出，钻杆钢的疲劳符合这一疲劳的基本规律，并且疲劳裂纹基本形成于试样表面，即裂纹形成表面的驻留滑移带。

对于实验室的光滑试件疲劳，疲劳裂纹形成寿命约占总寿命的90%，而裂纹扩展寿命仅占10%，即小试样的疲劳寿命主要集中在疲劳裂纹形成阶段。

在单轴加载疲劳条件下，如果疲劳裂纹形成于试样表面的驻留滑移带，将导致滑移带开裂，开裂具有结晶学特征，一般为台阶形貌见图3-6和图3-11。由于驻留滑移带开裂是微区金属在外力作用下沿金属滑移面滑移的结果，则微区金属的滑移取决于晶粒的位向和加载方式。在拉-压疲劳加载时，最大切应力的方向与加载轴呈45°方向，驻留滑移也发生在与加载轴呈45°方向(忽略晶粒的位向的影响)，滑移带开裂后裂纹进行第Ⅰ阶段扩展，形成初始的宏观裂纹，并进入第Ⅱ阶段扩展，与加载轴垂直，如图4-11(a)所示。在扭转疲劳加载时，最大切应力的方向与试样的轴线垂直，驻留滑移也发生在与试样的轴线垂直方向，滑移带开裂后裂纹进行第Ⅰ阶段扩展，形成初始的宏观裂纹，并进入第Ⅱ阶段扩展，该两段裂纹扩展均与试样的轴线垂直，如图4-11(b)所示。

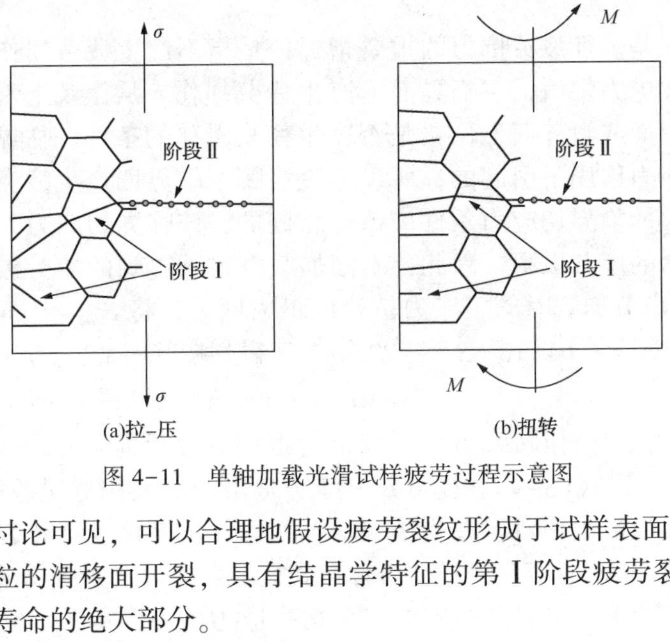

(a)拉-压　　(b)扭转

图4-11　单轴加载光滑试样疲劳过程示意图

由以上讨论可见，可以合理地假设疲劳裂纹形成于试样表面驻留滑移带，并且是沿晶粒的滑移面开裂，具有结晶学特征的第Ⅰ阶段疲劳裂纹扩展占光滑试样疲劳寿命的绝大部分。

4.5.2　临界面

滑移面开裂强烈依赖于加载方式，加载方式不同最大切应力所在的相对方位也不同，但疲劳裂纹总是沿最大切应力的方向开裂。尽管小试样标距范围较小，但其晶粒细小，总可以找到滑移面与最大切应力方向平行的那些晶粒。因此，可以用最大切应力的方向确定疲劳裂纹形成和第Ⅰ阶段扩展的面，该面是疲劳损伤最大的面，被称为“临界面”。

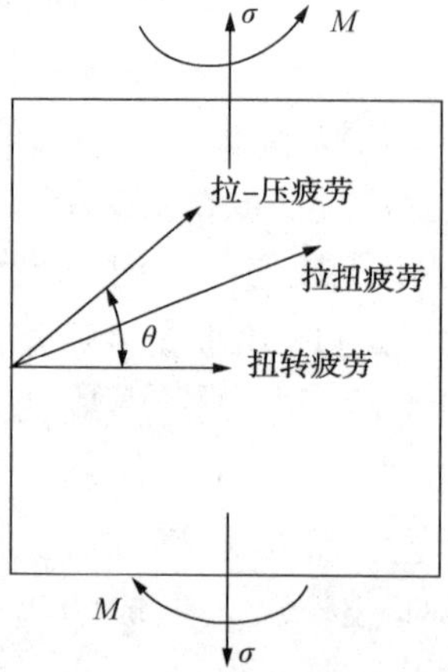

图 4-12　疲劳裂纹形成的临界面

临界平面方法认为疲劳失效发生在某一特定平面，疲劳损伤的累积、疲劳寿命的估算都在该平面上进行。由于临界平面方法是基于断裂模型和裂纹萌生机理，所以具有一定的物理意义。

图 4-12 概括了拉-压疲劳、扭转疲劳和拉扭复合疲劳的临界面。理论上，拉-压疲劳和扭转疲劳的临界面夹角 $\theta=45°$，则拉扭复合疲劳的临界面应该处于拉-压疲劳和扭转疲劳的临界面之间的面上，其为切应力最大的方向。

不管最大疲劳损伤发生在哪个临界面上，均是在滑移面往复滑移累积最终导致沿滑移面开裂的结果，所以不同临界面上产生疲劳开裂具有相同的物理意义。

疲劳极限是表征疲劳抗力的重要指标，是指不产生疲劳损伤的上限应力幅值，超过此应力幅值，在临界面上产生疲劳损伤。从微观上看，疲劳极限可认为是临界面或滑移面上位错是否产生往复滑移的条件。临界面上位错的滑移是在切应力作用下引起的，所以不论沿哪个临界面产生疲劳损伤，位错发生往复滑移的临界切应力条件应该是相同的，该临界切应力条件应该等于以切应力表示的疲劳极限。因此，不同加载方式下得到的疲劳极限具有等价性。将拉-压疲劳加载时的正应力折合成最大应力，将 $S_{eqv}=\tau_a\cos(\pi/4)$ 代人式(3-7)，即 $N_f=4.64\times10^8(S_{eqv}-577.9)^{-2}$ 可得到疲劳寿命：

$$N_f=3.28\times10^8(\tau_a-408.6)^{-2} \tag{4-6}$$

将式(4-6)和由扭转疲劳实验结果所得到的疲劳寿命公式 $N_f=1.66\times10^8(\tau_a-393.9)^{-2}$，即式(3-9)相比可知，疲劳极限的最大相对误差仅为 3.73%，疲劳抗力系数的最大相对误差为 39.8%。所以，钻杆钢疲劳开裂属于滑移面开裂，对称拉-压疲劳寿命公式与对称扭转疲劳寿命公式是等价的。

在多轴疲劳下，临界面的方位与平均主应力的方向有关，它是指最大主应力平均方向与临界面的夹角，可用以下的经验关系估算：

$$\delta=\frac{3\pi}{8}\left[1-\left(\frac{t_{af,-1}}{S_{af,-1}}\right)^2\right] \tag{4-7}$$

式中　$t_{af,-1}$ 和 $S_{af,-1}$——给定循环次数时扭转疲劳强度和拉-压疲劳强度。

对极硬的脆性材料，$t_{af,-1}=S_{af,-1}$，$\delta=0$；对韧性很好的材料，$\sqrt{3}\,t_{af,-1}=S_{af,-1}$，$\delta=45°$。对于中碳 S135 钻杆钢，将扭转和拉-压疲劳强度代入式(4-7)得到平均临界面的取向，$\delta=36.14°$，如图 4-13 所示。

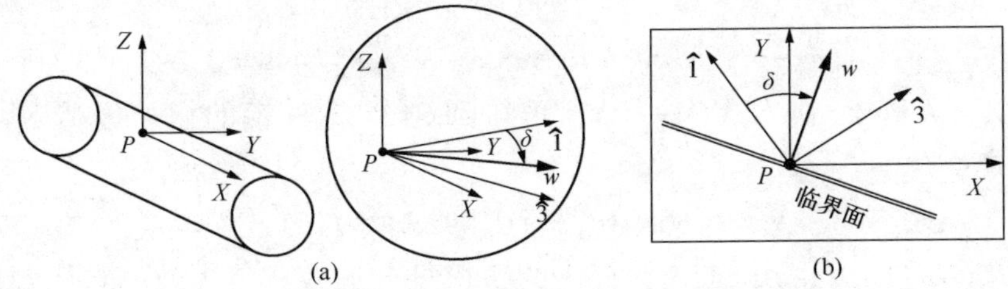

图 4-13　多轴疲劳临界面示意图

应该指出，式(4-7)所给出的平均临界取向是与材料性能有关，不一定为最大剪应力幅值所在的平面。

4.5.3　拉扭复合加载寿命公式

在拉扭疲劳加载下，疲劳裂纹在临界面上形成，该临界面为晶体的滑移面，疲劳裂纹沿滑移面形成，疲劳开裂具有晶体学特征，符合钻杆钢拉扭加载条件下疲劳源区断口的基本特征。

Findley 和 Matake 提出了基于临界面上切应力幅值与正应力幅值线性组合作为多轴疲劳的应力判据：

$$\tau_{ns,a}+kS_{n,a}=q \tag{4-8}$$

式中　$\tau_{ns,a}$ 和 $S_{n,a}$——切应力幅与正应力幅；

k 和 q——材料常数。

对韧性材料，k 值比较小；对脆性材料，k 值较大。q 值由剪切开裂来确定：

$$q=\tau_c\left(\frac{N_\tau}{N_f}\right)^{1/m_\tau} \tag{4-9}$$

式中　N_τ 和 N_f——对称扭转疲劳极限 τ_c 对应的循环数和 S-N 曲线的疲劳循环数；

m_τ——对称扭转疲劳 S-N 曲线的指数（$\tau_a=CN_f^{1/m_\tau}$）。

因此，q 为多轴疲劳下指定疲劳循环次数 N_f 的疲劳强度，即 $\tau_{ns,a}+kS_{n,a}$ 为多轴疲劳下临界面的有效剪应力幅值。

将 $\tau_{ns,a}+kS_{n,a}$ 代入扭转疲劳寿命公式 $[N_f=A'(\tau_a-\tau_c)^{-2}]$，可得到拉扭疲劳下的疲劳寿命公式：

$$N_f=A'(\tau_a+kS_a-\tau_c)^{-2} \tag{4-10}$$

k 值可由实验结果确定。在 $\tau_a/S_a=0.7$ 的比例拉扭复合加载疲劳条件下，当 $N_f\to\infty$，τ_a 为拉扭疲劳下的疲劳极限，则将以切应力幅值表示的疲劳极限 $\tau_{t-t,c}$[式 $N_f=3.09\times10^8(\tau_a-347.8)^{-2}$ 中的疲劳极限]可得：

$$k=(\tau_c-\tau_{t-t,c})/S_{t-t,c}=(393.9-347.8)/499=0.092$$

将 A'、k 和 τ_C 代入式(4-10)，可得到 S135 钻杆钢的拉扭疲劳寿命的具体表达式：

$$N_f=1.66\times10^8(\tau_a+0.092S_a-393.9)^{-2} \tag{4-11}$$

由式(4-11)可得出 S135 钻杆钢的拉扭复合加载疲劳失效的具体判据：

$$\tau_a+0.092S_a=393.9+1.29\times10^4/N_f^{0.5} \tag{4-12}$$

4.5.4 非比例拉扭复合加载寿命公式

关于非比例加载，通常是引入非比例因子反映加载路径对疲劳寿命的影响：

$$D_{np}=D(1+\alpha\varphi) \tag{4-13}$$

式中 D_{np} 和 D——非比例加载和比例加载的疲劳损伤参数；

α——非比例加载敏感性材料常数；

φ——非比例因子，可由应变通道椭圆的短轴与长轴的比值决定，当 $\tau_a/S_a=0.7$ 时，$\varphi=0.404$。

取 D_{np} 为剪应力幅值，则将式(4-13)代入式(4-10)，得到非比例加载的疲劳寿命公式：

$$N_f=A'[(\tau_a+kS_a)(1+\alpha\varphi)-\tau_c]^{-2} \tag{4-14}$$

下面由试验结果确定 α 值。在 $\tau_a/S_a=0.7$ 的拉扭疲劳条件下，当 $N_f\to\infty$，τ_a 为非比例加载拉扭疲劳下的疲劳极限，则将以切应力幅值表示的疲劳极限 $\tau_{t-t,np,c}$[式 $N_f=3.05\times10^8(\tau_a-314.7)^{-2}$ 中的疲劳极限]可得：

$$\begin{aligned}\alpha&=[\tau_c/(\tau_{t-t,np,c}+kS_{t-t.np,c})-1]/\varphi\\&=-[1-393.9/(314.7+0.092\times449.2)]/0.404=0.263\end{aligned}$$

将 A'、k、τ_C、α 和 φ 代入式(4-14)，可得到 S135 钻杆钢在 90°非比例拉扭复合加载疲劳寿命的具体表达式：

$$N_f=1.66\times10^8[1.106\times(\tau_a+0.092S_a)-393.9]^{-2} \tag{4-15}$$

由上式(4-15)可得出 S135 钻杆钢的 90°非比例拉扭复合加载疲劳失效的具体判据：

$$\tau_a+0.092S_a=(393.9+1.29\times10^4/N_f^{0.5})/1.106 \tag{4-16}$$

4.6 预测寿命与实验值

应用式(4-13)对当 $\tau_a/S_a=0.7$ 时，在比例拉扭复合加载条件下的疲劳寿命进行了预测，并将预测结果和比例拉扭复合加载疲劳实验结果进行了对比，其结果列于表4-1中。可见，利用式(4-13)预测模型估算的疲劳寿命与实验获得疲劳寿命的最大相对误差大部分在两倍因子范围内(有一个例外)，故式(4-13)可用于估算S135钻杆钢的比例拉扭复合加载的疲劳寿命。

表4-1 比例加载预测疲劳寿命与试验结果对比

τ_a/S_a	P_{max}/kN	S_a/MPa	τ_a/MPa	测试值 N_f/周次	预测值 N_f/周次	最大相对误差/%
0.7	15	764.3	535.03	4785	3714	28.8
	15	764.3	535.03	5673		52.7
	15	764.3	535.03	8974		141.6
	14	713.3	499.4	8705	6015	44.7
	14	713.3	499.4	17250		186.8
	14	713.3	499.4	10456		73.8
	12	611.5	428.0	83155	20331	309.0
	12	611.5	428.0	49646		144.1
	12	611.5	428.0	31087		52.9
	11	560.5	392.3	163603	66490	146.0
	11	560.5	392.3	109413		64.6
	11	560.5	392.3	201298		202.7
	10.5	535.03	374.5	261066	186677	39.8
	10.5	535.03	374.5	180658		—
	10.5	535.03	374.5	461559		147.2
	10	509.6	356.7	2.654×10^6	1.77×10^6	49.9
	10	509.6	356.7	4.52×10^6		155.4
	10	509.6	356.7	5.9×10^6		233.3

应用式(4-15)对90°非比例拉扭复合加载疲劳下的疲劳寿命进行了预测，并将预测结果和90°非比例拉扭复合加载试验结果进行了对比，其结果列于表4-2中。可见，除了三个实验的试验结果超过三倍因子外，其他预测的疲劳寿命与试验结果的最大相对误差在三倍因子范围内。故式(4-15)可用于估算S135钻杆钢的90°非比例拉扭复合加载的疲劳寿命。图4-14为比例加载下和

90°非比例加载条件下的预测值与实测值的对比图。

表 4-2 非比例加载预测疲劳寿命与试验结果对比

τ_a/S_a	P_{max}/kN	S_a/MPa	τ_a/MPa	测试值 N_f/周次	预测值 N_f/周次	最大相对误差/%
0.7	14	713.4	499.4	5230	3111	68.1
	13	662.4	467.3	4138	4582	33.0
	13	662.4	467.3	16230		254.2
	13	662.4	467.3	7835		71.0
	11	560.5	392.3	36720	17636	108.2
	11	560.5	392.3	26478		50.1
	11	560.5	392.3	52467		197.5
	10	509.6	356.7	143852	60320	138.5
	10	509.6	356.7	199838		231.3
	10	509.6	356.7	394570		554.1
	9.5	484.6	338.9	1.57695×10^6	1.81619×10^5	768.3
	9.5	484.6	338.9	524780		188.9
	9.5	484.6	338.9	981740		440.6
	9	458.6	321.0	1.51597×10^6	2.73586×10^6	—
	9	458.6	321.0	4.623×10^6		68.9
	9	458.6	321.0	6.48×10^6		136.8

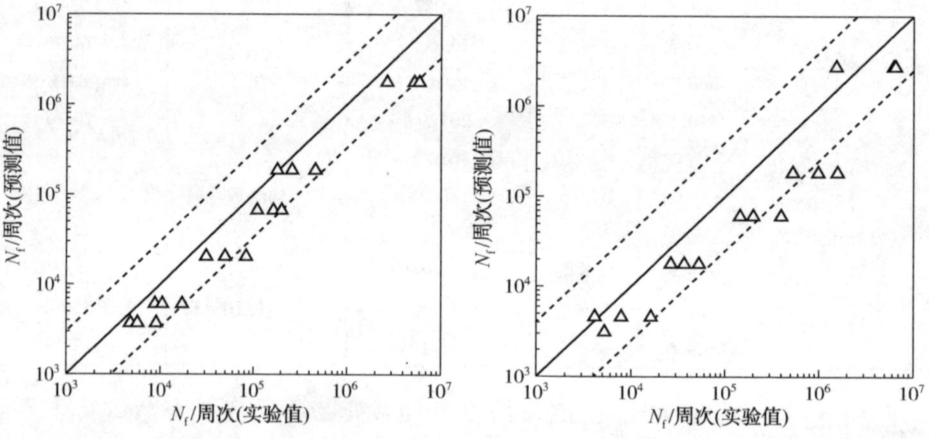

图 4-14 比例加载(a)和 90°非比例加载(b)条件下的预测值与实测值的对比图

综上所述，所建立的拉扭复合疲劳寿命模型和 S135 钻杆钢拉扭复合疲劳寿命的具体表达式可较好反映 S135 钻杆钢多轴疲劳寿命的基本规律，为钻杆多轴疲劳寿命预测提供了疲劳损伤计算的依据。

4.7 本章小结

采用疲劳实验和回归分析相结合的方法，研究了S135钻杆钢在比例拉扭和90°非比例拉扭复合加载条件下的疲劳行为，基于临界面建立了钻杆用钢的拉扭复合加载疲劳模型，并对疲劳断口进行了宏观观察和微观分析。所得的主要结论如下：

（1）建立了钻杆用钢的拉扭复合加载疲劳模型：$N_f=A'[(\tau_a+kS_a)(1+\alpha\varphi)-\tau_c]^{-2}$，给出了权值 k 和非比例敏感性系数 α 的确定方法。结合实验数据，给出了S135钻杆钢拉扭疲劳寿命的具体表达式：对比例拉扭复合加载，$N_f=1.66\times10^8(\tau_a+0.092S_a-393.9)^{-2}$；对非比例拉扭复合加载，$N_f=1.66\times10^8[1.106\times(\tau_a+0.092S_a)-393.9]^{-2}$；并对建立的寿命预测模型进行了验证，预测结果与实验结果吻合良好。

（2）在比例拉扭复合加载下，疲劳裂纹萌生于试样表面，并向内部扩展，常为多疲劳源，不同疲劳源断口的连接和复合加载形成所谓的“屋脊”状特征；在90°非比例拉扭复合加载条件下，疲劳裂纹萌生于试样表面的最大等效应力处，疲劳裂纹呈现多源性。

（3）比例拉扭复合加载疲劳断口裂纹源区的微观断口形貌特征为明显河流状花样；裂纹扩展区为疲劳条带与涟波状花样；90°非比例拉扭复合加载条件疲劳源区的断口形貌为解理特征；在稳定扩展区以不同断裂面间连接形成的撕裂棱为特征；在各撕裂棱之间形成较为平坦的解理平面。

第5章 钻杆钢的腐蚀疲劳寿命预测与断裂机理

5.1 引　　言

腐蚀疲劳是指材料在循环机械载荷和腐蚀介质的联合作用下的一种严重的破坏形式。迄今为止，人们发现即使是抗腐蚀性能很好的金属材料(例如不锈钢)，也能在像自来水这样的“无害”介质中发生腐蚀疲劳，即腐蚀疲劳与应力腐蚀不同，对材料、环境没有选择性。只要在循环载荷和腐蚀环境共同作用下，满足腐蚀疲劳产生的临界力学条件，材料总是要产生腐蚀疲劳损伤，最终导致材料的低应力脆断。

在钻井过程中，钻井液中的一些添加剂和溶解氧(O_2)、油气藏中的硫化氢(H_2S)和二氧化碳(CO_2)、各种盐类(如氯化钠 NaCl 等)、菌体及代谢产物会对钻具造成严重的腐蚀，从而引起严重的腐蚀疲劳失效。在腐蚀和交变应力联合作用下，钻杆容易发生腐蚀疲劳破坏，如发生管壁刺穿、弯曲变形、突发断裂等。据统计，在钻杆的各类失效事故中，腐蚀疲劳是钻杆失效的主要形式之一，约占钻杆失效的80%，造成巨大的经济损失。钻杆腐蚀疲劳破坏不仅加速钻杆的报废，增加钻井生产费用，而且由于其断裂的突发性，容易引起钻井事故，甚至造成人员伤亡。

近年来，随浅层资源的逐渐枯竭，石油工业正向着超深井、高速钻井发展。钻深井、超深井将越来越多，加上开发恶劣地区(如高含 H_2S 油气区、高压 CO_2 油气田)的需要，钻杆腐蚀疲劳破坏成为制约其发展的问题之一。因此，研究钻杆用钢的腐蚀疲劳行为，得到钻杆用钢腐蚀疲劳寿命的演化规律，明确其腐蚀疲劳机理，对延长钻杆的使用寿命，提高钻杆的安全性具有重要的理论意义和工程应用价值。

5.2 实验材料及方法

5.2.1 实验材料

选用 G105 和 S135 钢级钻杆钢为实验材料，G105 钻杆钢的化学成分见表 5-1，S135 钻杆钢的化学成分见表 3-1，腐蚀疲劳测试的试样沿钻杆的纵向切取，加工成直径为 $\Phi=5$mm 的圆棒疲劳试样，其尺寸如图 3-2 所示。

表 5-1 G105 钻杆钢的化学成分 %

钢级	C	Si	Mn	P	S	Ni	Cr	Mo	Ti	Cu	Fe
G105	0.23	0.25	0.47	0.006	0.002	0.011	0.888	0.658	0.06	0.06	余量

腐蚀疲劳实验环境为 3.5%NaCl 溶液和 H_2S 环境，加载波形为三角波，大气环境的加载频率 $f=1$Hz。3.5%NaCl 溶液由去离子水与分析纯 NaCl 按质量比 96.5：3.5 的比例配制而成；H_2S 环境为 NACE TM0177—2005 中规定的 A 溶液，由 5.0%NaCl+0.5%冰乙酸，按质量溶解在去离子水中。在实验过程中，腐蚀溶液存储在环境箱中，环境箱用透明的有机玻璃制作而成，环境箱上留有进气口和排气口。在进行 H_2S 腐蚀疲劳试验前，A 溶液的 pH=2.6~2.8，通 H_2S 气体后溶液的 pH<3。试验过程中，连续通入 H_2S 气体，直到试样断裂。

5.2.2 实验方法

疲劳试验在 PLD-100 型电液伺服疲劳试验机上进行，试验过程采用轴向应力控制，应力比 $R=0.1$，加载波形为三角波，大气环境的加载频率 $f=5$Hz。采用成组法和升降法相结合测定试样的疲劳曲线和疲劳极限，进行成组试验时，选择 4~5 级应力水平，每级应力水平下取三个平行试样，以试样断裂所对应的循环次数作为材料的腐蚀疲劳寿命。采用回归分析的方法获得了实验室大气环境和腐蚀环境中的疲劳寿命公式，疲劳与腐蚀疲劳断口形貌在 JSM-6390A 型扫描电镜（SEM）上进行观察和分析，以鉴别材料疲劳断裂的微观机制。

5.3 钻杆钢的腐蚀疲劳

5.3.1 钻杆钢在实验室大气环境中的疲劳

5.3.1.1 实验室大气环境中的疲劳寿命与 *S-N* 曲线

图5-1分别为G105、S135钻杆钢在实验室大气环境中不同循环应力下的疲劳实验结果和 *S-N* 曲线。可见，在实验室大气环境中，钻杆钢的疲劳寿命(N_f)随当量应力幅值(S_{eqv})的降低而延长，且G105钻杆钢的疲劳极限低于S135钻杆钢。对G105钻杆钢来说，在当量应力幅值降低到约444.4MPa以下时，疲劳寿命超过10^5循环次数，且随着当量应力幅值水平的降低，疲劳寿命显著延长，呈现出明显的疲劳极限特征。当应力幅值降低到410.2MPa以下时，疲劳寿命已达到10^7循环次数，趋于无限寿命；对S135钻杆钢来说，在当量应力幅值降低到约546MPa以下时，疲劳寿命超过10^5循环次数，且随着当量应力幅值水平的降低，疲劳寿命显著延长，呈现出明显的疲劳极限特征。在当量应力幅值下降到464.8MPa时，试样经历了8.32464×10^6循环而没有发生断裂，表明该当量应力已接近材料的疲劳极限。

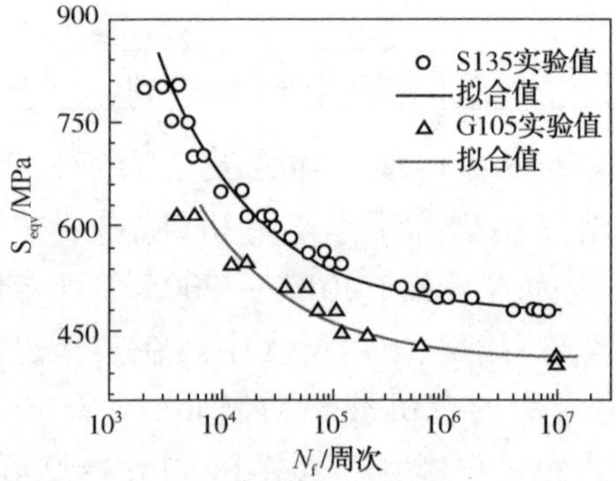

图5-1　钻杆钢在实验室大气环境中的 *S-N* 曲线

在循环疲劳载荷作用下，材料的疲劳寿命与所施加的应力幅值和循环加载的应力比有关，应力幅值和应力比对疲劳寿命的影响可采用当量应力幅值归一化法，则材料的疲劳寿命可表示为当量应力幅值的函数：

$$N_f = S_f[S_{eqv} - (S_{eqv})_c]^{-2} \tag{5-1}$$

式中　S_f——疲劳的抗力系数；

$(S_{eqv})_c$——以当量应力表示的疲劳极限；

S_{eqv}——试样在疲劳过程中所施加的当量应力，取决于名义应力范围和应力比；

$$S_{eqv}=\sqrt{\frac{1}{2(1-R)}}\Delta S=\sqrt{\frac{(1-R)}{2}}S_{max} \tag{5-2}$$

式中　ΔS、S_{max}和 R——试样所承受的名义应力幅值、循环载荷最大应力和应力比。

将式(5-1)两边取对数可得：

$$\lg N_f=\lg S_f-2\lg[S_{eqv}-(S_{eqv})_c] \tag{5-3}$$

在 $\lg N_f$ 与 $\lg[S_{eqv}-(S_{eqv})_c]$ 的双对数坐标中，式(5-3)代表一斜率为-2 的直线。利用线性回归计算机程序，在斜率为-2±0.002 的条件下可求得疲劳的抗力系数 S_f 和疲劳极限$(S_{eqv})_c$。

基于式(5-1)和式(5-3)，利用回归分析的方法对 G105、S135 钻杆钢在实验室大气环境中的疲劳实验结果进行了回归分析，其结果列于表 5-2 中。

表 5-2　钻杆钢在实验室大气环境中的疲劳寿命回归分析结果

材料	S_f/MPa^2	$(S_{eqv})_c$/MPa	r	S
G105	3.28×10^8	406.1	−0.9473	0.2173
S135	3.81×10^8	472.5	−0.9791	0.2053

注：r 和 s 分别为线性相关系数和均方差。

应用线性相关系数检验，G105 和 S135 钻杆钢在实验室大气环境中的线性相关系数分别为：$|r|=0.9473$ 和 $|r|=0.9791$，均大于 99.9%置信度对应的起码值。因此，式(5-1)可很好的用来描述 G105、S135 钻杆钢在实验室大气环境中疲劳寿命的一般规律。将表 5-2 中的 S_f 值和$(S_{eqv})_c$ 值代入式(5-1)中可得到实验室大气环境 G105、S135 钻杆钢疲劳寿命的具体公式：

$$\text{G105}\quad N_f=3.28\times10^8(S_{eqv}-406.1)^{-2} \tag{5-4}$$

$$\text{S135}\quad N_f=3.81\times10^8(S_{eqv}-472.5)^{-2} \tag{5-5}$$

将式(5-4)和式(5-5)表示的曲线画在图 5-1 中。可见，拟合曲线和实验结果吻合良好。故应用式(5-4)和式(5-5)可很好描述 G105、S135 钻杆钢在实验室大气环境中疲劳寿命的一般规律。因此，只要知道钻杆材料承受的外力，就可以应用式(5-4)、式(5-5)来计算钻杆材料在实验室大气环境下的疲劳损伤。

5.3.1.2　实验室大气环境中的疲劳断裂机制

图 5-2 和图 5-3 分别为 G105、S135 钻杆钢在实验室大气环境中不同当量应力幅值下疲劳断口宏观形貌。可见，在实验室大气环境中，断裂试样表面无明显的塑性变形，呈脆性断裂，断面与试样轴向大致垂直；不同当量应力幅值下疲劳断口的裂纹都起源于试样表面或靠近表面的位置，且为单疲劳

源。疲劳断口由疲劳源区、疲劳裂纹稳定扩展区和瞬时断裂区三个典型的区域组成，各区域在断口表面所占比例的大小取决于应力状态、试样形状，加载方式及材料的力学性能。对不同当量应力幅值下疲劳断口三个区域的统计分析表明，疲劳源区是断口表面一个非常小的区域，疲劳源区和裂纹稳定扩展区所占的比例不到断口表面的 1/2，瞬时断裂区占到整个断面的 1/2 之多，并且随着应力幅值的增大，疲劳源区和疲劳裂纹稳定扩展区在断口表面所占的比例减小而瞬时断裂区所占的比例增加。

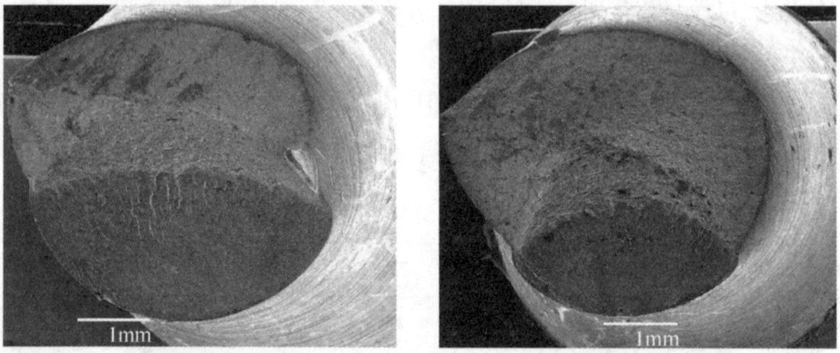

(a)S_{eqv}=444.4MPa　(b)S_{eqv}=546.8MPa

图 5-2　G105 钻杆钢在实验室大气环境中的疲劳宏观断口形貌

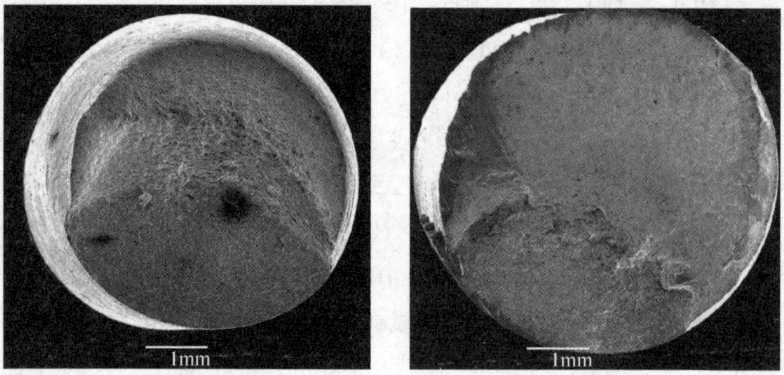

(a)S_{eqv}=478.5MPa　(b)S_{eqv}=700.7MPa

图 5-3　S135 钻杆钢在实验室大气环境中的疲劳宏观断口形貌

图 5-4 和图 5-5 分别为 G105、S135 钻杆钢在实验室大气环境中不同当量应力幅值下疲劳源区的微观断口形貌。可见，疲劳裂纹萌生于试样表面或靠近表面的位置，裂纹源附近的断口表面可以观察到许多不同尺寸的显微孔洞，随着应力幅值的降低，孔洞数量明显减少。在断口表面，裂纹从萌生点开始，以河流状花样在不同的结晶学平面上扩展，裂纹尖端由于阻力不同而在扩展方向上发生偏离，之后，裂纹开始在各自的平面上继续扩展。两个不

同的断裂面相互交割形成台阶，这些台阶在断口表面构成了放射状射线。由于疲劳源区是裂纹萌生的地方，所以该区域的裂纹扩展速率缓慢(通常低于10^{-3}/周次)，加之承受反复的张开与闭合，使得断口上下表面不断地挤压摩擦，因此疲劳源区的断口相比裂纹稳定扩展区和瞬时断裂区要平坦光滑。

对裂纹源区附近的断口分析结果表明：该区域内观察不到疲劳条带，其断裂特征为穿晶解理断裂。且随着应力幅值的增加，裂纹源区的解理特征更加明显。裂纹源周围存在具有收敛特征的放射线，放射线是疲劳裂纹萌生后在断口表面留下的痕迹，可以根据放射线的发散方向和收敛方向判断裂纹源的位置和疲劳裂纹的扩展方向，其中放射线的发散方向为疲劳裂纹的扩展方向，沿裂纹扩展的相反方向寻找就可确定裂纹源位置。可见，随着应力幅值的增加，放射线由密变稀疏并逐渐在断口表面出现了擦伤痕迹，见图 5-4(b)、图 5-5(b)。这是因为加载应力越大、裂纹萌生和扩展的速度较快，所用时间较短，所以放射线比较稀疏，反之放射线比较密集。

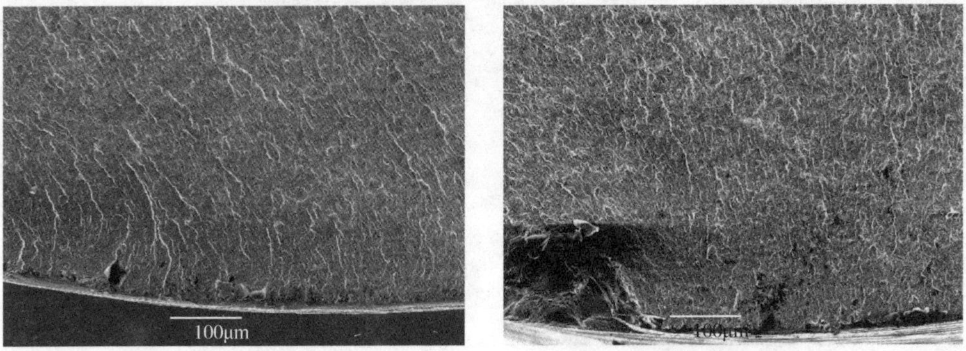

(a)S_{eqv}=444.4MPa　　(b)S_{eqv}=546.8MPa

图 5-4　G105 钻杆钢在实验室大气环境中裂纹源区断口形貌

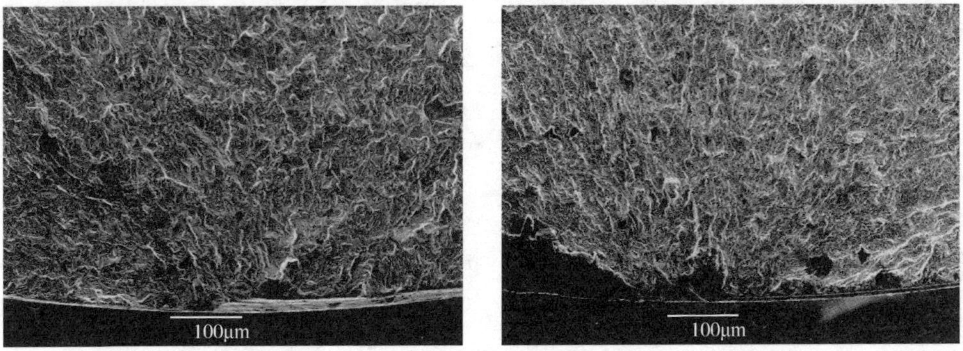

(a)S_{eqv}=478.5MPa　　(b)S_{eqv}=700.7MPa

图 5-5　S135 钻杆钢在实验室大气环境中裂纹源区断口形貌

图 5-6 和图 5-7 分别为 G105、S135 钻杆钢在实验室大气环境中不同当量应力幅值下疲劳裂纹稳定扩展区的微观断口形貌。可见，钻杆钢在裂纹稳定扩展区以疲劳条带为主要特征，且随着应力幅值的增加，疲劳条带的数目减小、条带的间距增大、断口表面出现二次裂纹。对 G105 钻杆钢来说，当 $S_{eqv}=444.4$MPa 时，断口以疲劳条带为主，条带间的间距较小；当 $S_{eqv}=546.8$MPa 时，断口以解理断裂和疲劳条带为主要特征。对 S135 钻杆钢来说，当 $S_{eqv}=478.5$MPa 时，断口表面上存在少量的撕裂棱，在撕裂棱之间分布着细而密的疲劳条带，且条带的间距大致相等；当 $S_{eqv}=546.8$MPa 时，断口表面以疲劳条带为主要特征，条带间的间距较大；当 $S_{eqv}=700.7$MPa 时，裂纹以穿晶解理断裂和疲劳条带为主要特征。与 $S_{eqv}=546.8$MPa 相比，疲劳条带的数目明显减少；当 $S_{eqv}=752$MPa 时，裂纹以穿晶解理断裂为主，在解理表面可观察到少量的疲劳条带，断裂表面存在少量的二次裂纹，与主裂纹呈一定角度。

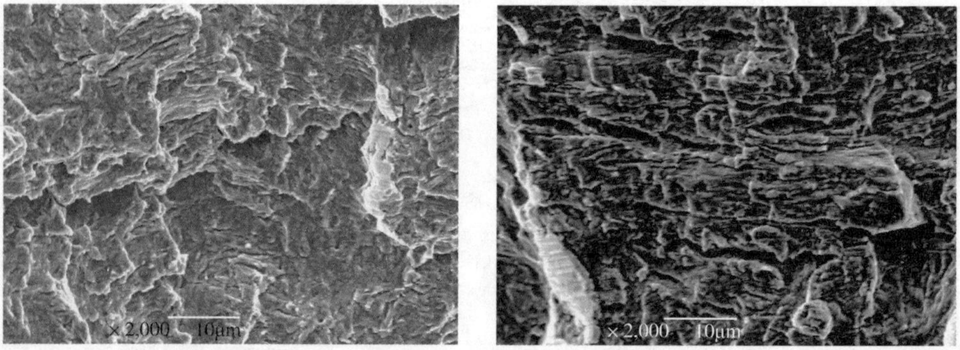

(a)S_{eqv}=444.4MPa (b)S_{eqv}=546.8MPa

图 5-6 G105 钻杆钢在实验室大气环境中裂纹扩展区断口形貌

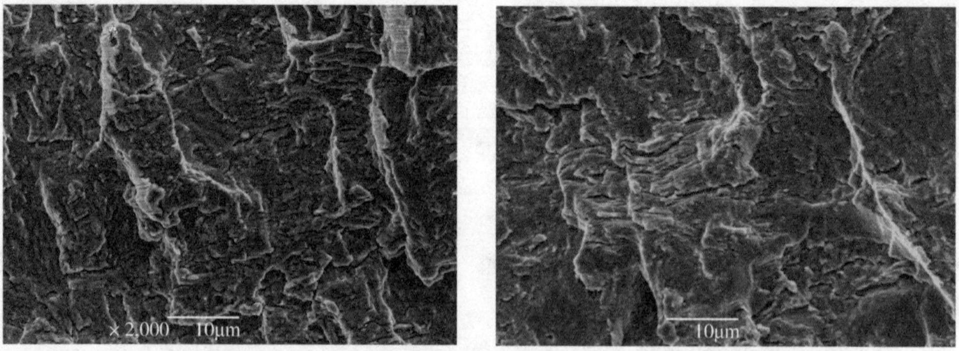

(a)S_{eqv}=478.5MPa (b)S_{eqv}=546.8MPa

图 5-7 S135 钻杆钢在实验室大气环境中裂纹扩展区断口形貌

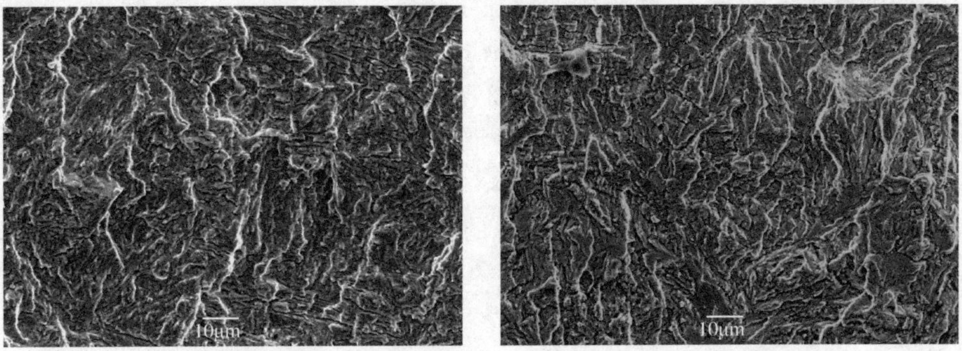

(c)S_{eqv}=700.7MPa (d)S_{eqv}=752MPa

图 5-7 S135 钻杆钢在实验室大气环境中裂纹扩展区断口形貌(续)

5.3.2 钻杆钢在 3.5%NaCl 溶液中的腐蚀疲劳

5.3.2.1 S135 钻杆钢在 3.5%NaCl 溶液中的腐蚀疲劳寿命及 *S-N* 曲线

图 5-8 为 S135 钻杆钢在 3.5%NaCl 溶液中不同循环应力下的腐蚀疲劳实验结果和 *S-N* 曲线。可见，随着当量应力水平的降低，材料的腐蚀疲劳寿命延长；当当量应力幅值下降到约 410.2MPa 时，腐蚀疲劳寿命已超过 10^5 循环次数；当当量应力水平降低到 222.1MPa 以下时，腐蚀疲劳寿命达到 5.6213×10^6 循环次数。

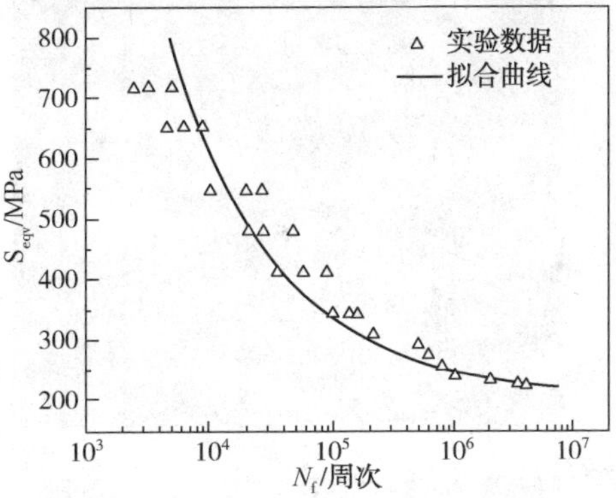

图 5-8 S135 钻杆钢在 3.5%NaCl 溶液中的 *S-N* 曲线

基于式(5-1)和式(5-3)，利用回归分析的方法对 S135 钻杆钢在 3.5%NaCl 溶液中的腐蚀疲劳寿命进行回归分析，得到了疲劳抗力系数 S_f 为 6.24×10^9，疲劳极限$(S_{eqv})_c$ 为 206.7MPa，将 S_f 和$(S_{eqv})_c$ 代入式(5-1)可得到 S135 钻杆钢在 3.5%NaCl 溶液中的腐蚀疲劳寿命的具体公式：

$$N_f = 6.24\times10^9\ (S_{eqv}-206.7)^{-2} \tag{5-6}$$

将式(5-6)的曲线画在图 5-8 中。可见，实验结果与拟合曲线吻合良好。应用相关系数检验表明，S135 钻杆钢在 3.5%NaCl 溶液中的腐蚀疲劳回归分析的线性相关系数 $|r|=0.9716$，大于 99%置信度对应的起码值 0.548。故应用式(5-1)可很好地用来描述 S135 钻杆钢在 3.5%NaCl 溶液中腐蚀疲劳的一般规律。因此，只要知道钻杆结构承受的外力，就可以应用式(5-6)来计

算钻杆材料在 3.5%NaCl 溶液中的腐蚀疲劳损伤。

5.3.2.2 S135 钻杆钢在 3.5%NaCl 溶液中的腐蚀疲劳断裂机制

图 5-9 为 S135 钻杆钢在 3.5%NaCl 溶液中不同当量应力幅值下的腐蚀疲劳宏观断口形貌。可见，在 3.5%NaCl 溶液中，腐蚀疲劳裂纹的萌生位置与实验室大气环境中的疲劳裂纹萌生位置基本一致，均在试样的表面或靠近表面的位置。随着当量应力幅值的增加，试样的裂纹源呈现多源性，如图 5-9(c)、图 5-9(d)所示。腐蚀疲劳断口由疲劳源区、疲劳裂纹稳定扩展区和瞬时断裂区三部分组成，且随着应力幅值的增大，裂纹源区和疲劳裂纹稳定扩展区所占的面积减少，瞬时断裂区所占的面积增加。当 S_{eqv} = 222.5MPa，裂纹源区和疲劳裂纹稳定扩展区的面积约为 12.3mm^2，约占整个断面的 62.6%，瞬时断裂区占整个断裂面的 37.4%；当 S_{eqv} = 649.4MPa，裂纹源区和疲劳裂纹稳定扩展区的面积为 5.6mm^2，占整个断面的 28.5%，瞬时断裂区占整个断裂面的 71.5%。

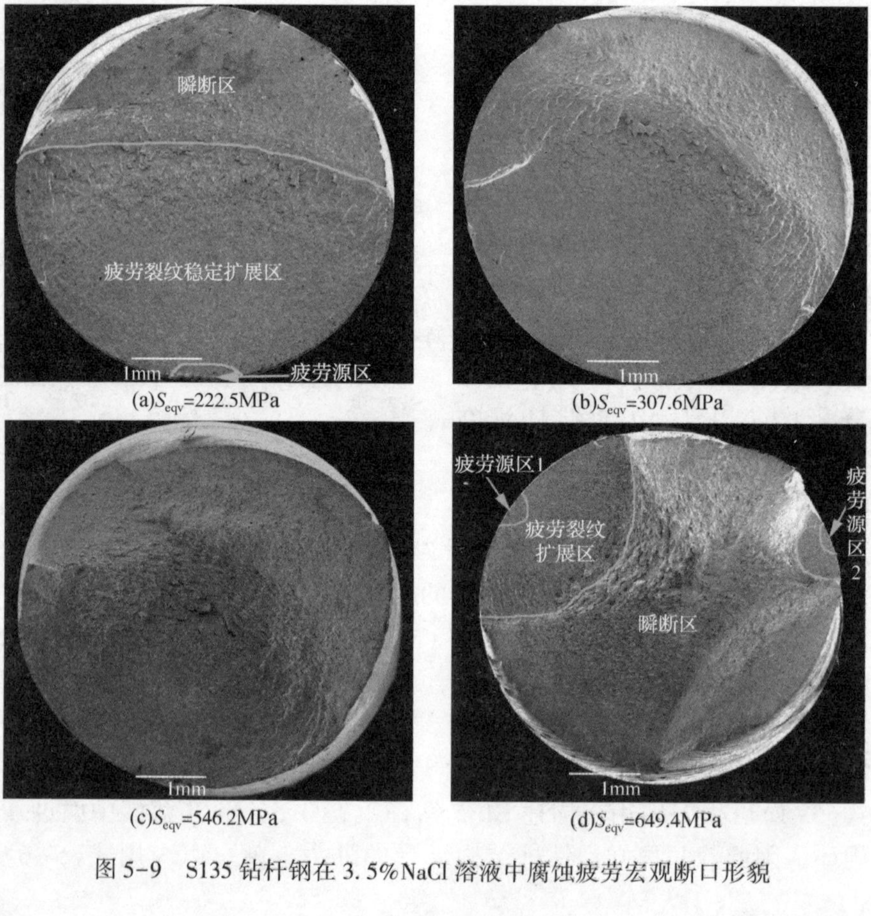

(a)S_{eqv}=222.5MPa　(b)S_{eqv}=307.6MPa
(c)S_{eqv}=546.2MPa　(d)S_{eqv}=649.4MPa

图 5-9　S135 钻杆钢在 3.5%NaCl 溶液中腐蚀疲劳宏观断口形貌

图 5-10 为 S135 钻杆钢在 3.5%NaCl 溶液中不同当量应力幅值下的腐蚀疲劳裂纹源区的微观断口形貌。可见，在 3.5%NaCl 溶液中，钻杆用钢的腐蚀疲劳裂纹萌生于材料表面或靠近表面的腐蚀坑或表面缺陷的位置。裂纹源区的微观特征以解理断裂为主要特征，且随着应力幅值的增加，其解理特征更加明显。一般情况下，金属在 NaCl 溶液中的腐蚀主要是由于溶液中含有大量的氯离子，氯离子对金属的腐蚀是以电化学方式进行的，其机制是基于电化学腐蚀中的原电池腐蚀。在交变应力的作用下，S135 钻杆钢表面发生滑移变形，反复滑移变形促使表面产生挤出脊和侵入沟。这些新生的合金表面与 NaCl 腐蚀介质接触，从而发生化学反应或电化学腐蚀，沿着这些新鲜表面发生点腐蚀，随着交变载荷的进行，这些微点蚀坑连通形成微裂纹，加剧了合金表面局部的应力集中，促使裂纹萌生。

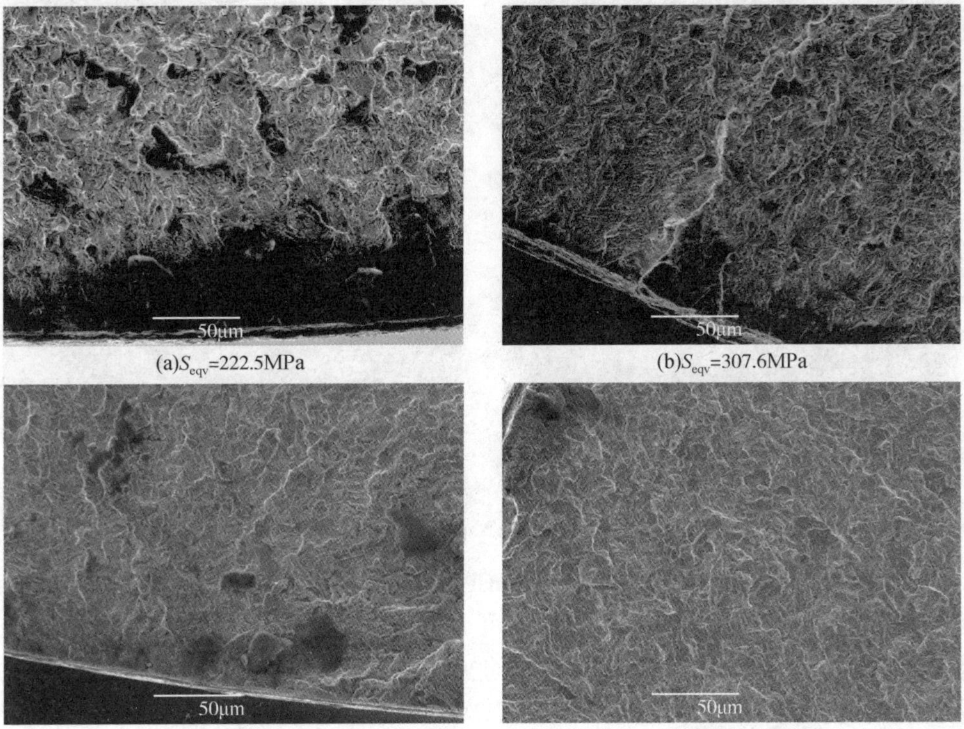

(a)S_{eqv}=222.5MPa　(b)S_{eqv}=307.6MPa

(c)S_{eqv}=546.2MPa　(d)S_{eqv}=649.4MPa

图 5-10　S135 钻杆钢在 3.5%NaCl 溶液中的裂纹源区断口形貌

图 5-11 为 S135 钻杆钢在 3.5%NaCl 溶液中不同当量应力幅值下的腐蚀疲劳裂纹稳定扩展区的微观断口形貌。可见，在疲劳裂纹稳定扩展区可以发现明显的疲劳条带和少量的二次裂纹，且随着应力幅值的增加，疲劳条带变得不够明显，甚至逐渐消失。S_{eqv} = 222.5MPa 时，在断口中可观察到明显的

疲劳条带，疲劳条带与裂纹扩展方向垂直，断裂表面存在少量二次裂纹；当 S_{eqv} = 649.4MPa 时，断口表面几乎观察不到疲劳条带，以穿晶解理断裂为主要特征。疲劳条带是疲劳裂纹稳定扩展区的主要特征，疲劳条带越密、条带间的间距越小、表明疲劳裂纹扩展速率越小，材料抗疲劳裂纹扩展的能力越大；反之，材料抗疲劳裂纹扩展的能力越小。

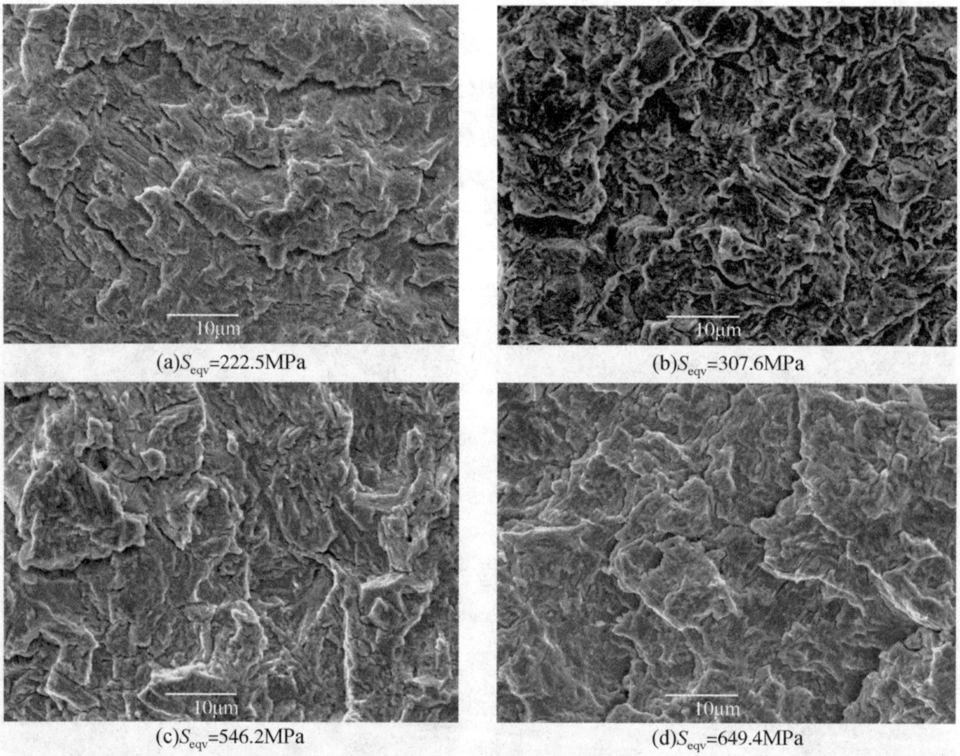

图 5-11　S135 钻杆钢在 3.5%NaCl 溶液中裂纹扩展区断口形貌

图 5-12 为 S135 钻杆钢在 3.5%NaCl 溶液中不同当量应力幅值下的腐蚀疲劳断口附近的裂纹形貌和扩展路径。可见，疲劳裂纹是典型的穿晶断裂特征，主裂纹较粗，基本与加载方向即试样的轴向约呈 60°～90°，并且大多数主裂纹呈折线向前扩展，在扩展过程中产生二次裂纹，二次裂纹较细，在裂纹尖端出现了分叉，尾部呈 Y 形，也叫“人”字形。“人”字形的出现说明裂纹在扩展过程中阻力较大，裂纹扩展的能量逐渐减小。随着应力幅值增加，主裂纹的宽度和深度增加，并在裂纹尖端出现“人”字形。当 S_{eqv} = 222.5MPa 时，断口表面主要存在三条裂纹，其中一条裂纹与加载方向基本垂直，两条裂纹与加载方向约呈 60°，裂纹的长度约为 10～30μm，深度约为 5～7μm；当 S_{eqv} = 649.4MPa 时，断口表面主要存在两条裂纹，其中一条裂纹与加载方向基本垂直，一条裂纹与加

载方向约呈 60°，裂纹的长度约为 50~60μm，深度约为 13~19μm。

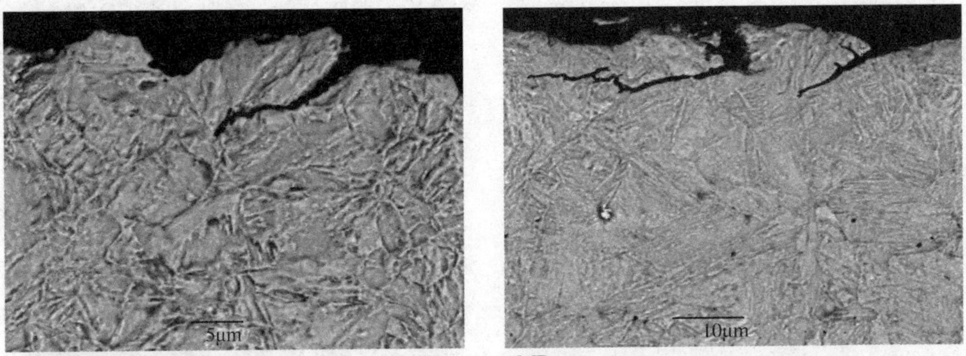

(a)S_{eqv}=222.5MPa

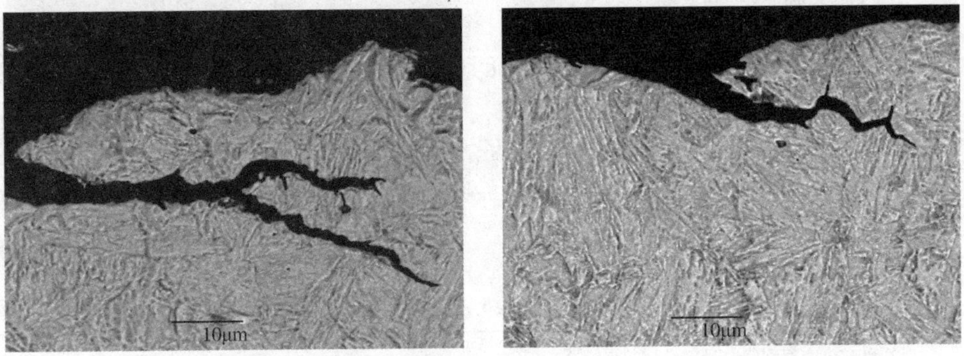

(b)S_{eqv}=649.4MPa

图 5-12　S135 钻杆钢在 3.5%NaCl 溶液中腐蚀疲劳断口附近裂纹扩展路径

在循环应力的作用下，金属晶格间产生滑移，破坏了金属表面的保护膜。由于电化学腐蚀的作用，在滑移处产生微观腐蚀，微观腐蚀在循环应力的作用下形成腐蚀坑，腐蚀坑发展成裂纹。裂纹在交变应力和裂纹尖端阳极溶解过程的共同作用下，不断地发展。腐蚀疲劳裂纹为穿晶分布，在扩展的过程中出现了分叉。当循环应力较小时，腐蚀作用占主要地位，裂纹尖端呈圆钝形；当循环应力较大时，应力作用占主要地位，裂纹尖端较尖锐。因此，腐蚀疲劳断口具有腐蚀断口形貌和疲劳断口形貌的特征，即断口上通常有腐蚀产物、腐蚀坑和疲劳条带、疲劳台阶等。与大气环境下的疲劳断口相比，腐蚀疲劳断口的颜色较暗、断口粗糙度增加。

5.3.3　钻杆钢在 H_2S 溶液中的腐蚀疲劳

5.3.3.1　H_2S 溶液中的腐蚀疲劳寿命与 *S-N* 曲线

图 5-13 为 G105、S135 钻杆钢在 H_2S 溶液中的腐蚀疲劳实验结果和 *S-N* 曲线。可见，随着当量应力水平的降低，材料的腐蚀疲劳寿命延长；对 G105

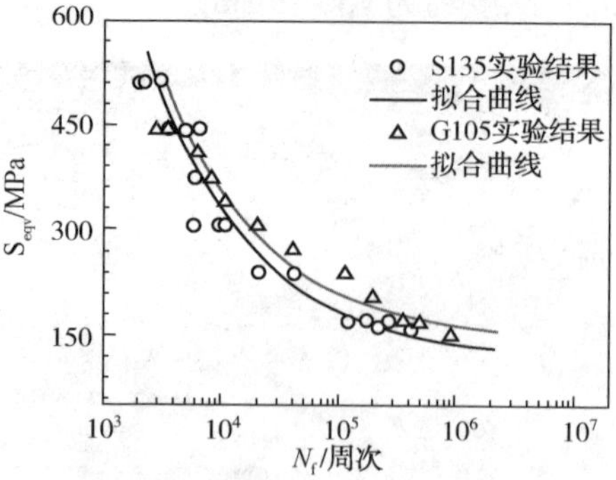

图 5-13　钻杆钢在 H_2S 溶液中的 *S-N* 曲线

钻杆钢来说，当当量应力幅值下降到约 239.3MPa 时，腐蚀疲劳寿命已超过 10^5 循环次数。当当量应力幅值降低到 205.1MPa 时，腐蚀疲劳寿命达到 1.98×10^5 循环次数。对 S135 钻杆钢来说，当当量应力幅值下降到约 170.9MPa 时，腐蚀疲劳寿命已超过 10^5 循环次数，随着当量应力水平的降低，疲劳寿命显著延长。当当量应力水平降低到 160MPa 以下时，腐蚀疲劳寿命达到 4.71246×10^5 循环次数。

基于式(5-1)和式(5-3)，利用回归分析方法对 G105、S135 钻杆钢在 H_2S 中的疲劳实验结果进行了回归分析，其结果列于表 5-3 中。

表 5-3　钻杆钢在 H_2S 溶液中的疲劳寿命回归分析结果

材料	S_f/MPa^2	$(S_{eqv})_c$/MPa	r	S
G105	3.58×10^8	143.7	−0.9579	0.2271
S135	2.91×10^8	119.6	−0.9706	0.1543

注：*r* 和 *s* 分别为线性相关系数和均方差。

应用线性相关系数检验，G105、S135 钻杆钢在 H_2S 溶液中的线性相关系数分别为：$|r|=0.9579$ 和 $|r|=0.9706$，均大于 99.9%置信度对应的起码值。因此，式(5-1)可很好地用来描述 G105、S135 钻杆钢在 H_2S 溶液中腐蚀疲劳寿命的一般规律。

$$\text{G105}\quad N_f=3.58\times10^8(S_{eqv}-143.7)^{-2} \tag{5-7}$$

$$\text{S135}\quad N_f=2.91\times10^8(S_{eqv}-119.6)^{-2} \tag{5-8}$$

将式(5-7)和式(5-8)表示的曲线画在图 5-13 中。可见，实验结果与拟合曲线吻合良好。故式(5-7)和式(5-8)可很好地用来描述 G105、S135 钻杆钢在 H_2S 溶液中腐蚀疲劳的一般规律。因此，只要知道钻杆结构承受的外力，就可以应用式(5-7)和式(5-8)来计算钻杆材料在 H_2S 溶液中的腐蚀疲劳损伤。

5.3.3.2　H_2S 溶液中的腐蚀疲劳断裂机制

图 5-14 和图 5-15 分别为 G105、S135 钻杆钢在 H_2S 溶液中不同当量应力幅值下的腐蚀疲劳宏观断口形貌。可见，在 H_2S 溶液中，试样呈脆性断裂，断口表面无明显的塑性变形，疲劳裂纹从试样表面萌生，以放射线状花样向试样内部扩展。腐蚀疲劳断口由疲劳源区、疲劳裂纹稳定扩展区和瞬时断裂

区三部分组成，且随着应力幅值的增大，瞬时断裂区的面积增大，疲劳源区和裂纹稳定扩展区的面积减少。对 G105 钻杆钢来说，S_{eqv} = 170. 8MPa 时，疲劳源区和裂纹稳定扩展区约占断口表面的 4/5，瞬时断裂区约占 1/5。当 S_{eqv} = 410. 2MPa 时，疲劳源区和裂纹稳定扩展区约占断口的 2/5，瞬时断裂区约占 3/5；对 S135 钻杆钢来说，当 S_{eqv} = 307. 6MPa 时，裂纹源区和稳定扩展区约占断口表面的 1/2，瞬时断裂区约占 1/2；当 S_{eqv} = 444. 4MPa 时，裂纹源区和稳定扩展区约占断口表面的 2/5，瞬时断裂区约占 3/5。随着应力幅值的增加，裂纹源由单裂纹源转变为多裂纹源，图 5-15(a)、图 5-15(b)分别为应力幅值 S_{eqv} = 170. 9MPa 和 S_{eqv} = 307. 6MPa 下的单疲劳源；图 5-15(c)、图 5-15(d)分别为应力幅值 S_{eqv} = 376MPa 和 S_{eqv} = 444. 4MPa 下的多疲劳源，试样不仅出现了主裂纹源，而且还出现了次裂纹源，腐蚀疲劳裂纹的扩展和试样的最终断裂往往是由主裂纹引起的。

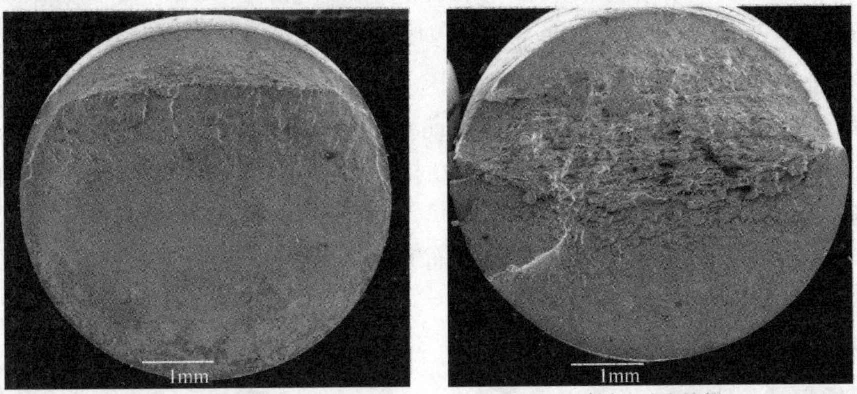

(a)S_{eqv}=170.8MPa　　(b)S_{eqv}=410.2MPa

图 5-14　G105 钻杆钢在 H_2S 溶液中腐蚀疲劳宏观断口形貌

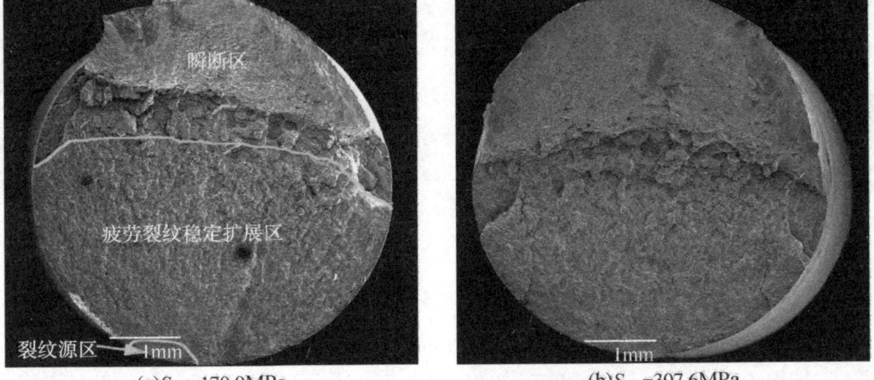

(a)S_{eqv}=170.9MPa　　(b)S_{eqv}=307.6MPa

图 5-15　S135 钻杆钢在 H_2S 溶液中腐蚀疲劳宏观断口形貌

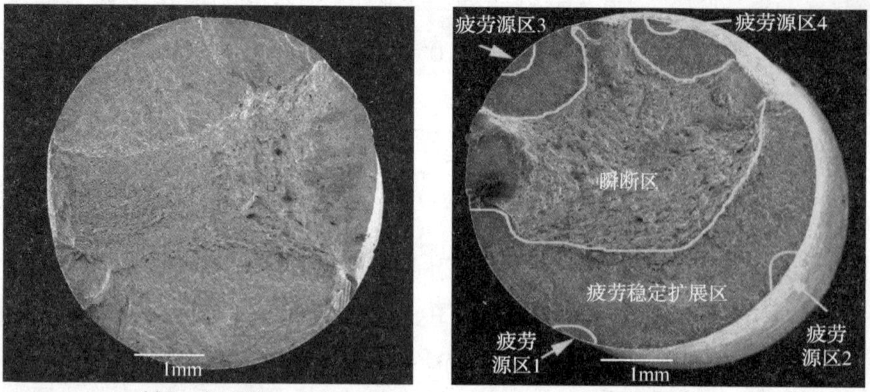

(c)S_{eqv}=376MPa　　(d)S_{eqv}=444.4MPa

图 5-15　S135 钻杆钢在 H_2S 溶液中腐蚀疲劳宏观断口形貌(续)

图 5-16 和图 5-17 分别为 G105、S135 钻杆钢在 H_2S 溶液中不同当量应力幅值下的腐蚀疲劳裂纹源区的微观断口形貌。可见，在 H_2S 溶液中，钻杆钢的腐蚀疲劳裂纹源区为较明显的解理特征，且随着应力幅值的增加，裂纹源区的解理特征变得更加明显，这是因为应力水平的增加有利于腐蚀疲劳裂纹的张开，即材料抵抗腐蚀疲劳裂纹萌生的能力减少。由于腐蚀疲劳裂纹源区的扩展速率缓慢，在该区所经历的时间较长，加上 H_2S 溶液的长期作用，导致腐蚀疲劳裂纹源区的颜色相对较暗。对于 G105、S135 钻杆钢来说，疲劳裂纹源区的微观形貌均为解理平面，而 G105 钻杆钢的断口表面覆盖着较多的腐蚀产物。

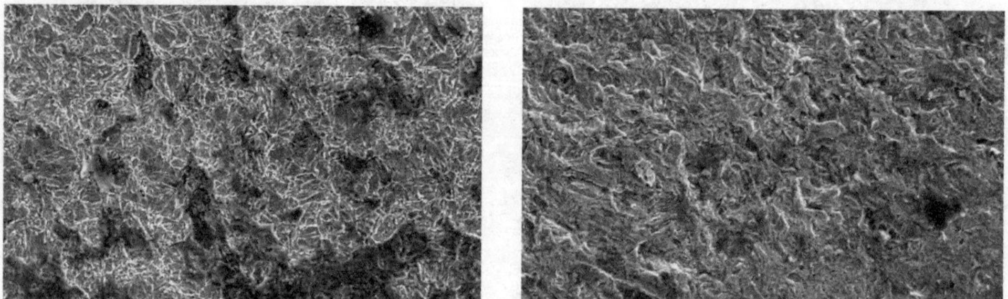

(a)S_{eqv}=170.9MPa　　(b)S_{eqv}=410.2MPa

图 5-16　G105 钻杆钢在 H_2S 溶液中裂纹源区断口形貌

图 5-18 和图 5-19 分别为 G105、S135 钻杆钢在 H_2S 溶液中腐蚀疲劳裂纹稳定扩展区的微观断口形貌。可见，腐蚀疲劳裂纹稳定扩展区观察不到疲劳条带，其断裂特征为解理平面和解理台阶，并且随着应力幅值的增加，解理平面变小，解理台阶变大，并在断口表面出现二次裂纹。对 G105 钻杆钢来

说，疲劳源区的断口表面覆盖一层腐蚀产物。当 $S_{eqv}=170.9\text{MPa}$，断裂特征以解理平面为主；当 $S_{eqv}=410.2\text{MPa}$，解理断裂程度增加。对 S135 钻杆钢来说，当 $S_{eqv}=170.9\text{MPa}$ 时，断口特征以解理平面为主，在解理平面上可观察到河流状花样；当 $S_{eqv}=376\text{MPa}$ 时，断口特征以解理台阶为主，断口存在二次裂纹并与主裂纹呈一定角度。

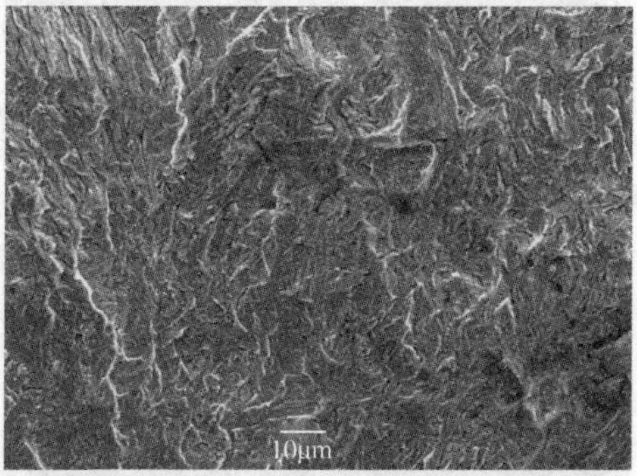

(a)S_{eqv}=170.9MPa

(b)S_{eqv}=307.6MPa

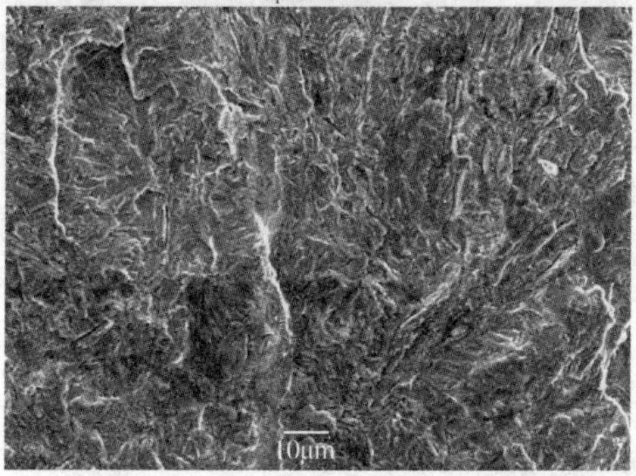

(c)S_{eqv}=376MPa

(d)S_{eqv}=444.4MPa

图 5-17　S135 钻杆钢在 H_2S 溶液中裂纹源区断口形貌

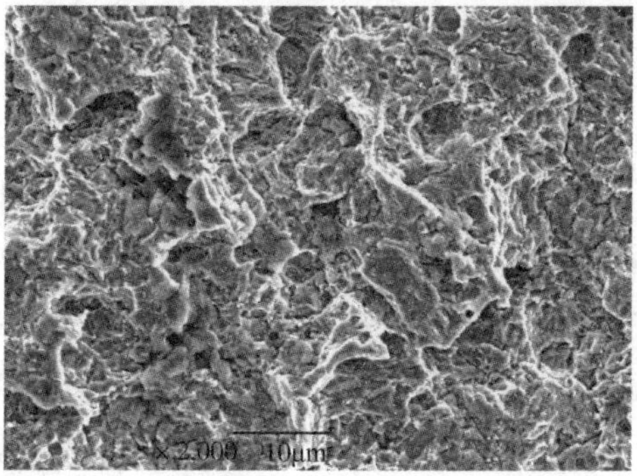

(a)S_{eqv}=170.9MPa

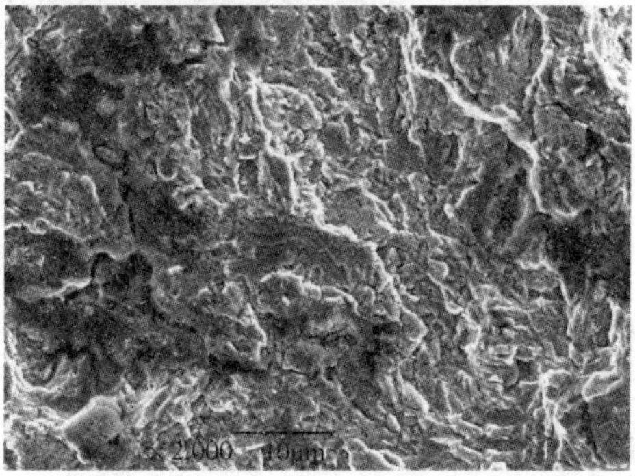

(b)S_{eqv}=410.2MPa

图 5-18　G105 钻杆钢在 H_2S 溶液中疲劳裂纹扩展区断口形貌

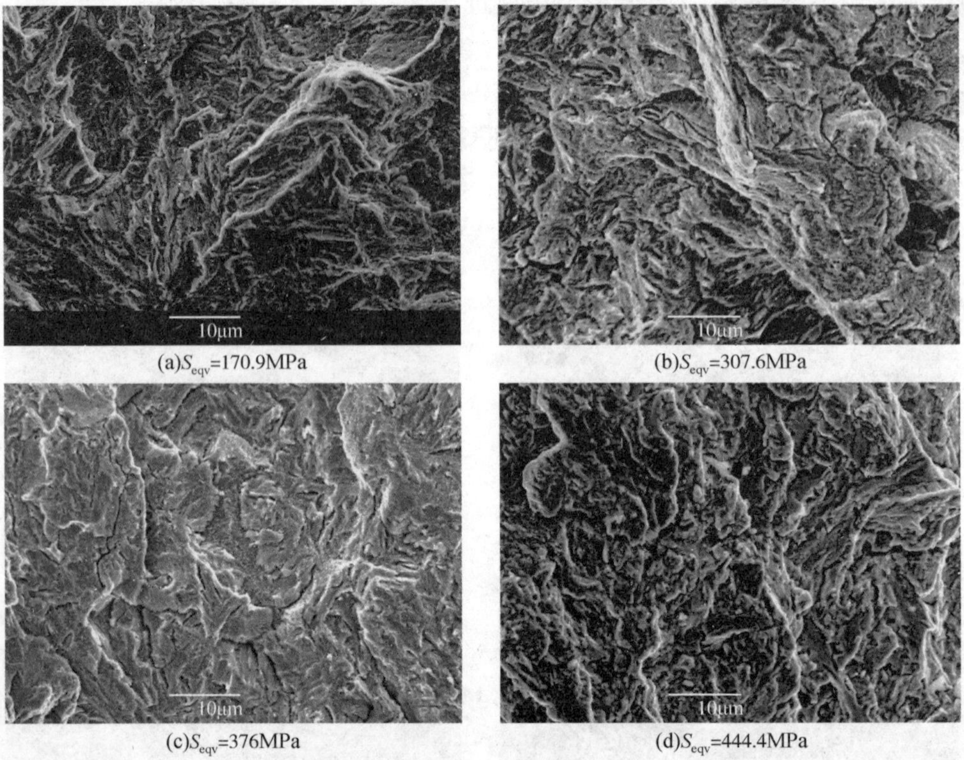

图 5-19　S135 钻杆钢在 H_2S 溶液中疲劳裂纹扩展区断口形貌

5.4　钻杆钢腐蚀疲劳特性

5.4.1　G105 钻杆钢在 H_2S 溶液中腐蚀疲劳特性

图 5-20 为 G105 钻杆钢在实验室大气环境和 H_2S 溶液中的 S-N 曲线。可见，G105 钻杆钢在实验室大气环境和 H_2S 溶液中的疲劳行为显著不同，当当量应力幅值在 500MPa 以下时，在同一应力水平下，在 H_2S 溶液中的疲劳强度远低于在实验室大气环境中的疲劳强度，两者通常相差一个数量级，且随着疲劳寿命的增加，降低幅度更大。在 $N_f=1\times10^6$ 循环寿命下的疲劳强度仅为空气中的 38.8%。G105 钻杆钢在实验室大气中存在明显的疲劳极限，约为 470MPa，而 H_2S 溶液中则不存在疲劳极限，常采用“条件疲劳极限”，即规定

循环周次所对应的应力作为腐蚀疲劳极限。

可由材料疲劳强度的损失量定义腐蚀疲劳的敏感性指标，这里选择具有明确物理意义的当量疲劳极限：

$$I_{\mathrm{f}}=\frac{(S_{\mathrm{eqv}})_{\mathrm{c,F}}-(S_{\mathrm{eqv}})_{\mathrm{c,CF}}}{(S_{\mathrm{eqv}})_{\mathrm{c,F}}}\times 100\% \tag{5-9}$$

式中 $(S_{\mathrm{eqv}})_{\mathrm{c,F}}$——大气环境中的疲劳极限；

$(S_{\mathrm{eqv}})_{\mathrm{c,CF}}$——A 溶液中的腐蚀疲劳极限。

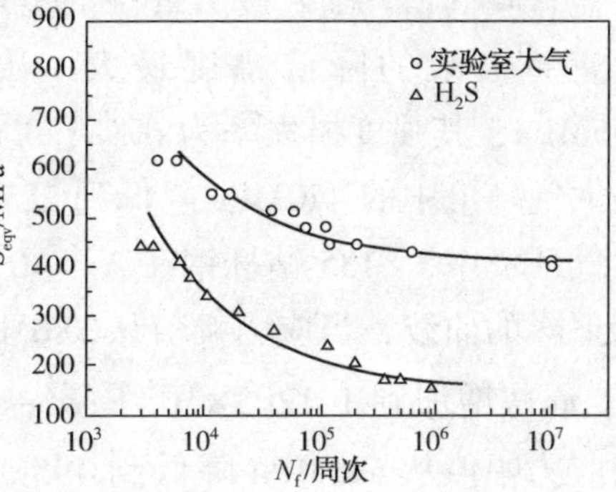

图 5-20 G105 钻杆钢在实验室大气环境和 H_2S 溶液中的 S-N 曲线

应用式(5-9)得到了 G105 钻杆钢在 H_2S 溶液中的腐蚀疲劳敏感性为 64.6%。

5.4.2 S135 钻杆钢在 3.5%NaCl、H_2S 溶液中腐蚀疲劳特性

图 5-21 为 S135 钻杆钢在实验室大气和 3.5%NaCl、H_2S 溶液中的 S-N 曲线。可见，S135 钻杆钢在不同环境中的疲劳寿命由大到小的顺序为：空气>3.5%NaCl 溶液>饱和 H_2S 溶液。实验室大气环境和 3.5%NaCl、H_2S 溶液中的腐蚀疲劳行为显著不同，在实验室大气环境中，S-N 曲线在 $N_{\mathrm{f}}=10^6\sim10^7$ 循环次数之间存在一个明显的水平部分，该水平部分所对应的应力约为 470MPa，即材料在实验室大气中的疲劳极限约为 470MPa($N_{\mathrm{f}}=1\times10^7$ 次)；而在 3.5%NaCl 和 H_2S 溶液中 S-N 曲线上不存在明显的水平段，这说明试验材料在腐蚀环境中不存在疲劳极限，常采用“条件疲劳极限”来表示，3.5% NaCl 溶液中的条件疲劳极限为 285MPa，H_2S 溶液中的条件疲劳极限为 155MPa。由图可见，与在实验室大气环境中相比，S135 钻杆钢在 3.5% NaCl 溶液和 H_2S 腐蚀溶液中的疲劳极

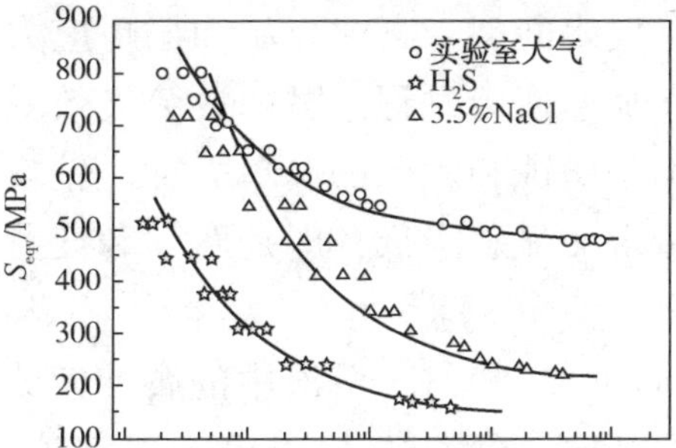

图 5-21 S135 钻杆钢在实验室大气和不同腐蚀环境中的疲劳寿命曲线

限显著降低，且随着疲劳寿命的增加，降低的幅度更大。其中H_2S腐蚀溶液中疲劳极限的降低幅度最大，从实验室大气环境中的470MPa降低到155MPa，其强度损失率为67%；3.5%NaCl溶液中的降低幅度次之，从实验室大气环境中的470MPa降低到285MPa，其强度损失率为39.4%。在实验室大气环境中，S135钻杆钢在$N_f=10^3\sim10^5$寿命范围内$S-N$曲线为一条斜率急剧下降的曲线，当应力幅值从786MPa降低到546MPa，疲劳寿命N_f从2.46×10^3周次增加到1.1203×10^5周次；在$N_f=10^5\sim10^6$寿命范围为斜率过渡区，当应力幅值从546MPa降低到495MPa，疲劳寿命从1.1203×10^5周次增加到1.1246×10^6周次；在$N_f=10^6\sim10^7$寿命范围逐渐平缓下降，并逐渐变为水平线，当应力幅值从546MPa降低到478MPa，疲劳寿命比较接近。在3.5%NaCl溶液中，S135钻杆钢在$N_f=10^3\sim10^5$寿命范围内$S-N$曲线也为一条斜率急剧下降的曲线，且其斜率比实验室大气环境中的斜率大，当应力幅值从717MPa降低到341MPa，疲劳寿命从3.608×10^3周次增加到1.31424×10^5周次；在$N_f=10^5\sim10^6$范围内$S-N$曲线的斜率较小，当应力幅值从341MPa降低到249MPa，疲劳寿命从1.31424×10^5周次增加到1.02275×10^6周次；当应力幅值从249MPa降低到221MPa，疲劳寿命保持在$2\times10^6\sim4\times10^6$周次范围。在$H_2S$溶液中，S135钻杆钢在$N_f=10^3\sim10^5$范围内$S-N$曲线的斜率较大，当应力幅值从512MPa降低到170MPa，疲劳寿命从1.698×10^3周次增加到1.74×10^5周次；在$N_f=10^5\sim10^6$范围内$S-N$曲线的斜率较小，疲劳寿命随着应力值的变化减小。

在循环应力和腐蚀性介质交互作用下形成裂纹及扩展的现象，由于腐蚀介质的作用而引起金属抗疲劳性能的降低，在循环应力下首先在表面发生疲劳损伤，在连续的腐蚀介质的作用下最终发生断裂。腐蚀介质和循环应力的共同作用可加速腐蚀过程，而腐蚀作用又加速疲劳过程。腐蚀疲劳失效受腐蚀环境和疲劳载荷两种因素的支配，但不是腐蚀和疲劳的简单叠加。钻杆在腐蚀介质中受循环载荷作用时，它的疲劳寿命显著降低，即是腐蚀和疲劳交互作用的结果。

应用式(5-9)对了S135钻杆钢在3.5%NaCl和H_2S溶液中的腐蚀疲劳敏感性进行了计算，其结果列于表5-4中。可见，在3.5%NaCl和H_2S溶液中，S135钻杆钢具有明显的应力腐蚀疲劳敏感性，I_f均在56%以上，且H_2S溶液中的腐蚀疲劳敏感性大于3.5%NaCl溶液，即S135钻杆钢在H_2S溶液中更容易发生腐蚀疲劳破坏。

表 5-4 S135 钻杆钢的腐蚀疲劳敏感性

实验环境	$(S_{eqv})_{c,F}$/MPa	$(S_{eqv})_{c,CF}$/MPa	I_f/%
大气	472.5	472.5	0
3.5%NaCl	472.5	206.7	56.3
H_2S	472.5	119.6	74.7

5.4.3 G105、S135 钻杆钢在 H_2S 溶液中腐蚀疲劳特性

图 5-22 为 G105、S135 钻杆钢 H_2S 溶液中的 *S-N* 曲线。可见，随着当量应力水平的降低，G105 和 S135 钻杆钢的腐蚀疲劳寿命延长。应用式(5-9)得到了 G105、S135 钻杆钢在 H_2S 溶液中的腐蚀疲劳敏感性分别为 64.6% 和 74.7%，表明两种钻杆钢在 H_2S 溶液中都有比较高的腐蚀疲劳敏感性，且 S135 钻杆钢的 I_f 大于 G105 钻杆钢的 I_f。

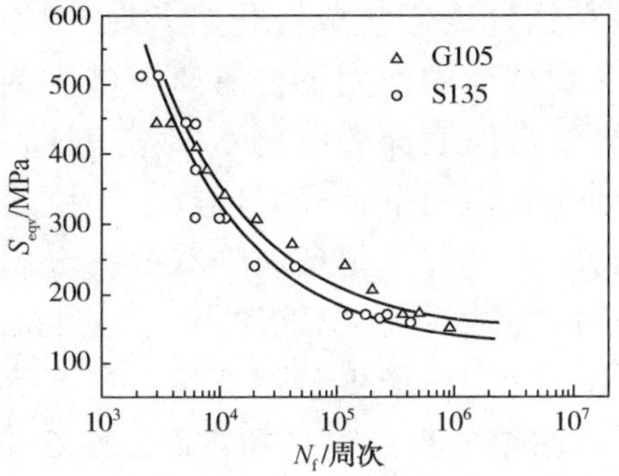

图 5-22 钻杆钢在 H_2S 溶液中的 *S-N* 曲线

5.5 钻杆钢的腐蚀疲劳机理及影响因素

腐蚀疲劳是构件在腐蚀环境与交变应力的共同作用下，腐蚀疲劳损伤在构件内部逐渐积累的过程，当达到某一临界值时，腐蚀疲劳裂纹开始萌生。萌生后的腐蚀疲劳裂纹在环境的共同作用下不断扩展，当裂纹长度达到临界裂纹长度时，裂纹发生快速扩展，从而构件发生断裂。因此，对于光滑试样来说，其腐蚀疲劳过程包括疲劳裂纹萌生、亚临界扩展和最终的失稳断裂。

关于腐蚀疲劳过程的认识可以从两个方面考虑：一是腐蚀性介质是如何加速裂纹的萌生和扩展的；二是循环应力又如何促进腐蚀过程的发展。介质、

循环应力对材料的交互作用在各个阶段所起作用不同，腐蚀疲劳规律比较复杂，目前关于腐蚀疲劳的机理主要存在四种观点，即点蚀加速裂纹萌生、选择性电化学侵蚀、保护膜破裂、介质吸附和氢致开裂。

5.5.1 腐蚀疲劳机理

(1) 钻杆在 3.5%NaCl 溶液中腐蚀疲劳

钻杆的失效分析表明，钻杆的失效过程可归结为：新钻杆-蚀坑形成及裂纹萌生-裂纹扩展-刺穿和断裂。

图 5-23 为 S135 钻杆钢在实验室大气环境和 3.5%NaCl 溶液中疲劳裂纹的萌生位置。可见，在实验室大气环境中，疲劳裂纹萌生于光滑试样表面，裂纹萌生点周围较光滑，未发现腐蚀坑；在 3.5%NaCl 溶液中，腐蚀疲劳裂纹萌生于试样表面的腐蚀坑，裂纹萌生点周围有腐蚀的痕迹。目前，石油工业大量使用的 G105、S135 钢级的钻杆基本为 Cr-Mo、Cr-Ni-Mo 系，由于其 Cr、Mo 含量较高容易在钻杆表面生成钝化膜，在 NaCl 溶液中，氯离子容易吸附在钻杆表面。在交变载荷的作用下，氯离子进入钝化膜，导致金属表面钝化膜的破裂，从而导致金属表面的电化学不均匀性。由于金属表面的电化学不均匀，金属在腐蚀介质作用下在表面形成点蚀坑，在蚀坑底部引起应力集中产生滑移。滑移台阶的溶解使得反向加载时，金属表面不能复原，成为腐蚀疲劳的裂纹源。反向加载使裂纹不断扩展，如图 5-24 所示。图 5-24(a) 在蚀坑处由于应力集中，受力后产生塑性滑移；图 5-24(b) 形成 BCDE 滑移台阶；图 5-24(c) BC 台阶溶解形成 B′C′新表面；图 5-24(d) 在反向加载时新表面滑移线上产生裂纹 B′CC′。钻杆表面上的蚀坑可在使用过程中形成，也可能在钻杆出井存放或新钻杆贮存期间产生。如果钻杆下井前就存在点蚀坑时，腐蚀疲劳裂纹的萌生期将大大缩短。此外，钻杆在间歇使用存放期间内的腐蚀也是不能忽视的问题，一般认为在腐蚀介质中承受循环载荷的构件，其腐蚀疲劳寿命大部分是腐蚀坑的成长阶段，这就是下井前已形成蚀坑的钻杆寿命很短的原因。

在点蚀促进裂纹形成的过程中，当点蚀生长到一定程度，微裂纹将从点蚀表面萌生，并沿着晶界进行扩展。当微裂纹达到某一临界裂纹长度时，裂纹的扩展不再受点蚀坑内电化学反应的影响，裂纹转化为穿晶裂纹扩展。图 5-25为点蚀向腐蚀疲劳裂纹转变的过程示意图。对高强度钻杆钢来说，蚀坑下萌生的多条裂纹平行地分布于管壁的不同水平面或同一水平面。交变应力因管壁截面减少而增大，裂纹尖端便沿壁厚方向向金属内部扩展，当裂纹扩展至一定长度与另一扩展裂纹相遇时，扩展加速。在不同平面的两条裂纹也可以通过撕裂，从一个平面跳到另一平面而连贯起来。在裂纹萌生与扩展初期，由于交变应力较低，一般认为腐蚀疲劳作用是主要的，而当应力半幅高于σ_{SCC}时，也可能是腐蚀疲劳与应力腐蚀同时起作用，使裂纹迅速扩展，实际上钻杆断口上常可见到这两种复合作用的特征。由于裂纹的不断扩展，剩余壁厚越来越薄，进而形成穿透裂纹，高压钻井液乘隙而入形成刺穿孔，当剩余界面不足以承受工作应力时即产生断裂。

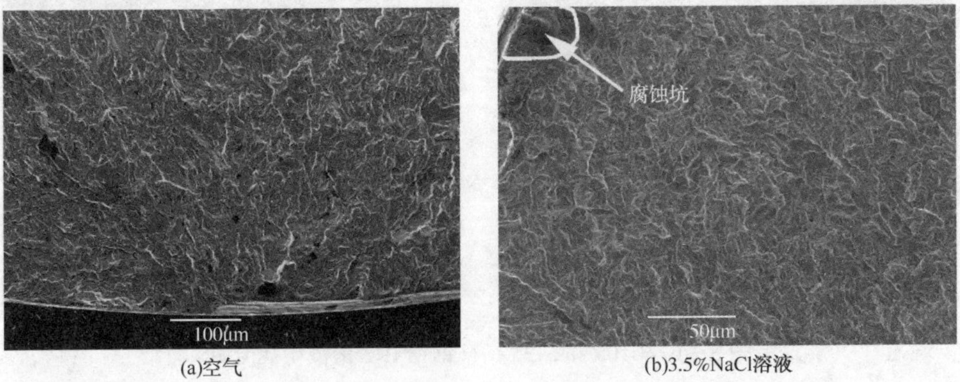

图 5-23　S135 钻杆钢在实验室大气和 3.5%NaCl 溶液中疲劳源

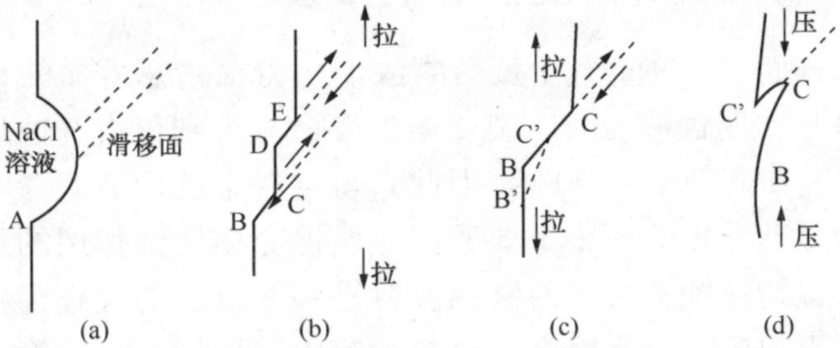

图 5-24　以蚀坑为起点的裂纹形成过程

(2) 钻杆在 H_2S 溶液中腐蚀疲劳机理

图 5-26 为 G105、S135 钻杆钢在 H_2S 溶液中疲劳裂纹的萌生位置。可见，在实验室大气环境和 H_2S 溶液中，两种钻杆钢的疲劳裂纹都萌生于光滑试样表面，裂纹萌生点周围比较光滑，未发现点蚀坑。钻杆钢在含 H_2S 的环境中服役，易于和 H_2S 发生电化学反应放出氢原子，这些氢原子吸附在金属的表面。在交变循环载荷

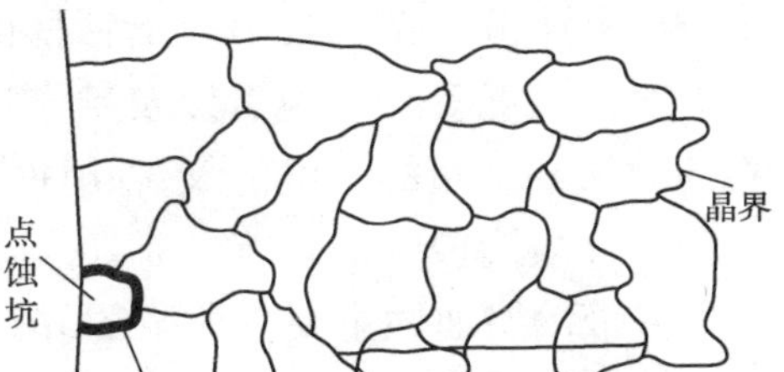

图 5-25　点蚀坑向腐蚀疲劳裂纹转变过程示意图

的作用下钻杆表面产生驻留滑移带，挤出脊或挤入沟处的位错密度较高。此时，吸附在金属表面的氢原子将通过扩散进入到金属内部，对塑性变形具有促进作用，在三向应力状态的裂纹尖端塑性区聚集成原子团使微裂纹形成，微裂纹形成后将与主裂纹前端连接而使裂纹不断向前扩展，导致脆性断裂的发生，见图 5-18和图 5-19。

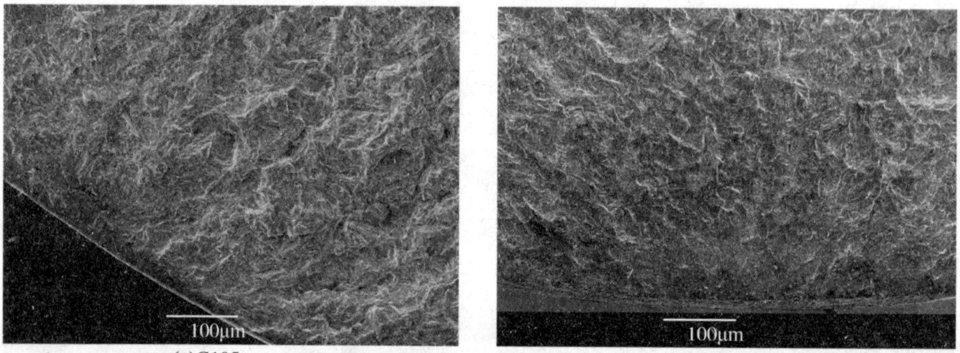

(a)G105　　(b)S135

图 5-26　G105 和 S135 钻杆钢在 H_2S 溶液中疲劳源

5.5.2　腐蚀疲劳的主要影响因素

就光滑试样而言，在空气中疲劳裂纹萌生寿命占总寿命的 90%，裂纹扩展寿命占 10%；在腐蚀疲劳时，裂纹萌生寿命减少到仅占腐蚀疲劳总寿命的10%，裂纹扩展寿命则要占 90%。因此，与空气中的疲劳寿命相比，腐蚀介质中疲劳寿命显著缩短的一个重要原因是腐蚀介质腐蚀作用的显著降低。由于受腐蚀性环境的侵蚀，材料的腐蚀疲劳是一个复杂的过程，影响材料腐蚀疲劳寿命的因素很多，包括冶金、材料、应力、环境、时间等，其中任何一个因素的变化都会引起腐蚀疲劳寿命的改变。对于钻杆材料来说，腐蚀疲劳寿命主要取决于蚀坑的形成、裂纹萌生阶段的寿命及环境介质中氢的影响，其影响因素十分复杂，其中包括钻杆的受力、钻井液的腐蚀性、管体的几何形状、表面状况等结构因素以及冶金因素，其中包括显微组织、晶粒度、夹杂物的数量和分布等，以下仅对几种实际情况作简要的讨论。

(1) 介质腐蚀性的影响

钻井液的腐蚀性主要指泥浆的 pH 值、溶解氧浓度、盐度等。钻杆腐蚀疲劳实验结果表明，当钻井液中溶解氧含量 $<0.01\times10^{-6}$ ppm、pH>7 时钻杆腐蚀疲劳强度与大气中的疲劳强度为同一水平，甚至还稍高些，$S-N$ 曲线有明显的水平段，具有大气中疲劳曲线的特征；当 pH<4 时，$S-N$ 曲线不再有水平段，随循环次数增加疲劳强度迅速下降，需要特别指出的是高钢级钻杆比低钢级钻杆

下降得更快。当钻井液中溶解氧的浓度较高时，即使 pH=10，钻杆的 S–N 曲线也不存在水平段，2×10^6 循环次数对应的腐蚀疲劳强度值仅为大气中疲劳强度的一半。综合起来看，pH 值较低、溶解氧浓度较高时，钻杆腐蚀疲劳强度大幅度下降；pH 值高时，钻杆腐蚀疲劳强度随溶解氧浓度升高而降低。

（2）表面涂层的影响

钻杆腐蚀疲劳寿命主要取决于蚀坑形成及裂纹萌生期的长短，因此调整钻井液的 pH 值、控制溶解氧气的含量，是防腐蚀的一个方面。另一方面，采取内涂层让腐蚀介质不与钻杆金属表面接触，也能有效地提高钻杆的腐蚀疲劳寿命。

（3）内加厚过渡区结构及应力集中的影响

多数钻杆的腐蚀疲劳都集中在钻杆的内加厚过渡区，由于内加厚过渡区长度较短，导致加厚过渡区与管体交处的圆角较小，容易引起应力集中，从而降低了钻杆的承载能力，加剧了该位置点蚀的发生，加快了疲劳、腐蚀疲劳裂纹的萌生。因此，增加钻杆内加厚过渡区的圆角，使过渡区的应力集中程度减小，可显著提高钻杆的寿命。

（4）井斜度、方位角度变化的影响

钻井过程中，操作、地质等复杂因素使井眼形成“狗腿”。“狗腿”越严重，意味着钻杆承受的弯曲交变载荷增大，将明显降低钻杆的腐蚀疲劳寿命。由于钻杆承受的拉应力、交变弯曲载荷增大，会使钻杆腐蚀寿命进一步降低。

（5）钻杆钢级的影响

钻杆材料对腐蚀疲劳强度有影响，不同钢级钻杆的腐蚀疲劳强度并不随钢级强度提高而增加。在大气环境中不同钢级钻杆的疲劳强度几乎都在同一水平，一般认为这是受钻杆表面状态的影响；在钻井液中，腐蚀疲劳强度随钢级升高而降低。

5.6 本章小结

针对钻杆用钢的实际工况条件，研究了 G105、S135 钻杆钢在实验室大气环境、3.5%NaCl 溶液、H_2S 溶液中的腐蚀疲劳行为，采用回归分析方法获得了不同环境介质中钻杆钢的腐蚀疲劳寿命表达式，并对钻杆用钢的腐蚀疲劳断裂机制进行了分析，所得结论如下：

（1）G105、S135 钻杆钢在实验室大气环境中存在疲劳极限。G105 钻杆钢的疲劳寿命公式为：$N_f=3.28\times10^8(S_{eqv}-406.1)^{-2}$；S135 钻杆钢的疲劳寿命公式为：$N_f=3.81\times10^8(S_{eqv}-472.5)^{-2}$。

（2）G105 钻杆钢在 3.5%NaCl 溶液中不存在疲劳极限。G105 钻杆钢在 H_2S 溶液中腐蚀疲劳拟合公式为：$N_f=3.58\times10^8(S_{eqv}-143.7)^{-2}$；S135 钻杆钢在 3.5%NaCl 溶液和 H_2S 溶液中的拟合公式分别为：$N_f=6.24\times10^9(S_{eqv}-206.7)^{-2}$和 $N_f=2.91\times10^8(S_{eqv}-119.6)^{-2}$。

（3）在 H_2S 溶液中，高钢级钻杆钢 S135 的腐蚀疲劳敏感性大于低钢级钻杆钢 G105。

（4）在实验室大气环境中，G105、S135 钻杆钢疲劳源区以解理断裂为主要特征；裂纹稳定扩展区以疲劳条带为主要特征。

（5）在 3.5%NaCl 溶液中，S135 钻杆钢的疲劳源萌生于试样表面的腐蚀坑，并沿晶界向前扩展，在裂纹稳定扩展区形成疲劳条带和解理平面；在 H_2S 溶液中，G105、S135 钻杆钢疲劳源萌生于试样表面，裂纹稳定扩展区以氢致解理断裂为主要特征。

第6章 预腐蚀和缺口对S135钻杆钢疲劳行为的影响

6.1 引 言

随着浅层油气资源的逐渐枯竭，石油开采的速度也在放缓。因此，发展超深、高温、高压等高难度井成为世界油气田的主要目标。在油气开发中，腐蚀贯穿于整个开采、运输等全过程。钻井过程中使用的各种特殊油管和机械设备都处于易发生电化学腐蚀的环境中。同时，钻井过程中的大部分材料又都处于交变载荷下，机械加载会加剧腐蚀，造成疲劳失效。钻杆疲劳是钻井过程中常见的事故，严重制约了钻井速度，增加了钻井成本。

一些研究者对钻杆用钢的微观组织、热处理工艺和疲劳断裂进行了研究，取得了一定的理论和实践经验。然而，由预腐蚀缺陷引起的钻杆失效却一直被忽视。疲劳裂纹一般始于腐蚀坑处，裂纹源周围有明显的腐蚀痕迹。腐蚀缺陷的存在缩短了裂纹扩展周期，大大提高了裂纹扩展速率。钻杆的腐蚀坑可能在钻杆使用或储存过程中形成，如果钻井前出现腐蚀坑，疲劳裂纹萌生期将大大缩短。目前，对钻杆预腐蚀后疲劳寿命和断裂机理的研究较少。为了使钻杆在实际工作中使用更安全、更有效，有必要研究预腐蚀对钻杆钢疲劳寿命和断裂机理的影响。

除了预腐蚀对疲劳行为的影响外，缺口也是影响钻杆钢疲劳行为的又一个重要影响因素。许多钻柱构件的失效是由缺陷或裂纹处产生、发展直至最后断裂。理想的、无缺陷的钻柱是不存在的，钻柱中缺陷可分为制造缺陷和运行损伤缺陷两大类，一类是以产品质量控制为原则的标准，主要为产品制造过程中发现的各种可能影响结构完整性的缺陷；二类是在运行过程中由于腐蚀、磕碰、连接或受力的作用，产生裂纹缺陷。不管是哪种缺陷，一旦对安全可靠性构成危险，必须立即采取措施，返修或者禁止使用，这样就可以延长设备的检测周期，提高设备的使用效率。钻具构件上不可避免地存在各种类型的缺口和应力集中(如台阶、螺纹、加工刀痕、补焊和焊接带来的未焊透和裂纹)，缺口的存在会在材料中产生高的应力集中、产生多轴应力状态、产生高的局部应变硬化和裂纹及引起高的应变率，增加材料脆化的趋势。据统计，钻铤或转换钻头等由于缺口产生应力集中而导致钻具失效的占钻柱失效事故的63%。某油田钻铤由于外螺纹根部应力集中导致钻铤失效；某油田钻柱由于外螺纹根部应力集中发生一次脆断；1984年某油田井由于接头外螺纹第一牙根部发生脆断，导致钻具全部落入井内，钻具打捞和重装浪费了大量的时间，造成严重后果。目前，有关钻杆在连接过程中由于外界原因(如大钳、夹头、加工刀痕、焊接等)及螺纹连接处产生的缺口而发生的断裂失效鲜有研究。

本章研究了预腐蚀时间和缺口类型对S135钻杆钢疲劳行为的影响，获得了预腐蚀时间和缺口类型对S135钻杆钢疲劳行为的影响规律，明确了其断裂机理。

6.2 实验材料及方法

6.2.1 实验材料

实验材料为S135钻杆钢，其化学成分及性能详见3.2节。电化学试验样品的尺寸为10mm×10mm×5mm，浸泡试验样品的尺寸为25mm×20mm×3mm。电化学测试样品的暴露面积为10mm×10mm，用环氧树脂封样时此面保留。实验前用SiC砂纸将样品磨至2000#。然后，用丙酮超声清洗样品，用蒸馏水冲洗。疲劳试样沿钻杆的纵向取样，分为光滑圆棒试样和缺口试样，缺口试样的缺口类型分U型和双V型两种，光滑试样的尺寸见图3-2，缺口试样的示意图如图6-1所示。

选用3.5% NaCl溶液模拟海洋环境。配置方法为：将分析纯NaCl溶解在pH约为6.8~7.0的去离子水中。实验前，所有试样均在3.5% NaCl溶液中分别预腐蚀10天、30天和60天，以模拟实际工况。

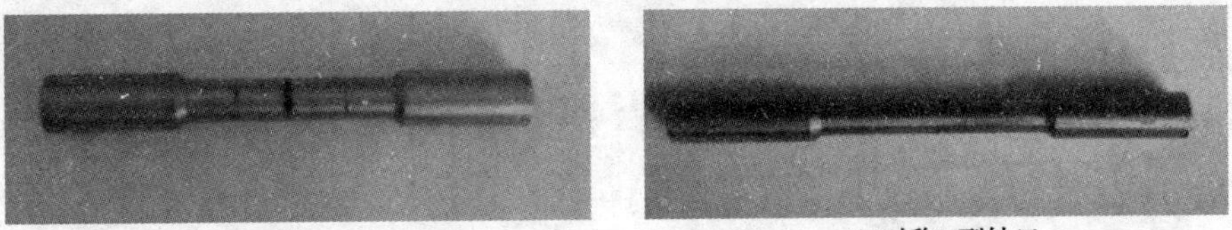

(a)U型缺口　　(b)对称V型缺口

图 6-1　缺口试样

6.2.2　实验方法

（1）电化学试验

使用 PARSTAT 2273 电化学工作站、采用三电极体系进行电化学测试。以 S135 钢为工作电极，饱和甘汞电极（SCE）为参比电极，铂片为对辅助电极。采用动电位极化测量方法，从 -950mV（V vs. SCE）测量到阳极电流密度达到 $100\mu A/cm^2$，扫描速率为 0.2mV/s。EIS 测试的扫描范围为 100kHz ~ 5mHz，振幅为 10mV，结果用 ZsimpWin 软件进行分析。所有测试均在环境温度（25±1）℃下进行。每个试验进行三次，以确保结果的可重复性。

（2）浸泡试验

采用扫描电子显微镜（SEM，JSM-6390A）观察宏观腐蚀形貌。腐蚀速率采用失重法计算。采用 X 射线衍射仪（XRD）对腐蚀产物进行分析，使用铜靶进行测量，扫描范围为10°~90°。腐蚀产物经机械研磨成小于 10μm 的粉末，以使晶粒细小且无择优取向。在进行 XRD 测试时，在玻璃板上填充粉末腐蚀产物，并滴入丙酮进行固定。

（3）疲劳试验

将预腐蚀后的试样与缺口试样在 PLD-100 微机控制电液伺服疲劳试验机上进行三角波疲劳试验，试验频率为 5Hz，应力比 $R=0.1$。在疲劳试验中，施加于试样的正应力 σ 由载荷来计算：

$$\sigma = \frac{P}{S} \tag{6-1}$$

式中　P——加载载荷；

S——试件的横截面积。

所有测试均在环境温度（约 25℃）下进行。试验结束后，利用扫描电镜（JSM-6390A）观察断口形貌，以鉴别疲劳断裂机制。

6.3 预腐蚀对 S135 钻杆钢疲劳行为的影响

6.3.1 预腐蚀对 S135 钻杆钢电化学行为的影响

(1) 开路电位

图 6-2 给出了 S135 钢在 3.5% NaCl 溶液中预腐蚀 10 天、30 天和 60 天后的开路电位。可以看出，S135 钢的开路电位随预腐蚀时间的增加呈负向移动，未预腐蚀样品的开路电位相对稳定。对于未预腐蚀的样品，浸泡 1h 后开路电位趋于稳定，浸泡 5h 后约在-639mV 处达到稳定。S135 钢在腐蚀 10 天、30 天和 60 天后开路电位分别为-663mV、-794mV 和-823mV。通过开路电位可以初步判断 S135 钢的电化学腐蚀稳定性，因此，S135 钢的腐蚀倾向随着预腐蚀时间的增加而增加。

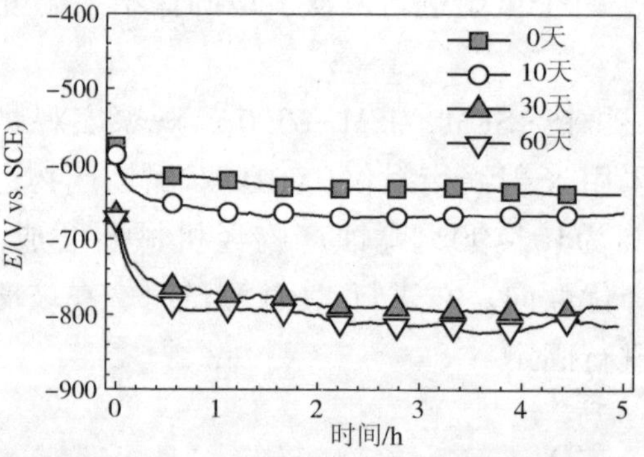

图 6-2 S135 钢在 3.5% NaCl 溶液中预腐蚀不同时间后的开路电位

(2) 交流阻抗谱图

图 6-3 为 S135 钢在 3.5% NaCl 溶液中预腐蚀 10 天、30 天和 60 天后的交流阻抗谱图。从图 6-3(a)可以看出，Nyquist 图为不完全半圆。从图 6-3(b)可以看出，Bode 图中具有宽相位角，这表明至少存在两个时间常数。低频电容和阻抗弧与双层电容和电荷转移电阻有关。随着预腐蚀时间的延长，阻抗弧半径逐渐减小，表明钢的腐蚀程度随着预腐蚀时间的延长而增加。

使用图 6-4 中的两个时间常数等效电路对 EIS 数据进行拟合。其中 R_s 为溶液电阻，R_{ct} 为电荷转移电阻，Q_{dl} 为反应界面的双电层电容，Q_f 为腐蚀产物层电容，R_f 为腐蚀产物层电阻。图 6-3(b) 中绘制了拟合线，拟合结果与实验结果非常吻合，说明了等效电路的可行性。

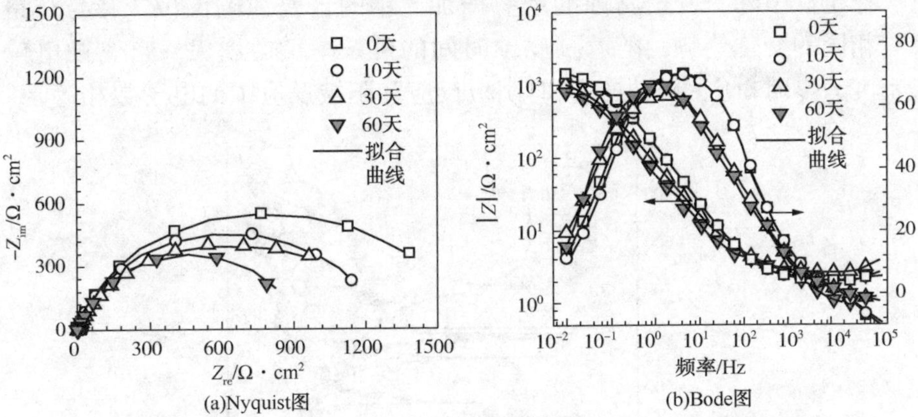

图 6-3　S135 钢在 3.5% NaCl 溶液中的预腐蚀后的交流阻抗谱

S135 钢在 3.5% NaCl 溶液中预腐蚀不同时间后的 EIS 参数拟合结果见表 6-1。可见 R_s 变化不大，在 2~4 之间；R_{ct} 在 1019~1564 之间，R_f 在 18~36之间。随着预腐蚀时间的延长，钢的 Q_{dl} 增加，表明电极表面变得不均匀，R_{ct} 明显降低，R_f 略有增加，表明长期浸泡后没有形成保护性腐蚀产物。极化电阻 R_p（$R_p=R_{ct}+R_f$）常被用来评价材料的耐蚀性，R_p 值越大，材料的耐蚀性越高。由表 6-1可知，钢的 R_p 值随着预腐蚀时间的延长而降低，说明 S135 钢的耐腐蚀性能随着预腐蚀时间的延长而降低。

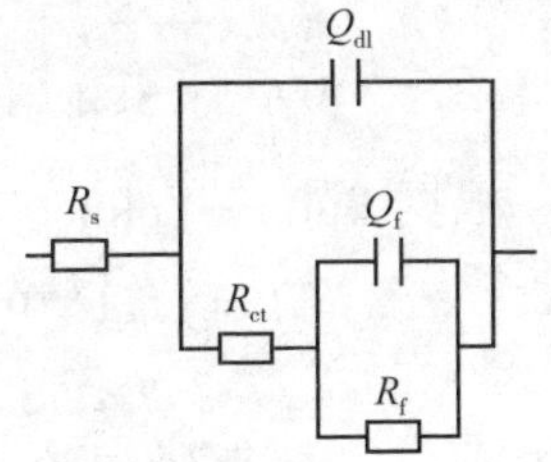

图 6-4　S135 钢在 3.5% NaCl 溶液中预腐蚀后的等效电路

表 6-1　S135 钢在 3.5% NaCl 中预腐蚀不同时间后的 EIS 参数

预腐蚀时间/天	R_s/（$\Omega\cdot cm^2$）	R_{ct}/（$\Omega\cdot cm^2$）	Q_{dl}/［Y_0（$\times10^{-6}$）］$\Omega^{-1}\cdot cm^{-2}\cdot s^n$	n	R_f/（$\Omega\cdot cm^2$）	Q_f/［Y_0（$\times10^{-6}$）$\Omega^{-1}\cdot cm^{-2}\cdot s^n$］	n
0	2.09	1564	230	0.98	18	126	0.73
10	2.11	1389	242	0.81	21	350	0.64
30	2.09	1273	293	0.74	24	226	0.62
60	3.39	1019	370	0.95	36	369	0.65

（3）极化曲线

S135 钢在 3.5% NaCl 溶液中预腐蚀 10 天、30 天和 60 天的极化曲线如图 6-5 所示。可见，所有曲线均表现为阳极溶解特征，无明显的钝化区。随着预腐蚀时间的延长，极化曲线向右下方移动，表明材料的自腐蚀电位降低，电化学稳定性下降，发生腐蚀的趋势增加。钢的自腐蚀电位(E_{eonr})与开路电位具有相同的变化趋势，随着预腐蚀时间的延长呈负向增大。自腐蚀电位为电流密度为零时对应的电位，此时阴极反应和阳极反应中的电子数相等。

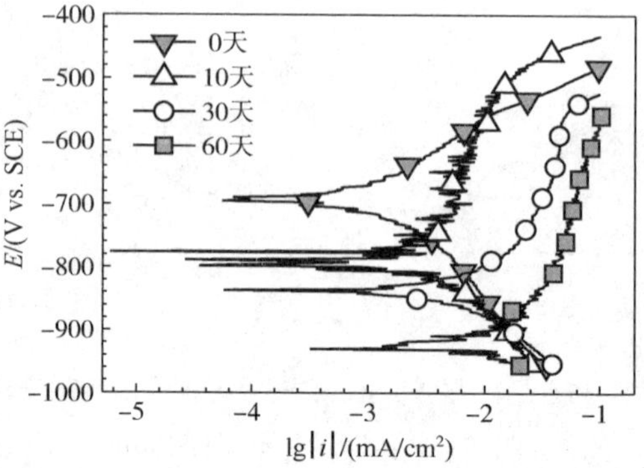

图 6-5　S135 钢在 3.5% NaCl 溶液中预腐蚀不同时间后的极化曲线

根据 Butter-Volmer 方程中电流密度 i 与极化电位 E 的关系：

$$i = i_{corr}\left[\exp(2.303\Delta E)/b_a - \exp(-2.303\Delta E)/b_c\right] \tag{6-2}$$

$$\Delta E = E - E_{corr} \tag{6-3}$$

式中　i_{corr}——腐蚀电流密度，mA/cm^2；

b_a——阳极 Tafel 常数；

b_c——阴极 Tafel 常数。

b_a、b_c、i_{corr}可由迭代拟合程序计算得出，极化电阻 R_p 和腐蚀速率 v 可由式 (6-4) 和式(6-5)计算得出。

$$R_p = \frac{b_a b_c}{2.303(b_a + b_c)i_{corr}} \tag{6-4}$$

$$v = 0.327\frac{Mi_{corr}}{n\rho} \tag{6-5}$$

式中　n——钢的相对原子质量，为 56；

ρ——钢的密度，为 $7.87g/cm^3$；

n——电极反应，为 2；

i_{corr}——mA/cm^2。

拟合极化曲线数据得到的电化学参数如表 6-2 所示。当预腐蚀时间从 10 天增加到 60 天时，i_{corr} 从 $1.664\mu A/cm^2$ 增加到 $8.794\mu A/cm^2$，表明随着预腐蚀时间的增加，试样腐蚀程度加重。b_c 在 0 天和 10 天的绝对值大于 b_a，表明阴极是整个电化学反应的控制步骤。然而，在腐蚀 30 天和 60 天后，b_c 的绝对值小于 b_a，表明阳极是整个电化学反应的控制步骤。

表 6-2　S135 钢在 3.5% NaCl 溶液中的极化曲线电化学参数

预腐蚀时间/天	E_{corr}/mV	b_a/(mV · dec^{-1})	b_c/(mV · dec^{-1})	i_{corr}/(μA · cm^{-2})	v/(μm · a^{-1})
0	−696	114	−152	1.376	15.70
10	−787	89	−138	1.664	19.12
30	−837	191	−137	6.612	75.96
60	−931	135	−81	8.794	93.59

6.3.2　预腐蚀对 S135 钻杆钢腐蚀行为的影响

浸泡试验中腐蚀产物很容易从样品表面脱落，残余的钢铁表面的腐蚀产物非常松散，容易脱落。样品的腐蚀形貌如图 6-6 所示。采用失重法计算腐蚀速率，结果如图 6-7 所示。结果表明，S135 钢在 3.5% NaCl 溶液中浸泡 10 天、30 天和 60 天后，腐蚀速率分别为 6.92μm/a、8.85μm/a 和 13.4μm/a。随着腐蚀时间的增加，S135 钢的腐蚀速率增加，根据 NACE RP 07799 标准，S135 钢的腐蚀速率处于低范围。当厚度增加到一定程度时，由于腐蚀产物较为疏松，产物会从样品表面脱落，溶液中的 Cl^- 容易通过多孔腐蚀产物与样品发生反应，影响腐蚀速率。

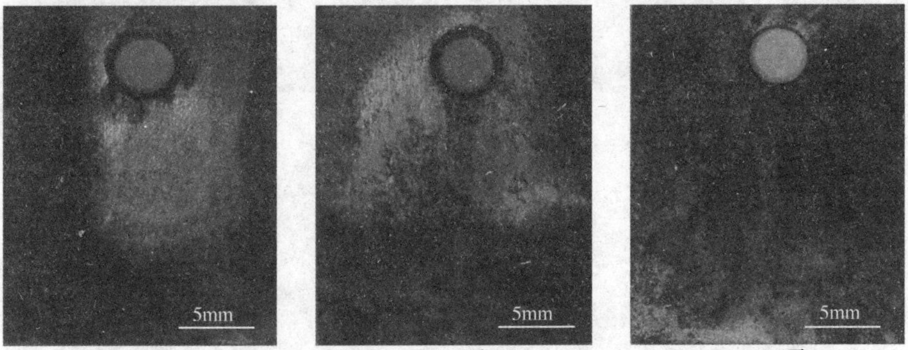

(a)10天　(b)30天　(c)60天

图 6-6　试样在溶液中预腐蚀 10 天、30 天、60 天后的宏观形貌

S135 钢在 3.5% NaCl 溶液中腐蚀 10 天、30 天和 60 天后的微观形貌如图 6-8 所示，整体来看，腐蚀产物黏附性差，发生大面积开裂。腐蚀 10 天时腐蚀产物疏松，腐蚀 30 天时腐蚀产物减少并附着在样品表面，腐蚀 60 天时腐蚀产物积累并开始脱落。对比 30 天的腐蚀产物，可以明显看出 60 天的腐蚀产物完整性更差，裂纹更深。

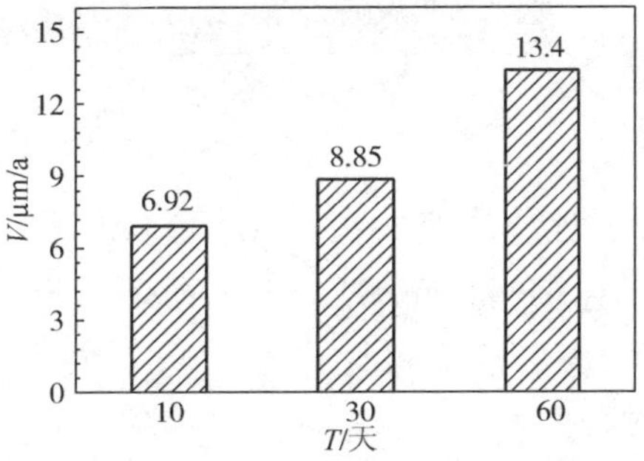

图 6-7　S135 钢的腐蚀失重速率

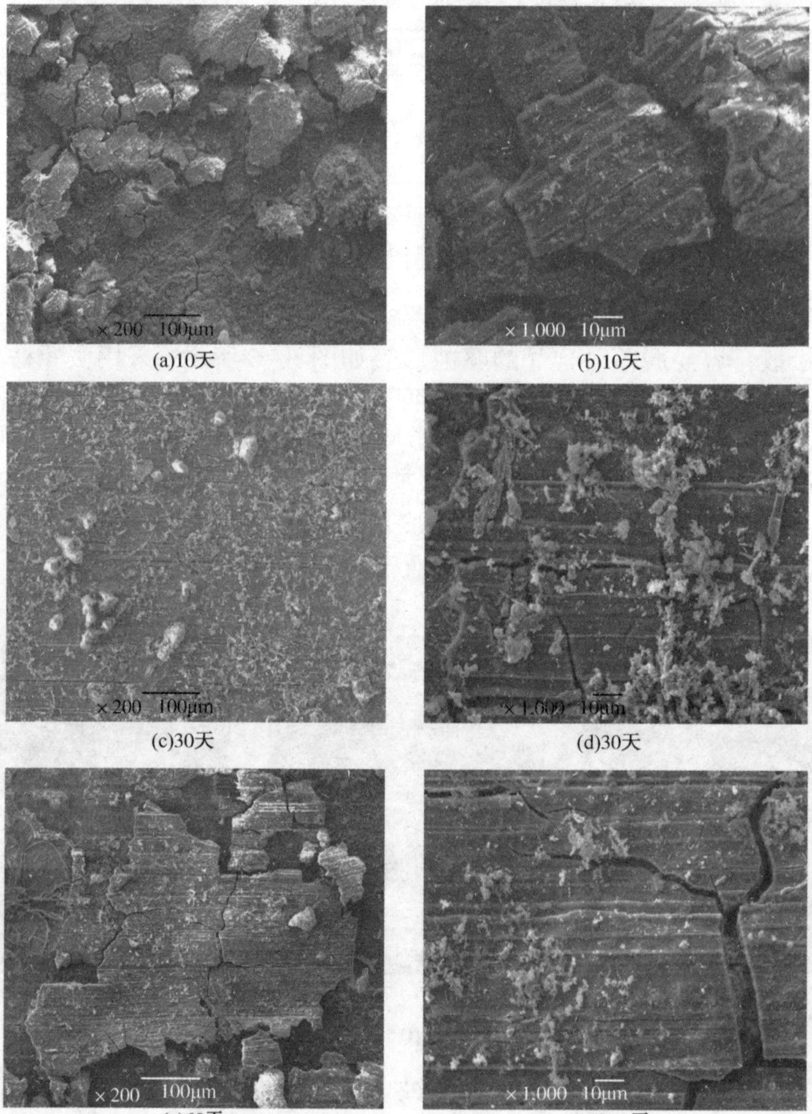

(a)10天 (b)10天
(c)30天 (d)30天
(e)60天 (f)60天

图 6-8　S135 钢腐蚀不同时间后的微观形貌

钢腐蚀产物的 XRD 分析如图 6-9 所示，腐蚀产物主要成分为 Fe_2O_3、$FeO(OH)$ 和 Fe_3O_4。S135 钢在 3.5% NaCl 溶液中的腐蚀机理可推导为：

阳极反应：
$$Fe \longrightarrow Fe^{2+} + 2e^- \tag{6-6}$$

阴极反应：
$$H_2O + \frac{1}{2}O_2 + 2e^- = 2OH^- \tag{6-7}$$

Fe^{2+} 非常不稳定，容易失去一个电子继续被氧化为价态较高的稳定化合

物 $Fe(OH)_3$，然后进一步与稳定化合物反应；但有些沉淀物脱水形成铁锈或氢氧化氧铁：

$$2Fe(OH)_3-2H_2O \longrightarrow Fe_2O_3-H_2O \tag{6-8}$$

$$Fe(OH)_3-H_2O \longrightarrow FeO(OH) \tag{6-9}$$

$$8FeO(OH)+Fe^{2+}+2e^- \longrightarrow Fe_3O_4+4H_2O \tag{6-10}$$

FeO(OH)可形成黑色 Fe_3O_4 并进一步黏附在钢表面，防止腐蚀液与材料基体的接触。浸泡试验时，试样表面可以清晰地观察到黄色 FeO(OH)和棕红色 Fe_2O_3 等腐蚀产物，烧杯底部有大量黄色产物沉淀。

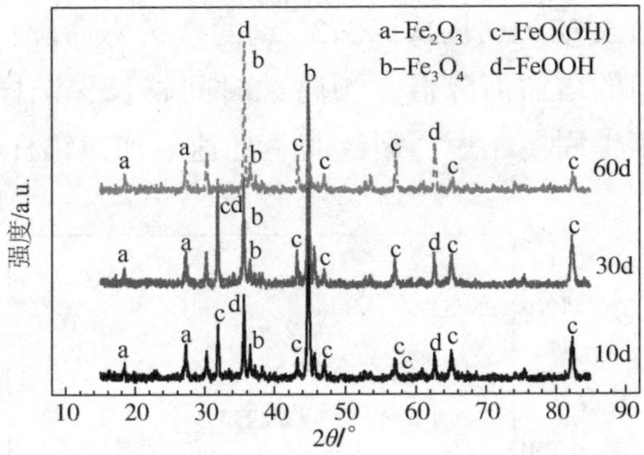

图 6-9　腐蚀产物的 XRD 图谱

去除腐蚀产物后，S135 钢经过不同时间预腐蚀后的表面形貌如图 6-10 所示。可以看出，随着预腐蚀时间的增加，腐蚀坑的深度增加。浸泡 10 天、30 天和 60 天后，腐蚀坑直径分别约为 13μm、22μm 和 25μm。腐蚀坑是由于坑内金属表面的活性溶解造成的，坑外覆盖腐蚀产物的区域活性较低，这两个区域之间较大的电势差促进了点蚀过程的发展。坑周围的腐蚀产物积累到一定程度就会脱落，出现新的活性表面。同样，新表面与周围界面之间存在电势差，会形成新的腐蚀坑。小的腐蚀坑会随着浸泡时间的延长而连接在一起，腐蚀过程加剧，浸泡 60 天后的腐蚀坑变大变深。

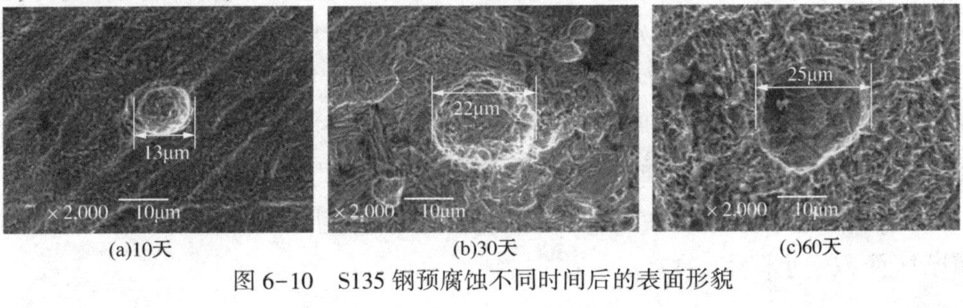

(a)10天　(b)30天　(c)60天

图 6-10　S135 钢预腐蚀不同时间后的表面形貌

6.3.3 预腐蚀对 S135 钻杆钢疲劳行为的影响

(1) 疲劳寿命和 $S-N$ 曲线

S135 钢预腐蚀 10 天、30 天、60 天后在不同应力幅下的疲劳试验结果及 $S-N$ 曲线如图 6-11 所示。预腐蚀 10 天后，σ_{max} 分别为 1044.5MPa 和 611.4MPa 时，疲劳寿命分别为 2593 周次和 7.23×10^6 周次；预腐蚀 30 天后，σ_{max} 分别为 1044.5MPa 和 611.4MPa 时，疲劳寿命分别为 1932 周次和 5.66×10^6 周次；预腐蚀 60 天后，σ_{max} 分别为 1044.5MPa 和 611.4MPa 时，疲劳寿命分别为 952 周次和 5.88×10^4 周次。S135 钢的疲劳寿命随应力幅值的降低而增加，随预腐蚀时间的增加而降低。预腐蚀时间越长，试样表面形成的腐蚀坑越多越深。裂纹萌生周期缩短，裂纹萌生加速，加速钻杆失效。

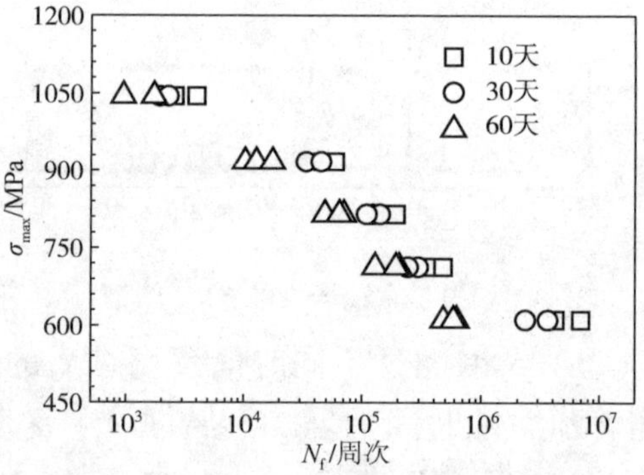

图 6-11　S135 钢在 3.5% NaCl 溶液中预腐蚀 10 天、30 天和 60 天后的疲劳试验结果

(2) 疲劳断裂机理

S135 钢在 3.5% NaCl 溶液中预腐蚀 10 天、30 天和 60 天后的疲劳断口形貌如图 6-12 所示。可以看出，预腐蚀 10 天后，随着加载应力的减小，瞬断区面积逐渐变小，应力分别为 1044.5MPa 和 611.4MPa 时瞬断区面积约占断口面积的 50%和 30%[图 6-12(a)~(c)]。预腐蚀 30 天后，疲劳裂纹均起源于试样表面的腐蚀坑处或腐蚀坑附近。随着加载应力的减小，瞬断区面积减小。当应力为 611.4MPa 时，瞬断区面积减小到约占断口的 30%[图 6-12(f)]。预腐蚀 60 天后，疲劳裂纹从腐蚀坑开始萌生，随着加载应力的减小，瞬断区面积变小[图 6-12(g)~(i)]。

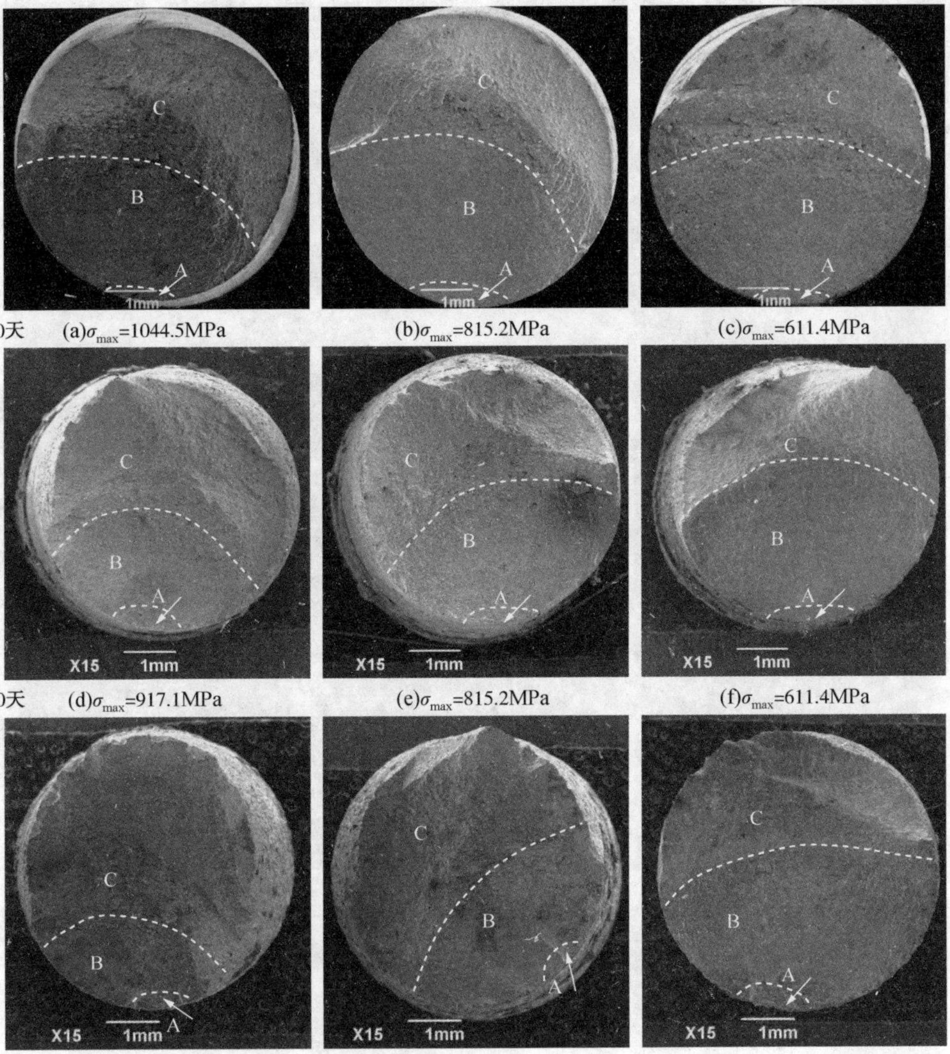

10天 (a)σ_{max}=1044.5MPa (b)σ_{max}=815.2MPa (c)σ_{max}=611.4MPa

30天 (d)σ_{max}=917.1MPa (e)σ_{max}=815.2MPa (f)σ_{max}=611.4MPa

60天 (g)σ_{max}=1044.5MPa (h)σ_{max}=815.2MPa (i)σ_{max}=611.4MPa

图 6-12 S135 钢在 3.5% NaCl 溶液中预腐蚀 10 天、30 天和 60 天后在不同应力幅值下的疲劳断口形貌

注："A"为疲劳源区，"B"为疲劳裂纹扩展区，"C"为瞬断区。

图 6-13 为 S135 钢在 3.5% NaCl 溶液中预腐蚀 10 天、30 天、60 天后在不同应力下的裂纹源区微观形貌。可以看出，预腐蚀 10 天后，疲劳裂纹从样品表面开始萌生，断裂面可以观察到明显的腐蚀痕迹[图 6-13(a)~(c)]。裂纹源区具有解理断裂特征，且随着应力幅值的增加，解理断裂特征更加明显。在应力作用下，S135 钢表面由于腐蚀坑的存在而产生应力集中，促进了裂纹

的萌生，缩短了裂纹萌生周期，加速了断裂失效过程。预腐蚀 30 天后，S135 钢在不同应力幅下的裂纹源区形貌如图 6-13(d)~(f)所示，疲劳裂纹在腐蚀坑表面或附近萌生。随着腐蚀过程的进行，越来越多的腐蚀坑连接在一起形成微裂纹，加剧了局部应力集中，促进了裂纹的萌生，加速了材料的失效。预腐蚀 60 天后，疲劳裂纹起源于腐蚀坑，且可以观察到多个裂纹源[图 6-13(g)~(i)]。发生严重腐蚀，腐蚀坑底部存在应力集中，导致裂纹源的形成。由于应力作用，多个裂纹源萌发并收敛扩展，加速裂纹扩展速率，从而降低疲劳寿命，加速疲劳断裂。

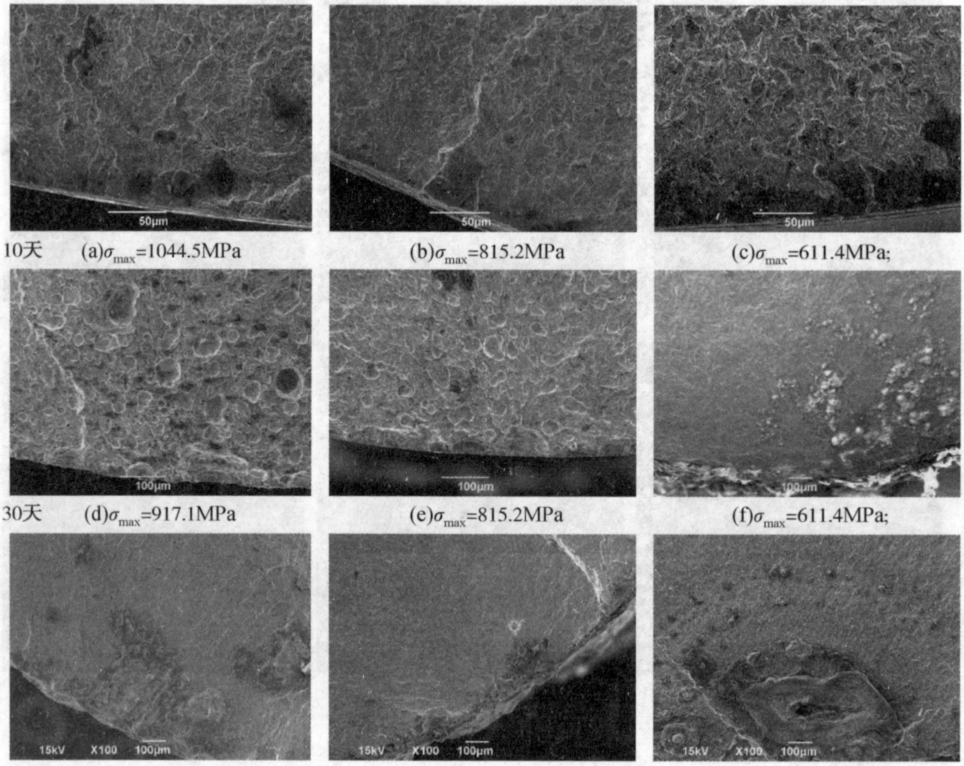

10天 (a)σ_{max}=1044.5MPa (b)σ_{max}=815.2MPa (c)σ_{max}=611.4MPa;

30天 (d)σ_{max}=917.1MPa (e)σ_{max}=815.2MPa (f)σ_{max}=611.4MPa;

60天 (g)σ_{max}=1044.5MPa (h)σ_{max}=815.2MPa (i)σ_{max}=611.4MPa

图 6-13 S135 在 3.5% NaCl 溶液中预腐蚀 10 天、30 天和 60 天后，在不同应力幅值下裂纹源区形貌

图 6-14 为 S135 钢在 3.5% NaCl 溶液中预腐蚀 10 天、30 天和 60 天后，在不同应力下裂纹扩展区微观形貌。预腐蚀 10 天的试样可观察到疲劳条带和少量的次生裂纹，且随着应力幅值的降低，疲劳条带更加明显。应力幅值为 1044.5MPa 时，裂纹扩展区主要为穿晶解理断裂[图 6-14(a)]；当应力幅值

为 611.4MPa 时，疲劳条带更加明显[图 6-14(c)]，密度更大，说明材料的抗疲劳性能更好，裂纹扩展速率更低。预腐蚀 30 天后疲劳裂纹扩展区以解理断裂为主，随着应力幅值的降低，断口表面出现撕裂棱。应力幅值为 917.1MPa 时，断裂主要为解理断裂[图 6-14(d)]，应力幅值为 611.4MPa 时，出现少量疲劳条带和明显的撕裂棱[图 6-14(f)]。预腐蚀 60 天后疲劳裂纹扩展区的主要特征为解理断裂和疲劳条带。随着应力幅值的降低，疲劳条带更加明显。应力幅值为 1044.5MPa 时，裂缝以穿晶为主[图 6-14(g)]；当应力幅值为 611.4MPa 时[图 6-14(i)]，断口处可见少量疲劳条带，裂纹扩展方向可由垂直于疲劳条带的方向确定，裂纹扩展速率降低。

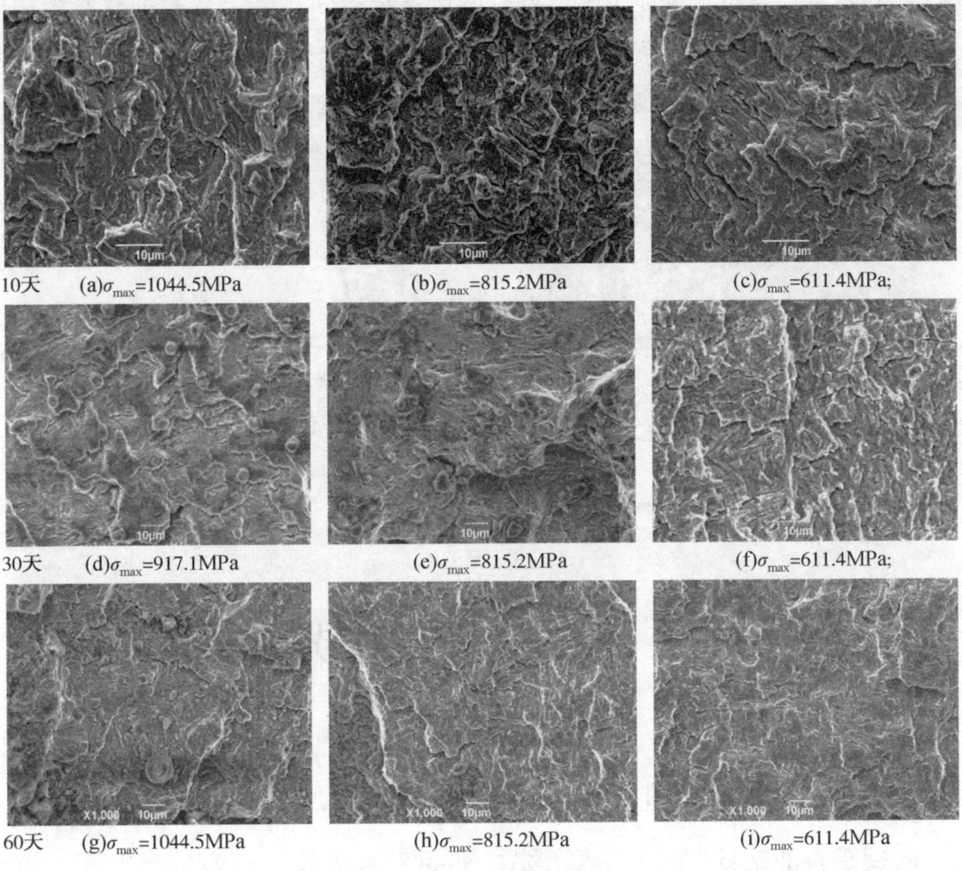

图 6-14 S135 在 3.5% NaCl 溶液中预腐蚀 10 天、30 天和 60 天后，在不同应力幅值下裂纹扩展区形貌

(3) 疲劳机理分析

点蚀促进裂纹的形成，当腐蚀坑长大到一定程度时，微裂纹会从腐蚀坑

表面萌发并沿晶界扩展，当微裂纹达到临界长度时，裂纹转变为穿晶扩展。预腐蚀 30 天试样的微观结构及点蚀向疲劳裂纹过渡示意图如图 6-15 所示，表明裂纹从腐蚀坑底部开始萌生并扩展。对于高强度钻杆钢，腐蚀坑产生的裂纹平行于管壁不同或相同的水平面分布。交变应力随管壁截面的减小而增大，裂纹尖端沿壁厚方向向金属内部传播。当一条裂纹延伸到一定长度，与另一条裂纹相遇时，两条裂纹会更快地融合扩展，不同平面上的两条裂纹也可以通过撕裂连接起来，从一个平面跳到另一个平面。在实际钻井过程中，腐蚀与应力同时存在，在裂纹萌生和扩展的初始阶段，一般认为疲劳在低交变应力下起主导作用。当应力幅值大于 σ_{scc} 时，疲劳应力和腐蚀应力可能同时作用，使裂纹迅速扩展。事实上，在钻杆断裂上经常可以看到这两种联合作用的特征。随着裂纹的继续扩展，残余壁厚越来越薄，形成贯通裂纹。高压钻井液穿过空隙形成穿透孔。当剩余界面不足以承受工作应力时，断裂发生。

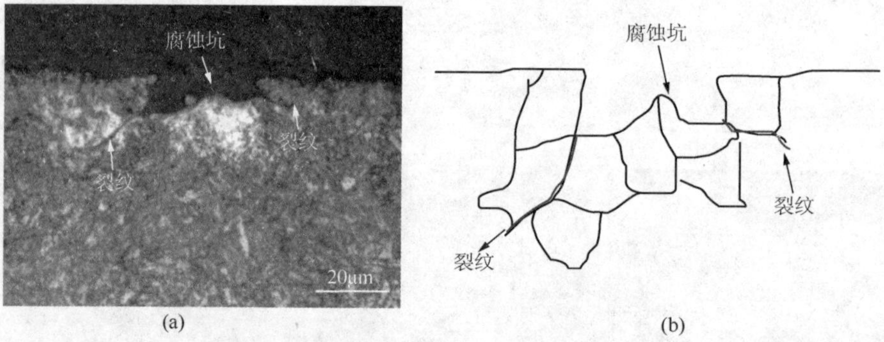

图 6-15 腐蚀坑向疲劳裂纹演化示意图

6.4 缺口对 S135 钻杆钢疲劳行为的影响

6.4.1 U 型缺口和 V 型缺口试样的应力集中系数

断裂是石油钻具失效的主要形式，常常突然发生，很容易产生巨大的经济损失，而引起钻具失效最多的是缺口因素。例如，加工时产生的划痕、螺纹连接、卡瓦和焊缝缺口等，在实际应用中，钻具等受到轴向的拉伸或者压缩时，截面上受到的作用力是均匀的，由于缺陷的存在使工件的局部应力升高，从而成为工件失效的主要因素。所以，研究应力集中对工件疲劳强度的影响十分必要。试样应力集中系数计算方法如下：

$$K = \frac{\sigma_{\max}}{\sigma_{n}} \tag{6-11}$$

式中　$\sigma_{\max}$——缺口处最大的应力；

　　σ_{n}——名义应力。

缺口处的最大实际应力主要通过实验法和数值分析法求得，而在实验法中，对设备的要求及试验条件的要求较为严格，相对来说成本较高，随着计算机的发展和数值模拟法的精度越来越高，计算机模拟被较为广泛使用。有限元分析(Finite Element Analysis，简称 FEA)是用程序模拟的方法使复杂问题简单化，将我们研究对象分解成为独立的小单元，然后对这些小单元进行分析求解，利用类似于无限趋近于的方式来解决问题，虽然这种方法比较方便简单，但对于较复杂问题的解决还不够完全准确化，所以还有部分计算拟合需要试验来验证修正。

首先模拟实际缺口试样的模型，图 6-16 为模拟的 U 型缺口试样和双 V 型缺口试样的几何模型，以试样的缺口中心为分界处，建立深 1mm 的 U 型缺口模型和对称方向分别深 0. 5mm 的双 V 型缺口模型。

(a)U型缺口　　(b)双V型缺口

图 6-16　缺口模型

将试样从中间分开，取其中的一半进行研究模拟，左端是试样的缺口中间的截面，对试样施加轴向的对称边界条件，右端为加载面，施加 931MPa 均匀拉应力。通过模拟加载后，缺口处的等效应力和轴向应力可以通过程序计算出来。U 型缺口的最大等效应力为 1162MPa，轴向应力为 1800MPa。双 V 型缺口的等效应力为 1443MPa，轴向应力为 3449MPa。通过公式(6-11)计算两种不同类型缺口的应力集中系数可得：当试样表面是 U 型缺口时，缺口的应力集中系数为 1. 031，当试样表面是双 V 型缺口时，缺口的应力集中系数为 1. 025。在相同加载条件下，双 V 型缺口的应力集中系数小于 U 型缺口的应力集中系数，说明试样对U型缺口更为敏感。如图6-17所示。

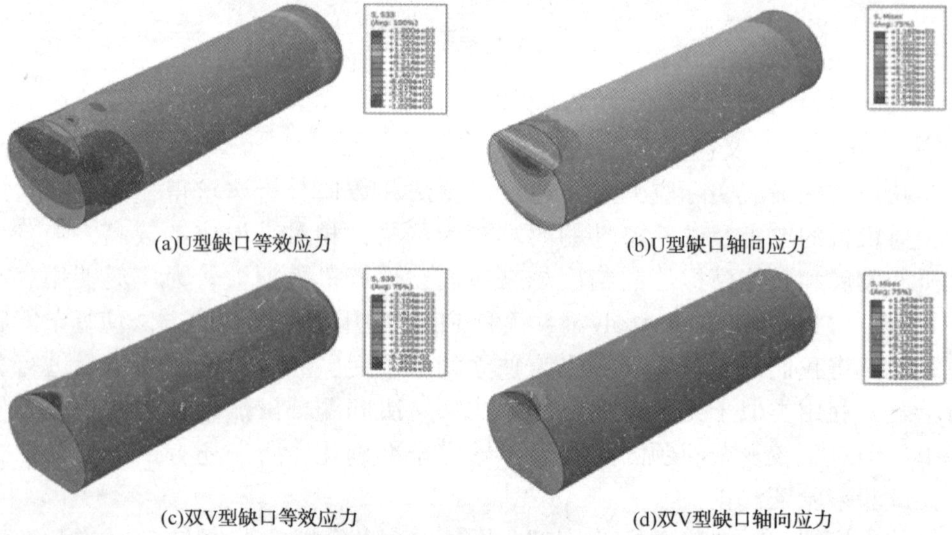

图6-17 缺口应力分布图

通过实验法对有限元模拟的应力集中系数进行验证，表6-3为试验测得的缺口试样应力值。完整试样的应力为1058MPa，U型缺口试样的应力为887MPa，双V型试样的应力为938MPa，计算得到U型缺口试样的应力集中系数为1.19。双V型缺口试样的应力集中系数为1.13。U型缺口试样的应力集中系数比双V型缺口试样的应力集中大，这与有限元模拟数据相一致。

表6-3 缺口试样应力

试样	1	2	3	平均值
U型缺口应力/MPa	892	883	886	887
双V型缺口应力/MPa	939	934	941	938

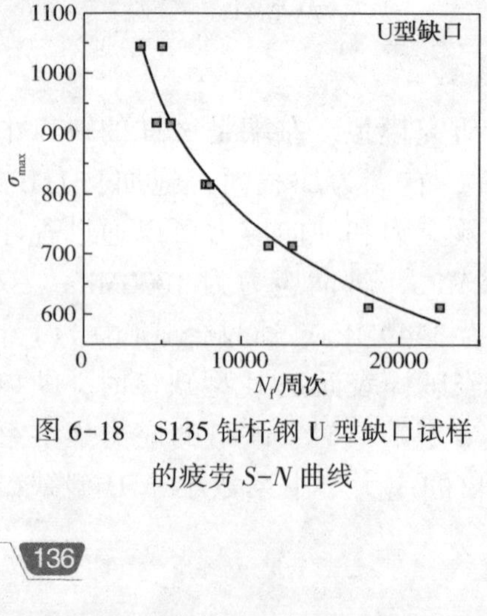

图6-18 S135钻杆钢U型缺口试样的疲劳 $S-N$ 曲线

6.4.2 缺口试样的疲劳行为

(1) U型缺口的疲劳寿命和 $S-N$ 曲线

图6-18为S135钻杆钢U型缺口试样在不同应力下的疲劳试验结果和 $S-N$ 曲线。可见，随着应力值的减小，S135钻杆钢的疲劳寿命增加。当应力为1044.5MPa时，S135钻杆钢的疲劳寿命最短，为3653周次；当应力为611.4MPa时，S135钻杆钢的疲劳寿命最长，为22536周次。

图 6-19 为 U 型缺口试样在不同应力下的疲劳断口宏观形貌。可见，疲劳裂纹萌生的位置均在缺口处或靠近缺口的地方，随着加载应力值的减小，瞬断区所占的面积减小。

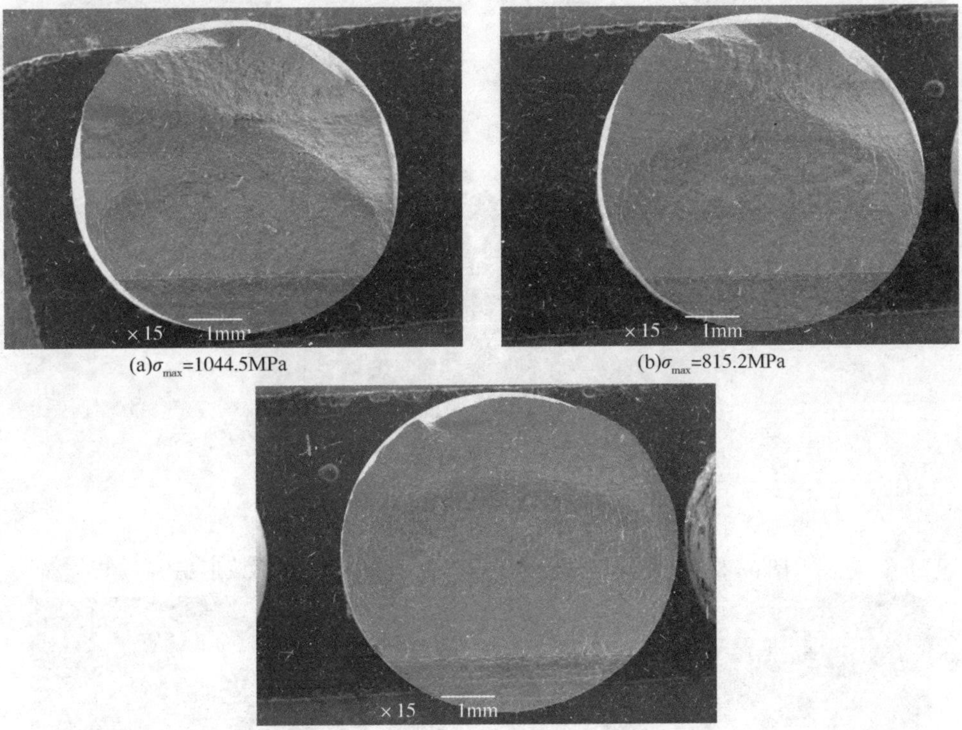

(a)σ_{max}=1044.5MPa (b)σ_{max}=815.2MPa (c)σ_{max}=611.4MPa

图 6-19 U 型缺口试样在不同应力下疲劳断口宏观形貌

图 6-20 为 U 型缺口试样在不同应力下疲劳源区的微观形貌。可见，钻杆钢裂纹萌生于材料的缺口处或靠近缺口处，并且裂纹源区以解理断裂为主，随着应力值的减小，其解理特征越来越不明显。在断口表面，裂纹源周围有收敛的放射线，放射线的发散方向为裂纹的扩展方向。在应力的作用下，缺口的存在加剧了材料表面的应力集中，促使了裂纹的萌生，缩短了裂纹萌生的时间。

图 6-21 为 U 型缺口试样在不同应力下疲劳裂纹扩展区的微观形貌。可见，从断口表面可以观察到疲劳条带，部分还存在二次裂纹。随着应力值的减小，疲劳条带越来越密，疲劳条带之间的间距变小，说明疲劳裂纹的扩展速率减小。

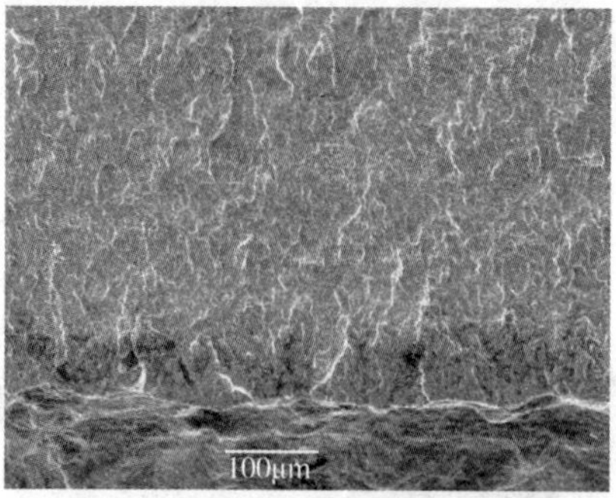

(a)σ_{max}=1044.5MPa

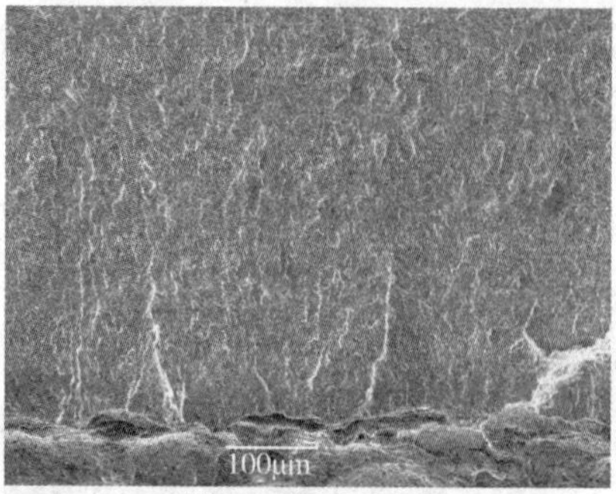

(b)σ_{max}=815.2MPa

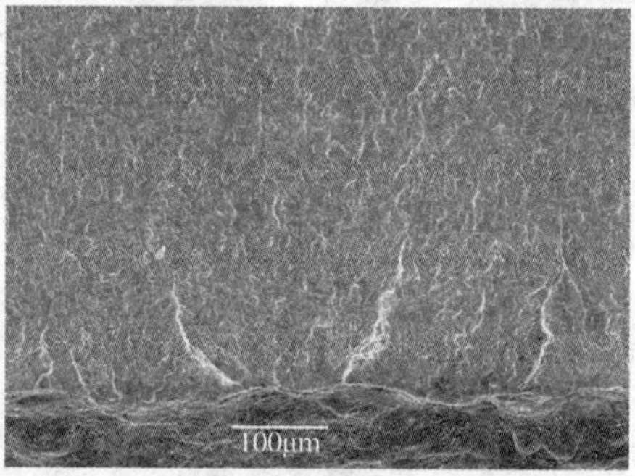

(c)σ_{max}=611.4MPa

图 6-20　U 型缺口试样在不同应力下裂纹源区的微观形貌

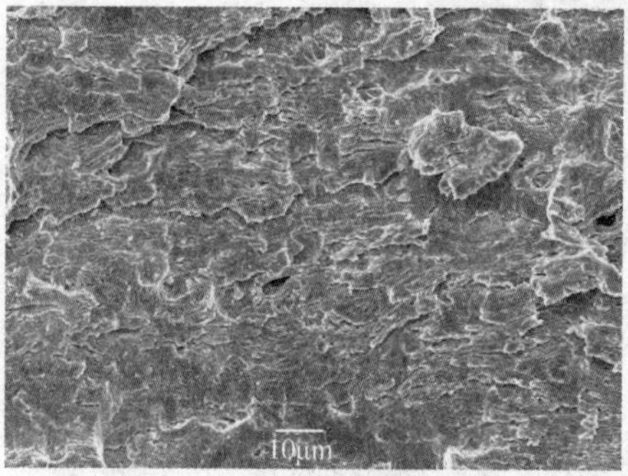

(a)σ_{max}=1044.5MPa

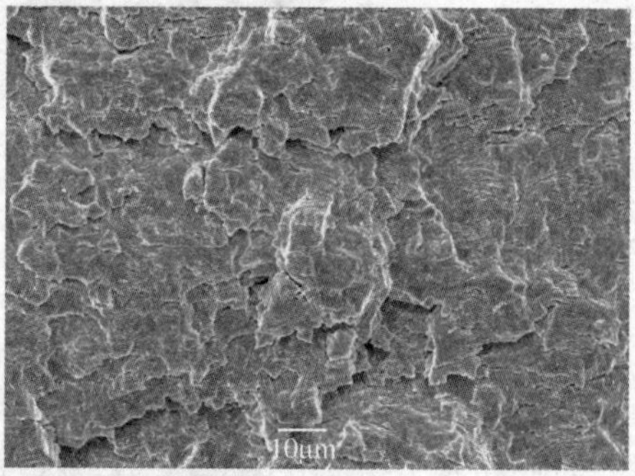

(b)σ_{max}=815.2MPa

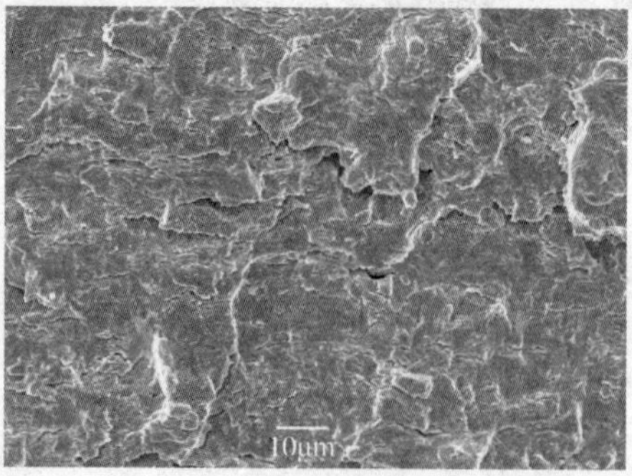

(c)σ_{max}=611.4MPa

图 6-21　U 型缺口试样在不同应力下疲劳裂纹扩展区的微观形貌

（2）双 V 型缺口试样的疲劳寿命和 S-N 曲线

图 6-22 为 S135 钻杆钢双 V 型缺口试样疲劳试验结果和 S-N 曲线，可见，随着加载应力值的减小，试样的疲劳寿命延长。当应力为 1044.5MPa 时，S135 钻杆钢的疲劳寿命最短，为 9976 周次；当应力为 611.4MPa 时，S135 钻杆钢的疲劳寿命最长，为 72631 周次。

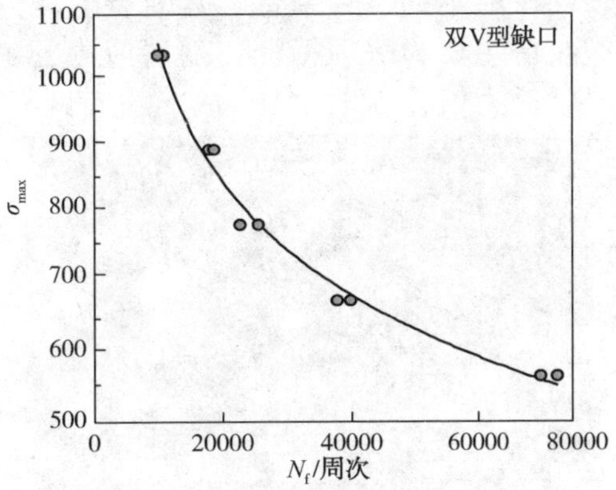

图 6-22　S135 钻杆钢双 V 型缺口后的疲劳 S-N 曲线

图 6-23 为双 V 型缺口试样在不同应力下的疲劳断口的宏观形貌，可见，裂纹萌生于试样表面的缺口位置，且对称的 V 型缺口处均有多个裂纹源产生。随着加载应力值的减小，瞬时断裂区所占的面积越来越小。

(a)σ_{max}=917.1MPa

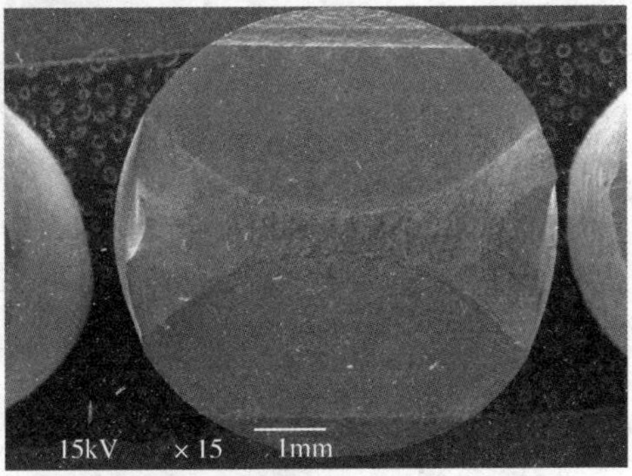

(b)σ_{max}=815.2MPa

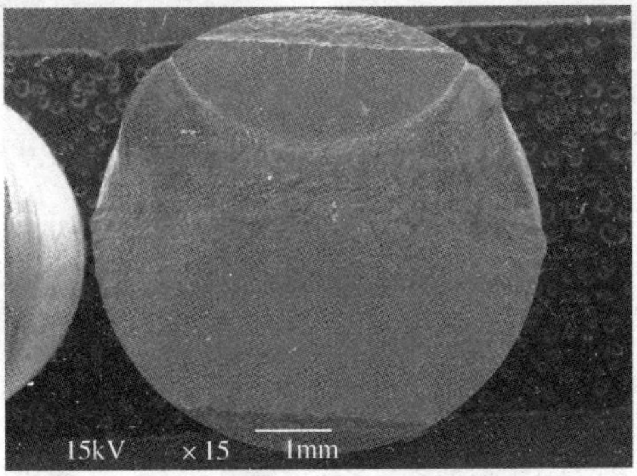

(c)σ_{max}=611.4MPa

图 6-23　双 V 型缺口试样在不同应力下的疲劳断口宏观形貌

图 6-24 为 S135 钻杆钢双 V 型缺口试样在不同应力下的疲劳源区微观形貌，可见，裂纹萌生于试样表面的缺口位置，并且有多个裂纹源产生。断口

表面观察不到疲劳条带，其断裂特征为穿晶解理。当应力值为 917.1MPa 时，裂纹源主要为解理特征，随着应力的减小，裂纹源区的解理特征越来越不明显；应力值为 611.4MPa 时，没有明显的解理台阶存在。

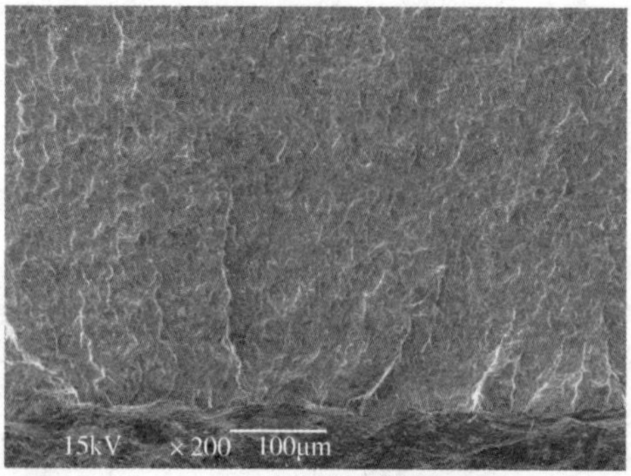

(a)σ_{max}=917.1MPa

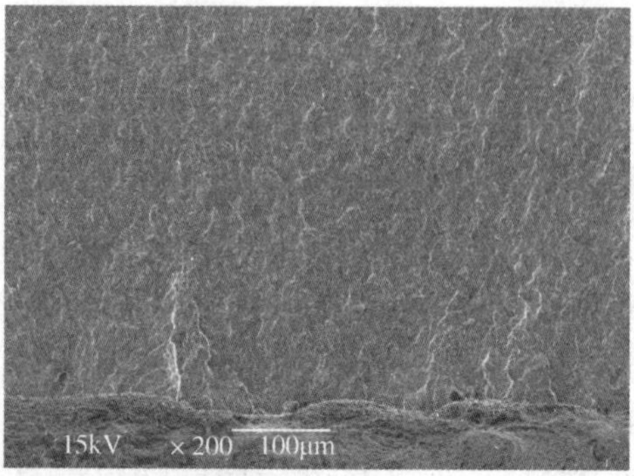

(b)σ_{max}=815.2MPa

(c)σ_{max}=611.4MPa

图 6-24　双 V 型缺口试样在不同应力下裂纹源区的微观形貌

图 6-25 为 S135 钻杆钢双 V 型缺口试样在不同应力下裂纹扩展区的微观形貌，可见，随着应力值的减小，疲劳裂纹扩展区表面的解理特征越来越不明显。当应力值为 917.1MPa 时，裂纹扩展区以解理断裂为主，伴随有二次裂纹的产生；当应力值为 611.4MPa 时，疲劳扩展区的主要特征为解理断裂和疲劳条带，疲劳条带的间距较小，说明裂纹扩展速度较慢。

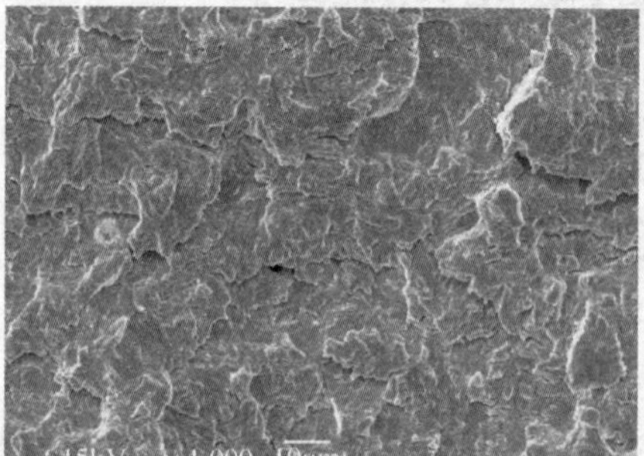

(a)σ_{max}=917.1MPa

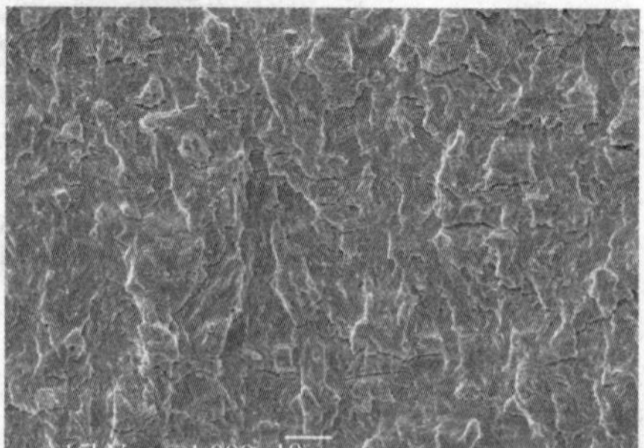

(b)σ_{max}=815.2MPa

图 6-25　双 V 型缺口试样不同应力下疲劳裂纹扩展区的微观形貌

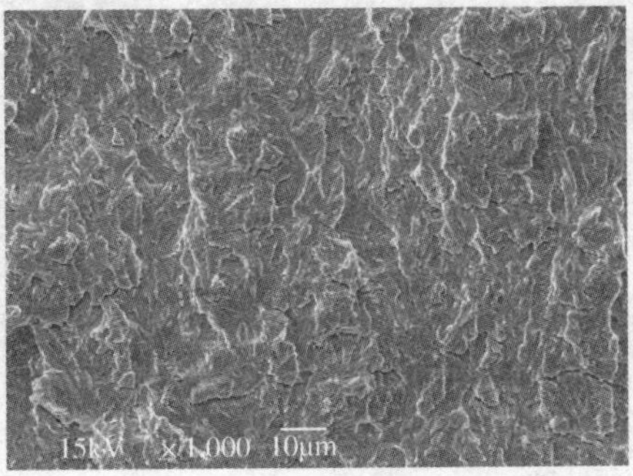

(c)σ_{max}=611.4MPa

图 6-25 双 V 型缺口试样不同应力下疲劳裂纹扩展区的微观形貌(续)

试样断裂时，裂纹扩展的路径可能不同，裂纹沿晶界扩展的为沿晶断裂，沿晶断裂则大多数是脆性断裂，沿晶断裂是由晶界上的一薄层连续或不连续脆性第二相、夹杂物，破坏晶界的连续性造成的；裂纹穿过晶内的为穿晶断裂，金属或合金在外加正应力作用下沿某些特定低指数结晶学平面(解理面)发生的一种低能断裂现象，一般呈脆性特征，很少出现塑性变形，断面呈结晶状，有许多强烈反光的小平面(或小刻面)；图 6-26 为 S135 钻杆钢不同缺口类型试样疲劳断口附近的裂纹形貌和扩展路径。可见，疲劳裂纹主要特征为穿晶断裂，主裂纹较粗，并且呈折线向前扩展，在扩展过程中会有二次裂纹在裂纹尖端产生，呈人字形，且比较细。在同一缺口类型下，应力较大的明显裂纹较粗，且裂纹较长。当应力为 1044. 5MPa 时，双 V 型缺口裂纹尖端出现了二次裂纹，二次裂纹比较细，在尖端呈人字型；双 V 型缺口在应力为 611. 4MPa 时的裂纹非常短。

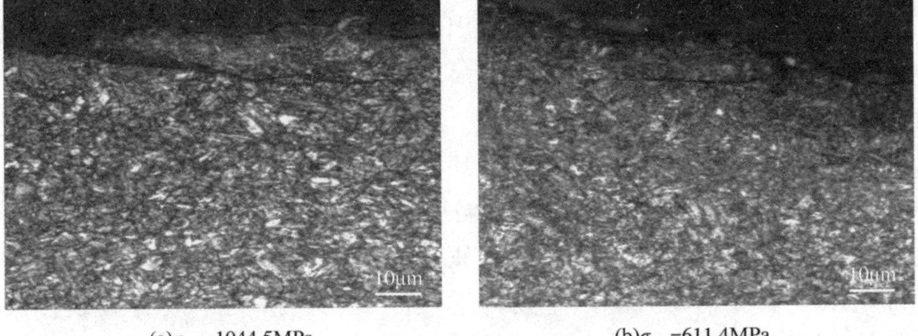

(a)σ_{max}=1044.5MPa (b)σ_{max}=611.4MPa

图 6-26 S135 钻杆钢不同缺口试样疲劳断口附近的裂纹形貌和扩展路径

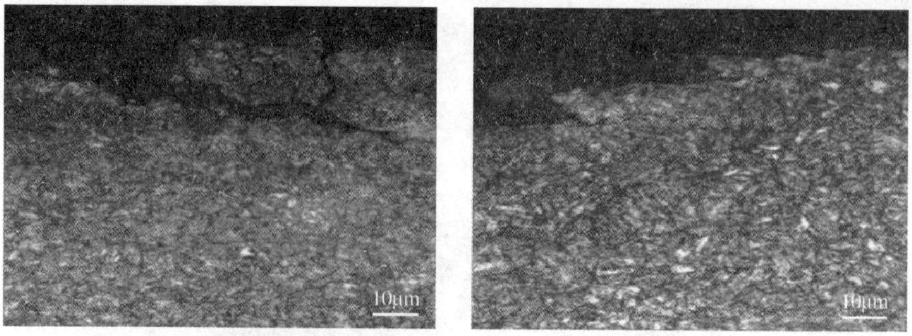

(c)σ_{max}=1044.5MPa　　(d)σ_{max}=611.4MPa

图 6-26　S135 钻杆钢不同缺口试样疲劳断口附近的裂纹形貌和扩展路径(续)

6.5　本章小结

通过对 S135 钻杆钢在不同预腐蚀时间及不同缺类型口条件下的试样进行疲劳试验，并观察疲劳断口的宏观和微观形貌，分析了预腐蚀时间和缺口类型对 S135 钻杆钢疲劳规律和断裂机理的影响，结果表明：

(1) 随着浸泡时间的增加，S135 钻杆钢的开路电位负移，电化学活性增大，腐蚀热力学稳定性降低；交流阻抗谱显示两个时间常数；极化曲线表现为无钝化的主动腐蚀，耐蚀性降低。

(2) S135 钢的腐蚀速率随浸泡时间的增加而增加；腐蚀产物主要为 Fe_2O_3、FeO(OH)和 Fe_3O_4，疏松多孔且黏附性差。随着腐蚀时间的延长，腐蚀坑越来越大、越来越深。

(3) S135 钢的疲劳寿命随着腐蚀前时间的延长而降低。随着预腐蚀时间的增加，疲劳裂纹起源于腐蚀坑，并出现多个裂纹源。裂纹扩展区的主要特征是解理台阶和疲劳条带，随着应力幅值的降低，疲劳条带更加明显，条带间距变小。

(4) S135 钻杆钢的裂纹源萌生于缺口处，在缺口表面同时会有多个裂纹源产生，缺口加速了裂纹源的萌生，缩短了萌生时间，加快了钻杆钢的失效。随着应力幅值的减小，S135 钻杆钢的疲劳寿命增加。

(5) S135 钻杆钢疲劳源区主要为解理断裂，高应力下疲劳裂纹扩展区以解理为主，低应力下疲劳裂纹扩展区以疲劳条带为主，随着加载应力值的减小，疲劳条带间距减小，裂纹的扩展速率减小。

第7章 钻杆钢的疲劳及腐蚀疲劳裂纹扩展行为

7.1 引　　言

钻杆一般为光滑的管件，其疲劳过程可分为裂纹的萌生、宏观裂纹的扩展及瞬时断裂三个阶段。当在钻杆表面、几何不连续处形成宏观裂纹后，钻杆还应具有一定的疲劳裂纹扩展寿命。

在实际的服役过程中，钻杆通常在含溶解 O_2、CO_2、H_2S、各种盐类的腐蚀性环境中工作，因承受循环载荷和腐蚀环境的复合作用而发生腐蚀疲劳破坏。钻杆的腐蚀疲劳总寿命由裂纹的萌生寿命和裂纹扩展寿命组成。在惰性介质中，疲劳裂纹的萌生寿命占总寿命的90%，而在腐蚀介质的作用下，仅占10%左右，因此钻杆的腐蚀疲劳破坏主要由裂纹扩展行为所控制。通常疲劳裂纹萌生和扩展过程因机理控制因素不同，这两个阶段的寿命往往分别进行研究。

虽然人们对钻杆用钢的疲劳性能进行了一定的研究，但是大多数采用光滑试样研究疲劳的总寿命，没有区分疲劳裂纹的扩展寿命，对疲劳裂纹扩展，尤其是低 ΔK(应力强度因子幅值)下的疲劳裂纹扩展没有进行深入的研究，而低 ΔK 下的疲劳裂纹扩展寿命占总扩展寿命的很大部分。腐蚀疲劳裂纹扩展的研究，主要是考察在循环载荷和腐蚀环境的协同作用下，金属材料中的裂纹是如何扩展。这既是腐蚀疲劳研究的一个重要方面，也是构件在腐蚀环境中损伤容限设计的基础。有人认为，在腐蚀疲劳过程中，裂纹萌生期所占的比例远远小于裂纹扩展期，所以实际构件的安全使用期以腐蚀疲劳裂纹扩展寿命为主。同时，腐蚀疲劳裂纹扩展性能可用来评价金属材料对腐蚀疲劳的抗力，为在腐蚀环境中使用的金属材料的初期选材提供参考依据。

为此，本章采用标准单边裂纹(SEB)试样研究了 S135 钻杆钢在空气和

H_2S溶液中疲劳和腐蚀疲劳裂纹扩展行为，得到了低 ΔK 下钻杆用钢的疲劳裂纹扩展规律，建立了钻杆用钢腐蚀疲劳裂纹扩展的寿命表达式，并对其断口形貌进行了宏观和微观分析，探讨了钻杆腐蚀裂纹的扩展机理，可为钻杆材料的安全评价提供理论依据。

7.2 实验材料及方法

7.2.1 实验材料

试验材料为 S135 钻杆钢，用于疲劳裂纹扩展研究材料的化学成分见表3-1，用于腐蚀疲劳裂纹扩展材料的化学成分（质量分数/%）为 0.20 C，0.24 Si，0.54Mn，0.007 P，0.0035 S，0.403 Ni，0.861 Cr，0.858Mo，0.007 Ti，0.06 Cu，其余为 Fe。试样为标准单边裂纹（SEB）试样，按照 GB/T 6398—2000《金属材料疲劳裂纹扩展速率试验方法》和 ASTM-E647 标准从管体上截取，加工和平整不影响材料的力学性能，试样缺口采用电火花切割，钼丝直径为 0.01mm，切割深度为 4mm，试样尺寸如图 7-1 所示。在交变载荷作用下，SEB 试样尖端的应力强度因子幅值（ΔK）由式（7-1）计算。

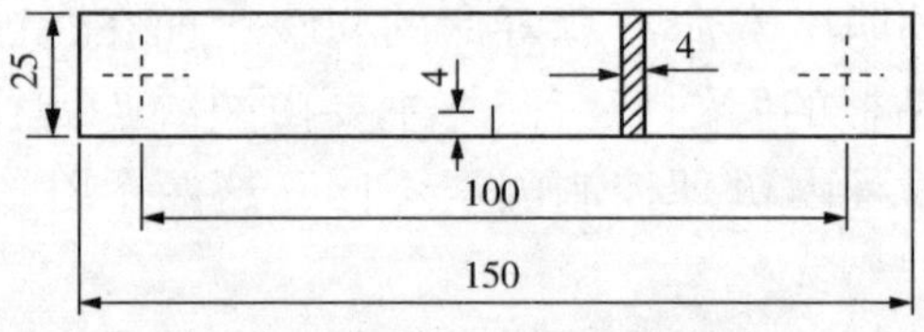

图 7-1　SEB 试样尺寸/mm

在交变载荷作用下，SEB 试样尖端的应力强度因子幅值 ΔK 由式（7-1）计算：

$$\Delta K=\frac{P_{\max}(1-R)}{WB}\sqrt{a}f\left(\frac{a}{W}\right) \tag{7-1}$$

$$f\left(\frac{a}{W}\right)=1.99-0.41\frac{a}{W}+18.7\left(\frac{a}{W}\right)^2-38.48\left(\frac{a}{W}\right)^3+53.85\frac{a}{W} \tag{7-2}$$

式中　W、B 和 a 分别为试样宽度、厚度和裂纹长度；

$P_{\max}$ 和 R 分别为循环载荷中最大载荷和应力比。

7.2.2 实验方法

疲劳实验在 PLD-100 型微机控制电液伺服疲劳试验机上进行，加载波形为三角波，实验频率为 5Hz，应力比 R 分别为 0.1，0.3 和 0.5。实验环境为实验室大气和 NACE TM0177—2005 中规定的 A 溶液，温度为室温。A 溶液由 5.0%NaCl+0.5%冰乙酸，按质量溶解在去离子水中。腐蚀溶液存储在环境箱中，环境箱用透明的有机玻璃制作而成，环境箱上留有进气口和排气口。在进行 H_2S 腐蚀疲劳实验前，A 溶液的 pH=2.6~2.8，通 H_2S 气体后溶液的 pH<3。试验过程中，连续通入 H_2S 气体，直到试样断裂。首先采用 ΔK 渐减方法预制疲劳裂纹，预制疲劳裂纹长度为 2mm；采用手动降载方法来测定腐蚀疲劳裂纹扩展门槛值，实验过程裂纹长度采用电位法微机辅助测试系统监测；采用 SMI 体视显微镜和 JSM-6390A 型扫描电镜(SEM)对断口形貌进行分析。

7.3 钻杆钢的疲劳裂纹扩展行为

7.3.1 不同应力比下钻杆钢的疲劳裂纹扩展行为

图 7-2 为 S135 钻杆钢在不同应力比下的疲劳裂纹扩展速率曲线。可见，S135 钻杆钢的疲劳裂纹扩展速率曲线可分为三个阶段，即近门槛区(Ⅰ区)、疲劳裂纹稳定扩展区(Ⅱ区)和疲劳裂纹快速扩展区(Ⅲ区)。在近门槛区，疲劳裂纹扩展速率 da/dN 很小，约为(10^{-10}~10^{-8})m/周，随着 ΔK 的增加，da/dN 快速增加，该区所占的扩展寿命不长；在疲劳裂纹稳定扩展区，da/dN 较大，约为(10^{-8}~10^{-6})m/周，ΔK 的变化范围较大，扩展寿命长，是决定疲劳寿命的主要组成部分，在该区 da/dN 与 ΔK 符合 Paris 幂律关系，在对数坐标中其为一条直线；疲劳裂纹快速扩展区是疲劳裂纹

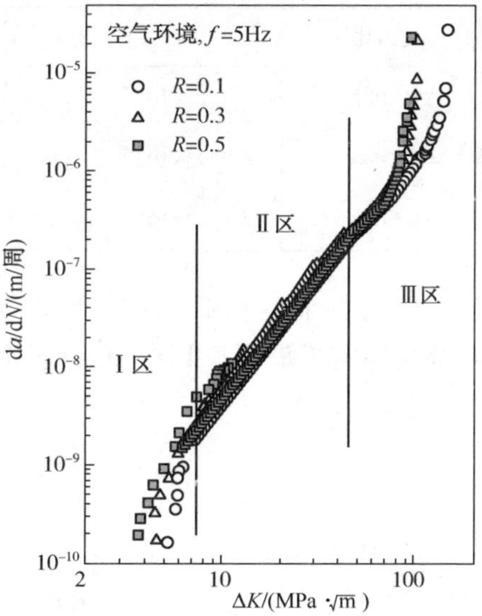

图 7-2　S135 钻杆钢在不同应力比下的疲劳裂纹扩展速率曲线

扩展的最后阶段，da/dN很大，约为$(10^{-6} \sim 10^{-5})$m/周，并且随着ΔK的增加快速增大，只需扩展很少的周次就会导致材料失稳断裂。另外，随着应力比R的增加，曲线向左上方移动，da/dN增大，应力比对Ⅰ区和Ⅲ区da/dN的影响较大，对Ⅱ区da/dN的影响较小。

目前，疲劳裂纹稳定扩展区(Ⅱ区)通常采用Paris公式进行描述：

$$\frac{da}{dN} = c(\Delta K)^n \tag{7-3}$$

式中　ΔK——应力强度因子；

c、n——材料试验常数，其与材料、应力比、环境等因素有关。

将Paris公式两边取对数，得到其对数表达式：

$$\lg\frac{da}{dN} = \lg c + n\lg\Delta K \tag{7-4}$$

根据$\lg\frac{da}{dN}$与$\lg\Delta K$曲线的截距及斜率可求得c、n值。采用线性拟合方法得到c、n的值如表7-1所示。可见，随着应力比R的增加，系数c减小，指数n增大。在双对数坐标系里，$\frac{da}{dN}$与ΔK曲线随着应力比的增加，截距减小、斜率增大。

表7-1　S135钻杆钢的c值和n值

应力比	c	n	线性相关系数r	s
R=0.1	4.17×10^{-11}	2.19	−0.9976	0.035
R=0.3	2.93×10^{-11}	2.32	−0.9985	0.029
R=0.5	1.87×10^{-11}	2.56	−0.9975	0.042

将表7-1中c和n值代入式(7-3)，可得到不同应力比下S135钻杆钢疲劳裂纹稳定扩展区(Ⅱ区)扩展速率表达式：

R=0.1时：

$$\frac{da}{dN} = 4.17\times10^{-11}\Delta K^{2.19} \tag{7-5}$$

R=0.3时：

$$\frac{da}{dN} = 2.93\times10^{-11}\Delta K^{2.32} \tag{7-6}$$

R=0.5时：

$$\frac{da}{dN}=1.87\times10^{-11}\Delta K^{2.56} \tag{7-7}$$

Paris 公式对于近门槛区(Ⅰ区)的估算相对保守，郑修麟等提出了近门槛区的疲劳裂纹扩展速率估算公式：

$$\frac{da}{dN}=A\ (\Delta K-\Delta K_{th})^2 \tag{7-8}$$

式中 A——疲劳裂纹扩展系数；

ΔK_{th}——疲劳裂纹扩展的门槛值，其定义为当 $\Delta K\leqslant\Delta K_{th}$时，$\frac{da}{dN}=0$。

对式(7-8)两边取对数，得到：

$$\lg\frac{da}{dN}=\lg A+2\lg(\Delta K-\Delta K_{th}) \tag{7-9}$$

在 $\lg\frac{da}{dN}$与 $\lg(\Delta K-\Delta K_{th})$双对数坐标中，式(7-9)代表一斜率为 2 的直线。应用尾差法原理，编制一线性回归的计算机程序，在斜率为(2±0.004)的条件下求得 A 和 ΔK_{th}之值。按上述方法，得到了 S135 钻杆钢在不同应力比下的疲劳裂纹扩展实验结果，如表 7-2 所示。

表 7-2 疲劳裂纹扩展速率实验数据的回归分析结果

应力比	$A\times10^{-10}$/ MPa^{-2}	ΔK_{th}/ $(MPa\cdot\sqrt{m})$	r	s	ΔK_{thc}/ $(MPa\cdot\sqrt{m})$	$\frac{\Delta K_{th}-\Delta K_{thc}}{\Delta K_{th}}$/%
R=0.1	1.15	4.42	−0.9956	0.0699	4.96	10.8
R=0.3	1.42	3.65	−0.9974	0.0411	3.91	6.6
R=0.5	1.53	3.12	−0.9956	0.0699	3.42	8.7

应用相关系数检验表明，不同应力比下 S135 钻杆钢的疲劳裂纹扩展回归分析的相关性系数 $|r|$ 均大于99%置信度对应的起码值0.789。因此式(7-8)可很好地用来描述 S135 钻杆钢在近门槛区的疲劳裂纹扩展规律。将表 7-2 中的 A 和 ΔK_{th}的值代入式(7-8)中，可得到不同应力比下 S135 钻杆钢在近门槛区的疲劳裂纹扩展速率公式：

R=0.1 时：

$$\frac{da}{dN}=1.15\times10^{-10}(\Delta K-4.42)^2 \tag{7-10}$$

R=0.3 时：

$$\frac{da}{dN}=1.42\times10^{-10}(\Delta K-3.65)^2 \tag{7-11}$$

$R=0.5$ 时：

$$\frac{da}{dN}=1.53\times10^{-10}(\Delta K-3.12)^2 \tag{7-12}$$

将式(7-10)～式(7-12)所表示的曲线以及试验数据绘于图 7-3 中，可见试验结果与拟合曲线吻合良好。故应用式(7-8)可很好地描述 S135 钻杆钢在近门槛区的疲劳裂纹扩展规律。由拟合曲线外推可得到不同应力比下 S135 钻杆钢裂纹疲劳扩展门槛值 ΔK_{thc}，这里以疲劳裂纹扩展速率为 10^{-10} m/周次所对应的应力强度因子作为 ΔK_{thc}。如表 7-2 所示。

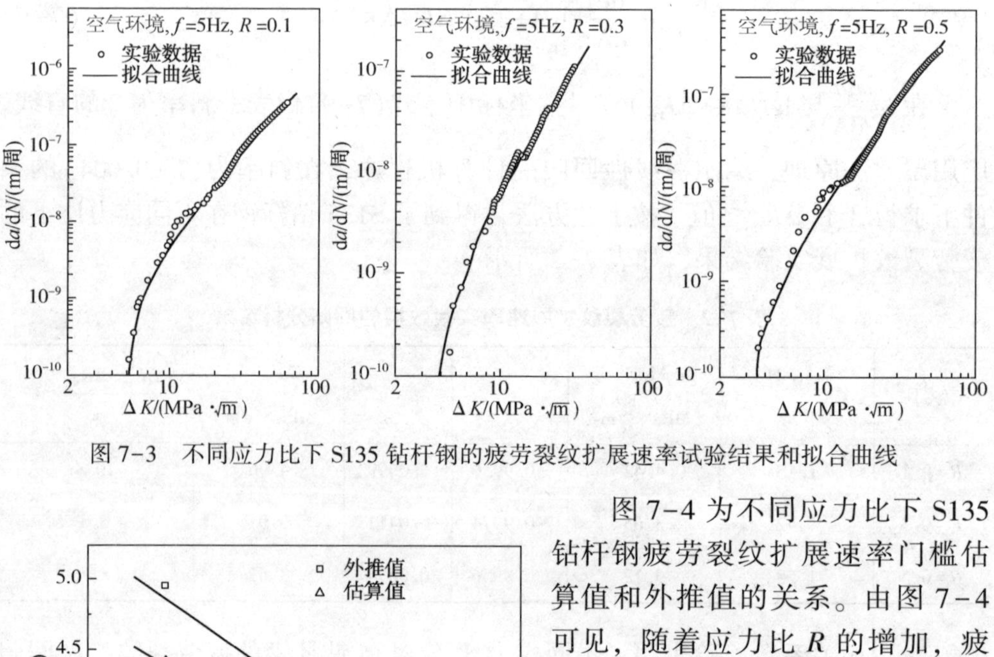

图 7-3　不同应力比下 S135 钻杆钢的疲劳裂纹扩展速率试验结果和拟合曲线

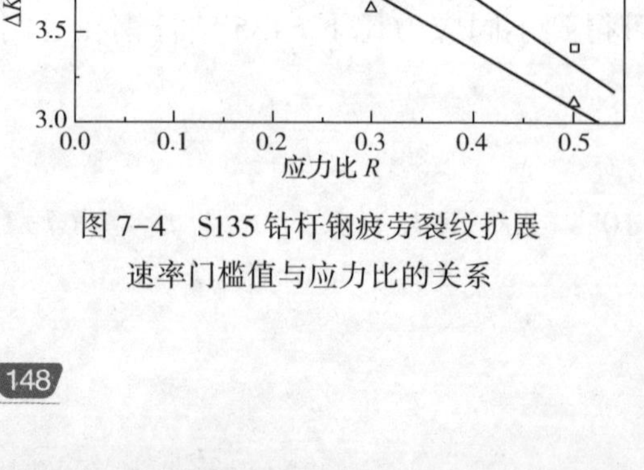

图 7-4　S135 钻杆钢疲劳裂纹扩展速率门槛值与应力比的关系

图 7-4 为不同应力比下 S135 钻杆钢疲劳裂纹扩展速率门槛估算值和外推值的关系。由图 7-4 可见，随着应力比 R 的增加，疲劳裂纹扩展门槛值的估算值 ΔK_{th} 和外推值 ΔK_{thc} 都呈线性减小的趋势。当应力比 R 从 0.1 增加大到 0.3 时，估算值 ΔK_{th} 从 4.42MPa·$\sqrt{m}$ 下降到 3.65MPa·$\sqrt{m}$，降低了 17.4%；当应力比 R 从 0.3 增加大到 0.5 时，估算值 ΔK_{th} 从 3.65MPa·$\sqrt{m}$ 下降到 3.12MPa·$\sqrt{m}$，

降低了 14.5%。这说明随着应力比 R 的增加，材料抵抗疲劳裂纹开始扩展的能力下降。比较表 7-2 中的 ΔK_{th} 和 ΔK_{thc}，可见，除应力比 $R=0.1$ 外，在应力比 $R=0.3$，0.5 下两者的误差均小于 10%，可以认为两者符合得很好。这表明只要测得疲劳裂纹扩展速率的数据，可按式(7-8)或式(7-9)求得 ΔK_{th} 和 ΔK_{thc} 的值。

7.3.2 不同应力比下钻杆钢的断口形貌

图 7-5 为不同应力比下 S135 钻杆钢的疲劳宏观断口形貌。图中 A、B、C 所表示的三个区域分别为：近门槛区、裂纹稳定扩展区和裂纹快速扩展区。可见，随着应力比 R 的增加，稳定扩展区所占的比例减小，快速扩展区所占的比例增加。当应力比 $R=0.1$ 时，稳定扩展区所占的比例约为 53.3%，快速扩展区所占的比例约为 17.1%；当应力比 $R=0.3$ 时，稳定扩展区所占的比例约为 45%，快速扩展区所占的比例约为 20.9%；当应力比 $R=0.5$ 时，稳定扩展区所占的比例约为 40.5%，快速扩展区所占的比例约为 25.2%。近门槛区的宏观断口比较粗糙，为脆性断裂；稳定扩展区的断口比较光滑，与近门槛区相比，断口的粗糙程度降低；快速扩展区的断口表面具有明显的塑性变形，为韧性断裂。

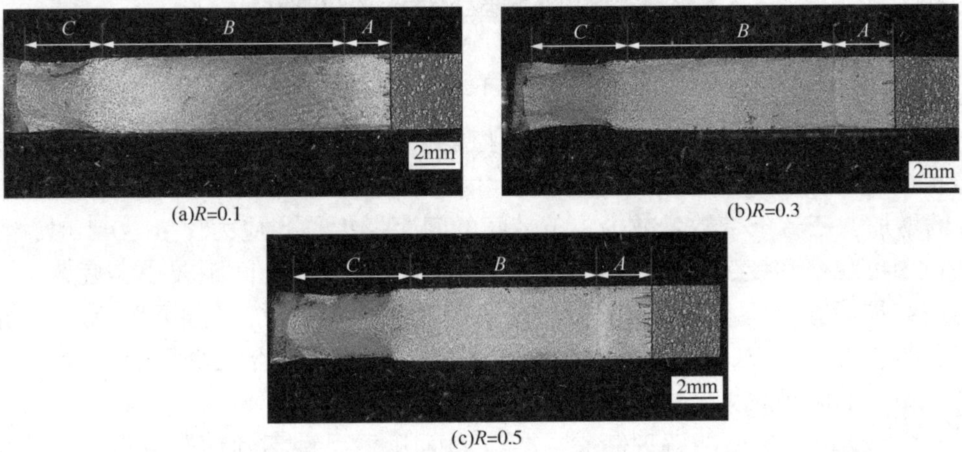

(a) $R=0.1$　　(b) $R=0.3$

(c) $R=0.5$

图 7-5　不同应力比下 S135 钻杆钢疲劳断口宏观形貌

图 7-6 为不同应力比下近门槛区的微观断口形貌。可见，近门槛区的断口为典型的解理断裂，断口表面能观察到二次裂纹，二次裂纹大致垂直于裂纹扩展方向。当应力比 $R=0.1$ 时，断口形貌为解理台阶和少量的二次裂纹；当应力比 $R=0.3$ 时，断口形貌为解理台阶和二次裂纹，而且其断口表面的解理台阶起伏更大，二次裂纹的数量增加；当应力比 $R=0.5$ 时，断口形貌为解

理平面。

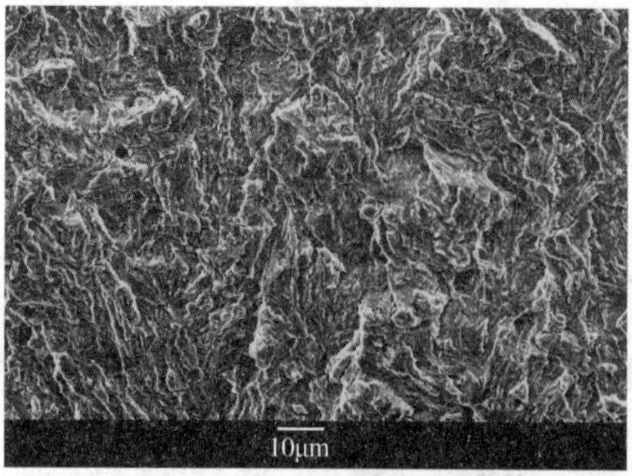

(a)R=0.1(ΔK=5.25MPa·$\sqrt{\text{m}}$)

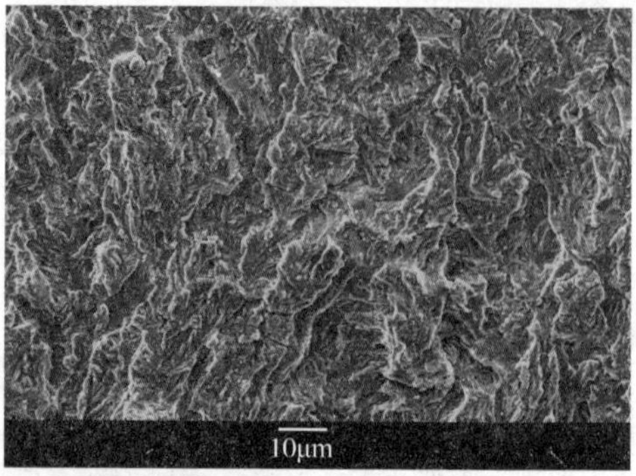

(b)R=0.3(ΔK=5.19MPa·$\sqrt{\text{m}}$)

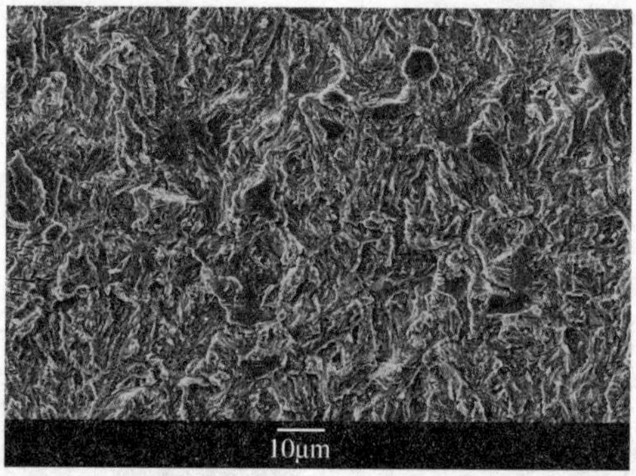

(c)R=0.5(ΔK=5.13MPa·$\sqrt{\text{m}}$)

图 7-6　不同应力比下近门槛区的断口形貌

图 7-7 为不同应力比下疲劳裂纹稳定扩展区的断口微观形貌。可见，稳定扩展区以穿晶断裂为主要特征，断口表面存在疲劳条带，并且随着应力比 R 的增加，疲劳条带数量减少，条带间的间距增大。当应力比 $R=0.1$ 时，在断口中可观察到疲劳条带，疲劳条带较清晰，条带间的间距较小，疲劳条带与裂纹扩展方向垂直，断裂表面出现了明显的二次裂纹，与主裂纹呈一定角度；当应力比 $R=0.3$ 时，裂纹为穿晶断裂，断口表面存在少量的疲劳条带，疲劳条带的间距较大，主要以解理台阶和二次裂纹为主要特征；当应力比 $R=0.5$ 时，断口为典型的解理断裂，断口表面几乎观察不到疲劳条带。疲劳条带是裂纹扩展时留下的微观痕迹，疲劳条带的形成可用 Laird 和 Smith 提出的"裂纹的张开钝化和闭合复锐"模型来解释：裂纹形成后，在拉应力作用下，裂纹张开，尖端钝化；卸载时裂纹闭合，裂纹尖端重新锐化。再一次循环受拉时，由于尖端的应力集中，裂纹发生亚临界扩展，便留下一条疲劳辉纹，因此每一条带可以视作一次循环的扩展痕迹。疲劳台阶是裂纹在不同的平面上扩展，而后相交所形成的。二次裂纹是由断口表面向内部扩展的裂纹，它

们在断口上的形态为一些微裂纹，呈断续分布。

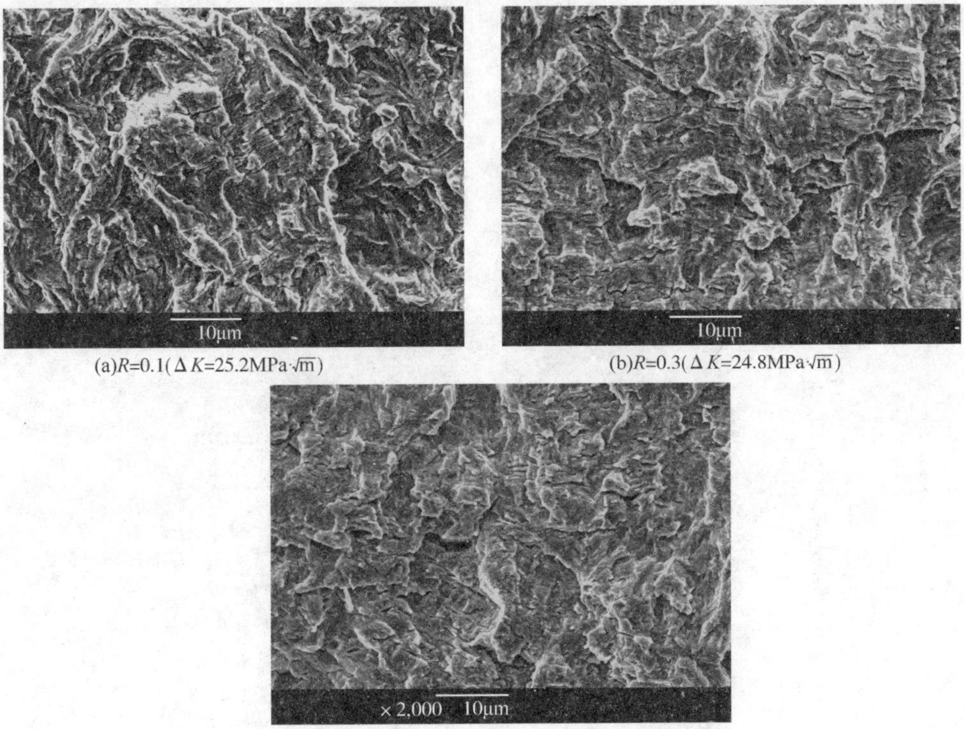

(a)R=0.1(ΔK=25.2MPa·$\sqrt{m}$)　(b)R=0.3(ΔK=24.8MPa·$\sqrt{m}$)

(c)R=0.5(ΔK=25.6MPa·$\sqrt{m}$)

图 7-7　不同应力比下稳定扩展区的断口形貌

7.4　钻杆钢的腐蚀疲劳裂纹扩展行为

7.4.1　不同应力比下钻杆钢的腐蚀疲劳裂纹扩展行为

图 7-8 为不同应力比下，钻杆钢在 H_2S 溶液中的腐蚀疲劳裂纹扩展速率曲线。可见，钻杆钢的腐蚀疲劳裂纹扩展具有腐蚀疲劳和应力腐蚀的混合特征，腐蚀疲劳裂纹扩展速率曲线可分为三个阶段，即近门槛区、平台区和裂纹快速扩展区。对于具有混合特征的腐蚀疲劳裂纹扩展来说，ΔK 在某一临界应力强度因子范围以下，腐蚀疲劳裂纹扩展速率主要受应力强度因子范围影响，在该应力强度因子范围以上，腐蚀疲劳裂纹扩展速率与应力强度因子范围无关，呈现所谓的平台现象。当应力比 $R=0.1$ 时，ΔK 在(20 ~30) MPa ·

$\sqrt{m}$之间为平台区，相应的 da/dN 为 10^{-6}m/周次；当应力比 $R=0.3$ 时，ΔK 在(25~50)MPa·$\sqrt{m}$之间为平台区，相应的 da/dN 为 2×10^{-6}m/周次；当应力比 $R=0.5$ 时，ΔK 在(20~32)MPa·$\sqrt{m}$之间为平台区，相应的 da/dN 为 1.5×10^{-6}m/周次。

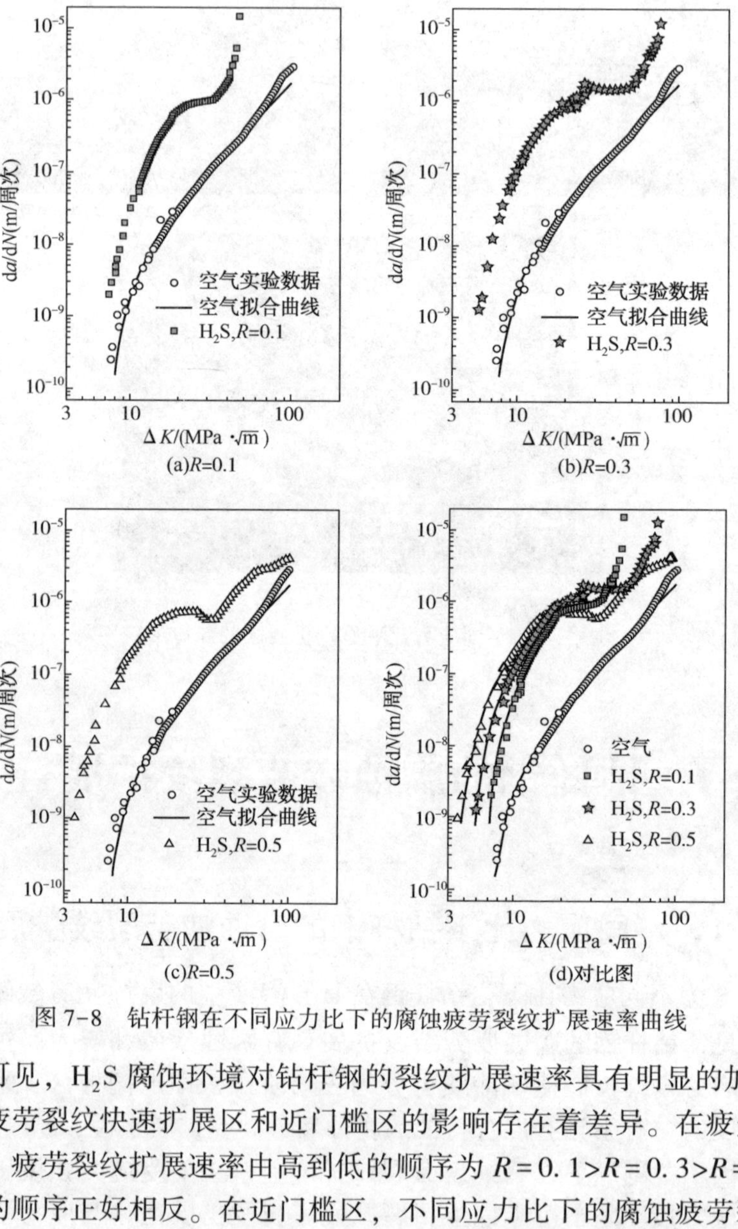

图 7-8　钻杆钢在不同应力比下的腐蚀疲劳裂纹扩展速率曲线

由图可见，H_2S 腐蚀环境对钻杆钢的裂纹扩展速率具有明显的加速作用，应力比对疲劳裂纹快速扩展区和近门槛区的影响存在着差异。在疲劳裂纹快速扩展区，疲劳裂纹扩展速率由高到低的顺序为 $R=0.1>R=0.3>R=0.5$；而近门槛区的顺序正好相反。在近门槛区，不同应力比下的腐蚀疲劳裂纹扩展速率 da/dN 随 ΔK 水平的降低急剧降低，呈现明显的疲劳门槛值特征，即随着应力比的提高裂纹扩展速率相应地增加，尤其是在近门槛区。

7.4.2 腐蚀疲劳裂纹扩展的断裂模型

(1) 关于腐蚀疲劳裂纹扩展的假设

由于腐蚀疲劳裂纹扩展是在每一循环载荷下造成的，所以可以假定腐蚀疲劳裂纹扩展是由裂纹尖端前方假设的材料元在循环载荷和腐蚀介质协同作用下引起的断裂，见图7-9；倘若这些材料元在受力时不断裂，裂纹将不会扩展。

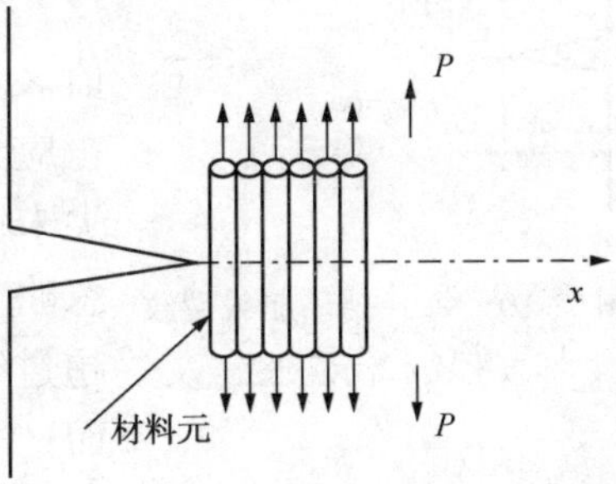

图 7-9 裂纹前方“材料元”示意图

根据断口的方位，可将金属材料的断裂分为正断和切断。裂尖材料元的断裂形式也可以是正断和切断，属于哪种断裂形式取决于裂纹尖端的力学状态、材料微观组织和力学性能。尽管腐蚀环境中各个因素会显著影响裂纹扩展的机制，但对于绝大多数金属材料，在Ⅰ型(张开型)加载下，腐蚀疲劳裂纹的亚临界扩展，可以认为是由裂纹尖端材料元的正断引起的，这和大多腐蚀疲劳裂纹扩展机制分析的结果是一致的。因此，对腐蚀疲劳裂纹的亚临界扩展，有可能用统一的模型去处理。

(2) 腐蚀疲劳裂纹扩展的断裂模型

腐蚀疲劳裂纹扩展是在裂尖金属的相对滑移和腐蚀介质的协同作用下，裂尖材料元内产生复合损伤，即腐蚀疲劳损伤，从而使材料元断裂，裂纹向前扩展。裂尖金属在循环应力作用下的相对滑移、裂尖腐蚀和裂纹闭合是控制腐蚀疲劳裂纹扩展的三个基本因素。大多数金属材料在自腐蚀情况下存在钝化现象，金属腐蚀损失主要发生在裸露的新鲜金属表面。裂尖金属腐蚀溶解主要发生在由循环加载使裂尖材料元断裂而裸露的新鲜金属表面。

Lal 和 Weiss 假设每一加载循环中，裂纹扩展量等于裂纹尖端的正应力 σ_y 超过材料的临界断裂应力 σ_{ff} 的那段距离(如图 7-10 所示)，并提出了疲劳裂纹扩展的静态断裂模型。认为每一加载循环中裂纹扩展量与图 7-9 中材料元的宽度或直径是等效的。考虑到加载过程中裂尖的钝化现象，有人对裂纹扩展的静态断裂模型进行了修正，提出了更合理的裂纹扩展钝化-断裂模型，以描述钢中疲劳裂纹扩展的规律。

根据以上的假设和疲劳裂纹扩展的钝化-断裂模型，考虑到裂尖金属的腐蚀溶解，研究者提出了腐蚀疲劳裂纹扩展的腐蚀-钝化-断裂模型，如图 7-11 所示。

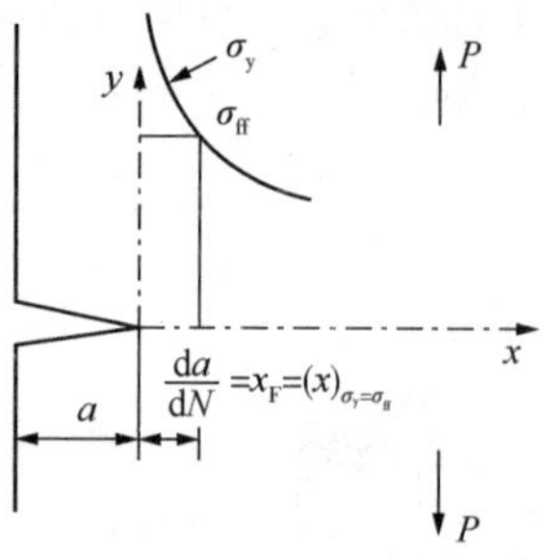

图 7-10　每一循环加载裂纹扩展距离示意图

首先讨论应力比 $R=0$ 的情况，未加载时，裂纹处于闭合状态，其尖端曲率半径很小，这时可不考虑裂尖由腐蚀介质引起的腐蚀溶解。当加载到 a 点，使裂尖应力强度因子 K 之值达到裂纹扩展门槛值 K_{thcf}，于是裂纹尖端钝化，从而降低裂纹尖端的正应力，使之不超过材料的临界断裂应力，此时裂尖未向前移动。由于没有产生新生金属表面，故可忽略金属腐蚀的影响，如图 7-11(a)所示。加载超过 a 点，裂纹尖端进一步钝化并向前移动，从而产生裸露新鲜金属表面，金属发生腐蚀及表面溶解，一方面产生附加的裂纹扩展量，另一方面则会改变裂尖钝化半径；继续加载到最大值 b 点，裂纹顶端移动到 O'点，如图 7-11(b)所示。卸载时，裂纹尖端不产生断裂位移，裂尖表面腐蚀反应迅速衰减，如图 7-11(b′)所示，但裂纹尖端因腐蚀还会产生附加的位移。此时，裂纹尖端移动到 O''点。卸载到 c 点，裂纹再锐化，裂尖腐蚀量很小，如图 7-11(c)所示。在裂纹扩展的所有情况下，裂尖正应力 σ_y 均不超过材料的临界断裂应力 σ_{ff}，即 $\sigma_y \leqslant \sigma_{ff}$，是保持裂尖力学平衡所必需的。

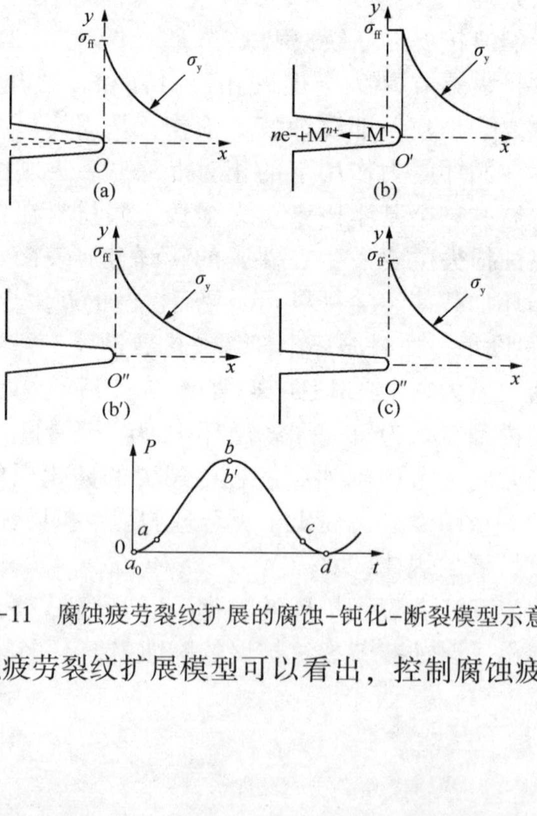

图 7-11　腐蚀疲劳裂纹扩展的腐蚀-钝化-断裂模型示意图

根据上述腐蚀疲劳裂纹扩展模型可以看出，控制腐蚀疲劳裂纹扩展的一个主要参量是最大应力强度因子 K_{max} 与裂纹扩展门槛值 K_{thcf} 之差，即 $K_{eff}=K_{max}-K_{thcf}$，ΔK_{eff} 可称为有效应力强度因子。另一个参量是裂尖新生金属的表面腐蚀，可用裸露金属表面腐蚀速率 R_C 反映裂尖表面腐蚀的严重程度。

在每一加载循环中，裂纹扩展的距离 $OO''=X_C$，应为裂尖正应力超过材料临界断裂应力时正断引起的裂纹扩展量 X_f 和由腐蚀产生的附加裂纹扩展分量之和：

$$X_C=OO''=(1+R_C t)X_{f(\sigma_y=\sigma_{ff})} \tag{7-13}$$

式中　t——每循环载荷对应的时间，即 $t=\frac{1}{f}$。

于是，腐蚀疲劳裂纹扩展速率可表示为：

$$\left(\frac{da}{dN}\right)_{cf}=X_C=(1+R_C t)X_{f(\sigma_y=\sigma_{ff})} \tag{7-14}$$

如果已知裂纹尖端的应力分布、材料的临界断裂应力和裂尖新生金属材料表面的腐蚀速率，就可以导出腐蚀疲劳裂纹扩展速率的数学表达式。

(3) 腐蚀疲劳裂纹扩展速率表达式

根据线弹性断裂力学原理，对Ⅰ型张开式裂纹，裂纹尖端的正应力 σ_y 沿 x 轴向的分布与应力强度因子 K_I 的关系为：

$$\sigma_y=\frac{K_I}{\sqrt{2\pi x}} \tag{7-15}$$

因为有效应力强度因子 K_{eff} 是控制腐蚀疲劳裂纹扩展的主要参数，式(7-15)中的应力强度因子 K_I 应该用 K_{eff} 取代。当 $x=X_C=(da/dN)_{cf}$ 时，由式(7-13)和式(7-15)可得到腐蚀疲劳裂纹扩展速率的表达式：

$$\left(\frac{da}{dN}\right)_{cf}=\frac{1+R_C t}{2\pi\sigma_{ff}^2}K_{eff}^2=B_{cf}(K_{max}-K_{thcf})^2 \tag{7-16}$$

式中

$$B_{cf}=\frac{1+R_C t}{2\pi\sigma_{ff}^2} \tag{7-17}$$

式(7-16)表示应力比 $R=0$ 时的腐蚀疲劳裂纹扩展速率表达式。当 $R=0$ 时，有

$$K_{max}=\Delta K \tag{7-18a}$$

$$K_{thef}=\Delta K_{thef} \tag{7-18b}$$

$$K_{eff}=\Delta K_{eff} \tag{7-18c}$$

将式(7-18)代入式(7-16)，可得到应力比 $R\neq0$ 的一般情况下腐蚀疲劳裂纹扩展速率表达式：

$$\left(\frac{da}{dN}\right)_{cf}=B_{cf}(\Delta K-\Delta K_{thcf})^2 \tag{7-19}$$

式中　B_{cf}可称为腐蚀疲劳裂纹扩展系数，其值的大小取决于材料性能、裂尖金属腐蚀率，同时也能反映氢脆的影响，因为氢进入裂纹尖端材料元产生的氢损伤或氢脆会降低材料元的临界断裂应力 σ_{ff}。显然金属材料的临界断裂应力 σ_{ff}值越小，裂尖金属腐蚀速率 R_C 越高；当有氢脆产生时，B_{cf}值越大，腐蚀疲劳裂纹扩展速率越高。ΔK_{thcf}称为腐蚀疲劳裂纹扩展门槛值，其定义为 $\left(\frac{da}{dN}\right)_{cf}=0$ 时所对应的最大应力强度因子幅值。通常，实验测定得到的门槛值是条件裂纹扩展门槛值，与 ΔK_{thcf}的物理意义有区别。

在大气环境中，即疲劳裂纹扩展的情况下，$R_C=0$，在裂纹尖端材料内不存在氢脆问题，将 ΔK_{thcf}可以改写为 ΔK_{th}，则疲劳裂纹扩展速率$\frac{da}{dN}$表达式为：

$$\frac{da}{dN}=B\left(\Delta K-\Delta K_{th}\right)^2 \tag{7-20}$$

（4）不同应力比下腐蚀疲劳裂纹扩展速率表达式

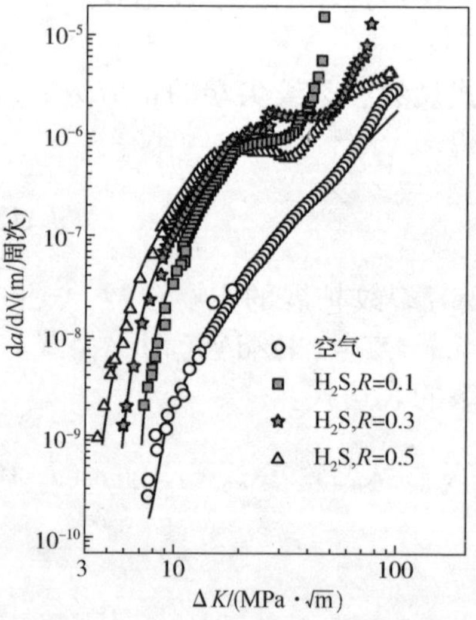

图 7-12　不同应力比下的腐蚀疲劳裂纹扩展的实验结果和拟合曲线

图 7-12 为不同应力比下，钻杆钢在 H_2S 溶液中的腐蚀疲劳裂纹扩展速率实验结果和拟合曲线。可见，控制实验材料腐蚀疲劳裂纹扩展速率的主要因素是裂尖应力强度因子。不同应力比下，腐蚀疲劳裂纹扩展速率随 ΔK 水平的下降而降低，呈现明显的门槛值特征。应力比对平台区裂纹扩展速率没有显著的影响。在近门槛区，裂纹扩展速率随应力比的提高而升高，对应力比有明显的依赖关系。

对公式(7-19)两端取对数，可得：

$$\lg\left(\frac{da}{dN}\right)_{cf}=\lg B_{cf}+2\lg\left(\Delta K-\Delta K_{thcf}\right) \tag{7-21}$$

式(7-21)表示 $\lg\left(\frac{da}{dN}\right)_{cf}$ 与 $\lg(\Delta K-\Delta K_{thcf})$在双对数坐标上为一条斜率等于 2 的直线。利用尾差法原理，可通过回归分析方法获得钻杆钢在不同应力比下的裂纹扩展的 B_{cf}和 ΔK_{thcf} 值，回归分析的结果列于表 7-3 中。可见，应力比对腐蚀疲劳裂纹扩展系数无显著影响，主要影响腐蚀疲劳裂纹扩展的门槛值，这与实验测定的规律相一致。图 7-12 中画出了钻杆钢腐蚀疲劳裂纹扩展实验数据的回归曲线，可见回归分析与实验结果符合很好。因此，式(7-19)可很好地描述钻杆钢在 H_2S 溶液中的腐蚀疲劳裂纹扩展的一般规律。

表 7-3　H_2S 溶液中的腐蚀疲劳裂纹扩展数据回归分析结果(f=5Hz)

试验环境	应力比 R	B、B_{cf}/(MPa)$^{-2}$	ΔK_{thcf}/(MPa·$\sqrt{m}$)	r	s
空气	0.1	2.139×10^{-10}	6.35	-0.9930	0.1032
H_2S 溶液	0.1	2.044×10^{-9}	5.82	-0.9632	0.1868
H_2S 溶液	0.3	1.746×10^{-9}	5.01	-0.8980	0.2864
H_2S 溶液	0.5	1.927×10^{-9}	4.09	-0.9432	0.1914

由以上的实验结果与分析可见，应力比主要影响近门槛区的腐蚀疲劳裂纹扩展速率，从而腐蚀疲劳裂纹扩展门槛值对应力比具有强烈的依赖关系。腐蚀疲劳裂纹扩展门槛值随应力比的变化关系可表示为：

$$\Delta K_{thcf}=\Delta K_{thcf0}(1-R)^{\gamma} \tag{7-22}$$

式中　ΔK_{thcf0}——$R=0$ 时的腐蚀疲劳裂纹扩展门槛值；

　　γ——指数。

根据式(7-22)和表 7-3 中不同应力比下的 ΔK_{thcf} 值，得到钻杆钢在 H_2S 溶液中腐蚀疲劳裂纹扩展门槛值随应力比变化的关系：

$$\Delta K_{thcf}=6.15\ (1-R)^{0.59} \tag{7-23}$$

把实验材料的腐蚀疲劳裂纹扩展系数及门槛值的关系式(7-23)代入式(7-19)中，可得到钻杆钢在 H_2S 溶液中、加载频率为 5Hz、应力比在 0.1~0.5 范围内的腐蚀疲劳裂纹扩展速率的一般表达式：

$$\left(\frac{da}{dN}\right)_{cf}=1.927\times10^{-9}\,[\Delta K-6.15\ (1-R)^{0.59}]^2 \tag{7-24}$$

7.4.3　不同应力比下钻杆钢的腐蚀疲劳断口

图 7-13 为空气环境和 H_2S 溶液中不同应力比下近门槛区的微观断口形貌。可见，在空气中，近门槛区的微观断口为典型的解理断裂。在 H_2S 溶液中，近门槛区的断口特征为穿晶解理断裂，且随着应力比 R 的增加，解理断裂的程度增加，解理断面上出现二次裂纹。当应力比 $R=0.1$ 时，断口形貌以解理断裂为主，在解理断面上存在少量的滑移特征；当应力比 $R=0.3$ 时，断口形貌以解理断裂和少量的二次裂纹为主要特征，断口表面观察不到滑移特征；当应力比 $R=0.5$ 时，断口形貌为解理台阶，在解理台阶上存在许多二次裂纹。这种断口特征表明，钻杆钢在 H_2S 溶液中的腐蚀疲劳开裂是由阳极溶解机制控制的，可以认为其裂纹扩展主要是裂尖材料的钝化-再锐化的塑性变

形过程，但是由于阳极溶解能降低原子间的结合力，缓解裂尖前金属表层区的变形硬化，降低裂尖前表层的开裂应力，从而使断口呈现了脆性特征。

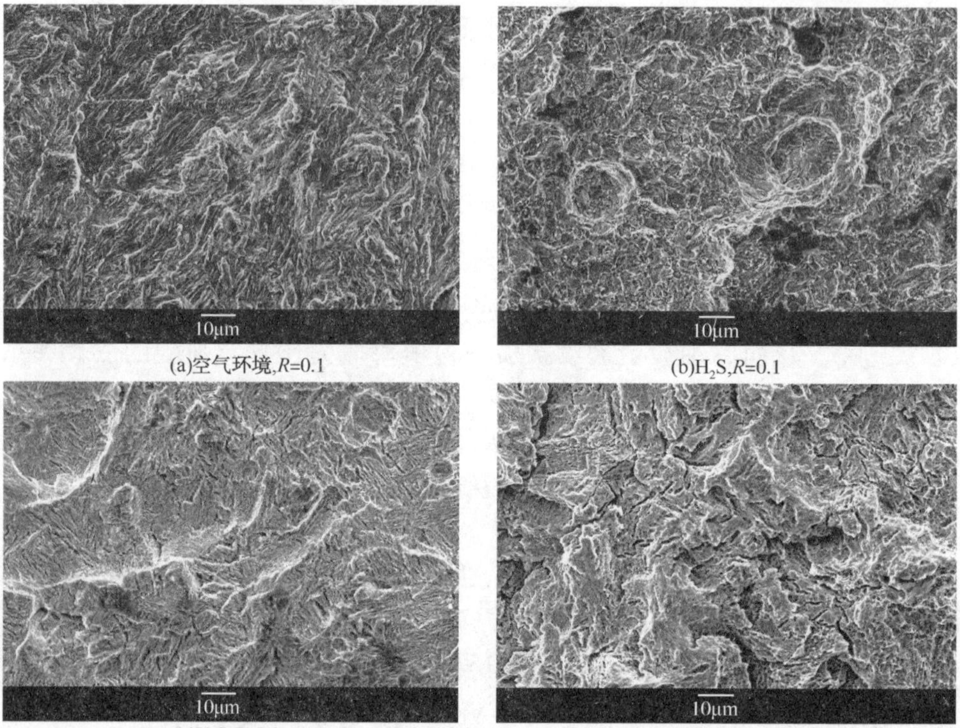

(a)空气环境，R=0.1　(b)H_2S，R=0.1　(c)H_2S，R=0.3　(d)H_2S，R=0.5

图 7-13　不同应力比下近门槛区的腐蚀疲劳断口形貌

图 7-14 为空气环境和 H_2S 溶液中不同应力比下中部区的微观断口形貌。可见，在空气中，疲劳裂纹扩展的中部区以穿晶断裂为主要特征，断口表面存在疲劳条带，且随着裂纹的不断扩展，条带间距不断增大。在 H_2S 溶液中，中部区的断口特征为穿晶解理断裂，随着应力比 R 的增加，解理断裂的程度增加，解理断面上出现二次裂纹。当应力比 R=0.1 时，断口形貌以解理断裂为主；当应力比 R=0.3 时，断口形貌为解理断裂和少量的二次裂纹为主要特征；当应力比 R=0.5 时，断口形貌为解理台阶，在解理台阶上存在许多二次裂纹。

图 7-15 为空气环境和 H_2S 溶液中不同应力比下平台区的微观断口形貌。可见，在空气中，疲劳裂纹以解理断裂为主要特征。在 H_2S 溶液中，平台区的断口特征与应力腐蚀断口特征类似，呈沿晶开裂，有明显的氢脆断裂特征。随着应力比 R 的增加，沿晶裂纹数量增加。当应力比 R=0.1 时，断口表面存在少量的沿晶裂纹；当应力比 R=0.3 时，断口表面的沿晶裂纹数量增加；当应力比 R=0.5 时，断口形貌为解理台阶，在解理台阶上存在大量的沿晶裂纹。

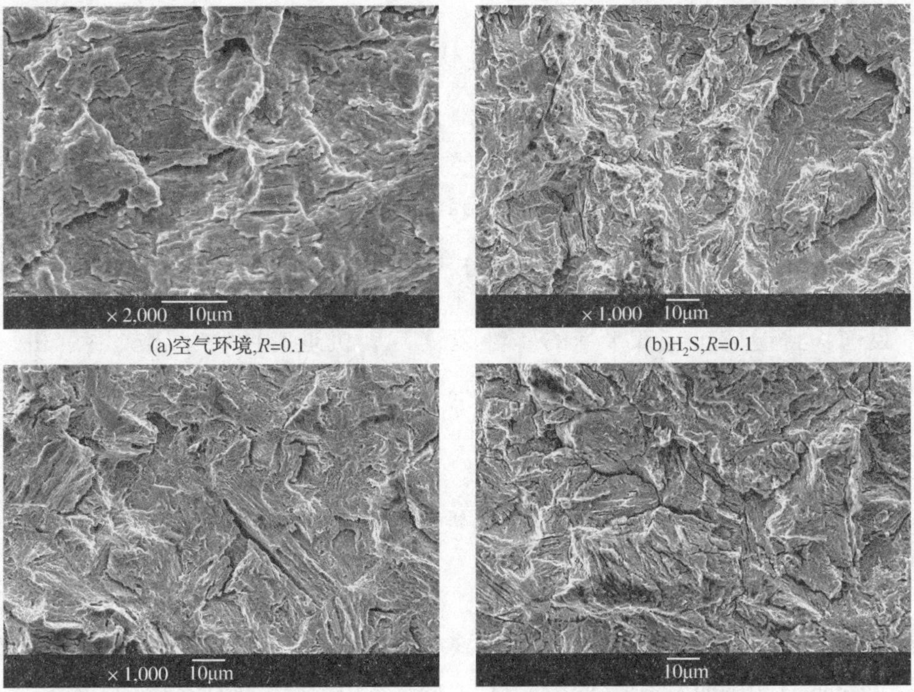

(a)空气环境,R=0.1　(b)H_2S,R=0.1

(c)H_2S,R=0.3　(d)H_2S,R=0.5

图 7-14　不同应力比下中部区的腐蚀疲劳断口形貌

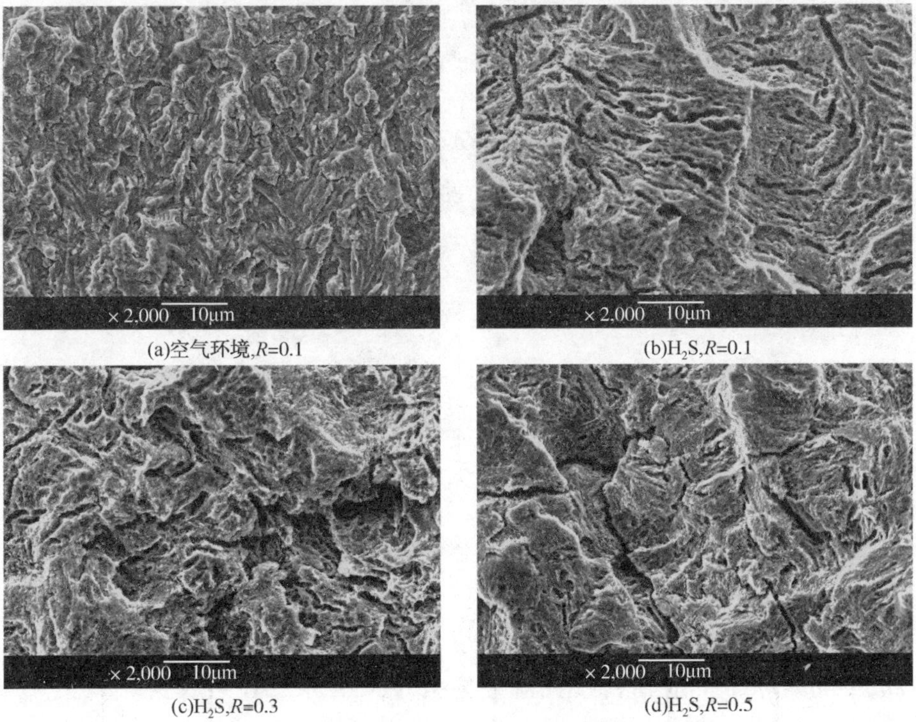

(a)空气环境,R=0.1　(b)H_2S,R=0.1

(c)H_2S,R=0.3　(d)H_2S,R=0.5

图 7-15　不同应力比下平台区的腐蚀疲劳断口形貌

7.4.4 腐蚀疲劳裂纹扩展机理

腐蚀疲劳裂纹一旦成核，材料将进入腐蚀疲劳裂纹扩展阶段。腐蚀环境能加速疲劳裂纹扩展，从而缩短材料使用寿命。通过对不同金属材料进行大量的试验分析发现，裂尖金属阳极溶解、氢脆、裂纹间隙的质量传输等都能够显著改变腐蚀疲劳裂纹扩展的进程。但是，还没有任何一种腐蚀环境加速疲劳裂纹扩展机理能适用于所有的材料-环境组合。

目前，普遍被研究者接受的腐蚀裂纹扩展机理有两种：阳极溶解机理与氢脆机理。阳极溶解观点认为，裂尖局部区域由于交变载荷下持续形变而保持较高的活性状态，通过力学-化学效应而加速腐蚀疲劳裂纹的扩展。氢脆观点认为，由于阴极反应产生的氢进入裂纹尖端并扩散到裂尖材料内部，形成氢的富集或氢化物，从而加速腐蚀疲劳裂纹扩展。在很多情况下，阳极溶解和氢脆同时作用，而且两者相互影响。

腐蚀疲劳裂纹扩展过程中，裂尖金属的阳极溶解以及位错滑移占主导作用。疲劳载荷使裂尖不断开裂，反复裸露新生金属，造成阳极溶解。当微裂纹受交变应力作用时，在拉伸的每个半周内，由于切应力的作用，微裂纹尖端沿着最有利的两个对称的滑移面放出位错，产生滑移。同时，拉应力将微裂纹尖端稍微拉开，使微裂纹沿着与循环应力垂直的方向长大。应该指出，从微裂纹尖端两个对称的滑移面上各放出一个位错引起微裂纹长大，实质上也可看成从这两个滑移面上各吸入一个相反的位错到微裂纹尖端，再合成一个位错，挤入微裂纹内，使之长大。裂尖金属阳极溶解与位错滑移促进腐蚀疲劳微裂纹扩展的示意图如图 7-16 所示，图中 b 为柏氏矢量，n 为挤入裂纹尖劈内的位错数，τ 为切应力。

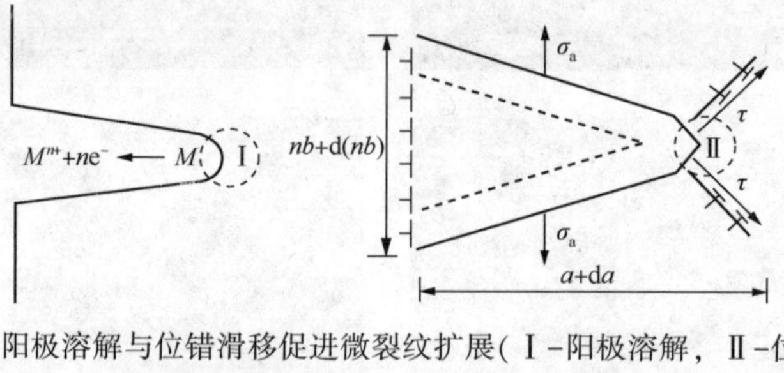

图 7-16 阳极溶解与位错滑移促进微裂纹扩展(Ⅰ-阳极溶解，Ⅱ-位错滑移)

图 7-17 为材料的氢致开裂示意图。由图可见，在外加应力作用下，离散位错和裂纹尖端发生相互作用，在裂纹尖端后面形成最大应力场。此时，倘若溶液中的氢原子扩散到裂纹尖端，将会导致氢原子在裂纹尖端聚集。当氢

的浓度达到临界值，则会由于局部内聚强度的降低，氢富集区的位错运动受阻，或者两者的共同作用导致微裂纹的形成和扩展。氢脆在裂纹扩展过程中主要有两个作用，一方面使裂纹尖端生成微裂缝，另一方面使主裂纹不断向前扩展，主裂纹与微裂纹相遇，并与其连接，从而产生一个阶跃的裂纹扩展量，进而，在新的裂纹前缘，又会形成新的微裂缝。这一过程不断循环往复使裂纹持续向前扩展。

研究表明，H_2S 溶液对钻杆裂纹扩展的加速作用主要体现在两个方面：一是裂纹尖端金属的阳极溶解；二是阳极溶解的同时阴极发生析氢反应，生成的氢通过扩散进入裂纹金属内部产生氢脆，降低材料的表面能及断裂应力。钻杆的成分偏析及夹杂物容易导致材料的阳极溶解、特别是氢致开裂速度加快，从而使钻杆的腐蚀疲劳寿命减少。

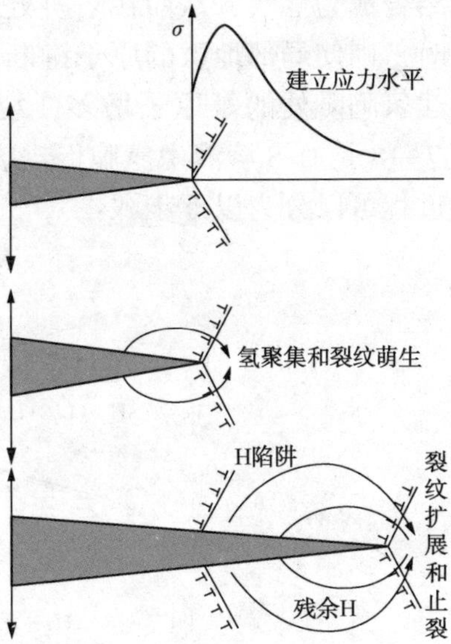

图 7-17　氢脆促进裂纹扩展示意图

在 H_2S 溶液中，H_2S 与铁生成硫化铁（FeS），FeS 在钻杆表面积附后作为阴极，钻杆基体作为阳极，形成微电池，使钻杆表面出现蚀斑。H_2S 与钢基体发生作用，释放出氢原子，渗入钢的晶界，形成氢分子产生气泡，导致钻杆发生氢脆。腐蚀机理如下：

$$H_2S \longrightarrow HS^- + H^+ \tag{7-25}$$

$$HS^- \longrightarrow H^+ + S^{2-} \tag{7-26}$$

一方面，H_2S 的离解产物 HS^-、S^{2-} 吸附在金属的表面，形成吸附复合物离子 $FeHS^-$，其反应如下：

$$Fe + H_2S + H_2O \longrightarrow FeHS^-_{ads} + H_3O^+ \tag{7-27}$$

$$FeHS^-_{ads} \longrightarrow FeHS^+ + 2e^- \tag{7-28}$$

$$FeHS^+ + H_3O^+ \longrightarrow Fe^{2+} + H_2S + H_2O \tag{7-29}$$

$$Fe^{2+} + HS^- \longrightarrow FeS + H^+ \tag{7-30}$$

腐蚀产物主要有 Fe_9S_8，Fe_3S_4，FeS_2 和 FeS 等，减低了钢的塑性，加速疲劳裂纹的萌生。

另一方面，H_2S 溶液与钢的基体发生反应产生氢，产生的氢吸附在金属表面并向金属内部扩散。氢在扩散过程中，由于氢的尺寸较小，容易进入到金属的晶格中成为晶格氢，金属材料受外力作用时，材料内部的应力分布不均匀，在材料内部缺陷和微裂纹处会发生应力集中。在应力梯度作用下氢原子在晶格内扩散或跟随位错运动向应力集中区域。由于氢和金属原子之间的交互作用使金属原子间的结合力变弱，这样在高氢区会萌生出裂纹并扩展，导致了脆断。另外，当氢在扩散过程中遇到晶界、相界、位错等，氢原子就会在这些位置富集成为陷阱氢。随着扩散到达氢陷阱处的氢原子增多，氢原子结合成为氢气，从而在陷阱处形成很高的氢压力。当氢压等于原子的键合力时，则使局部地区的原子键断裂形成微裂纹。经过一定时间后，随着扩散到达氢陷阱处的氢原子增多，裂缝压力又会升高，导致新一轮的裂纹扩展。图 7-18 是 H_2S 溶液中氢脆促进裂纹扩展的示意图。可以看出，与氢有关的疲劳过程可以分为以下步骤：

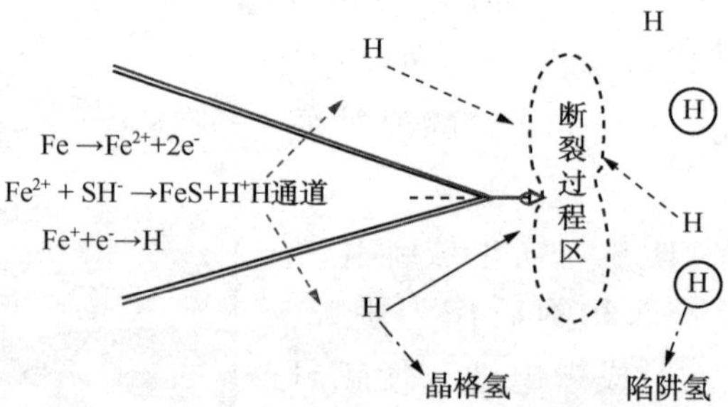

图 7-18　H_2S 溶液中氢脆促进裂纹扩展示意图

(1)金属表面与 H_2S 反应生成氢；

(2)氢向断裂过程区扩散；

(3)应力腐蚀开裂控制裂纹的增长。

7.5　本章小结

采用疲劳性能测试和回归分析相结合的方法，研究了 S135 钻杆钢在不同应力比下的疲劳裂纹扩展行为，获得了其在稳定扩展区和近门槛区的疲劳裂纹扩展速率表达式，并探讨了其疲劳断裂机制；研究了 S135 钻杆钢在 H_2S 环境中腐蚀疲劳裂纹扩展行为，基于弹性断裂力学得到了腐蚀疲劳裂纹扩展的速率表达式，并探讨了其疲劳断裂机制，主要结论如下：

(1)在相同应力水平下，获得了不同应力比($R=0.1$，0.3 和 0.5)时 S135

钻杆钢疲劳裂纹稳定扩展区和近门槛区疲劳裂纹扩展速率的表达式。

(2)随着应力比 R 的增加，疲劳裂纹扩展曲线向左上方移动，da/dN 升高，ΔK_{th}呈线性减小。

(3)近门槛区断口为解理台阶；稳定扩展区断口以疲劳条带扩展机制为主，同时也存在解理断裂机制。

(4)在假设腐蚀疲劳裂纹扩展过程可看作裂尖材料元在腐蚀介质中的断裂过程基础上，考虑了腐蚀疲劳裂纹扩展的影响因素，提出了腐蚀疲劳裂纹扩展的腐蚀-钝化-断裂模型。

(5)根据所提出的模型和弹性断裂力学的原理，获得了 S135 钻杆钢在 H_2S溶液中的腐蚀疲劳裂纹扩展速率表达式。

(6)S135 钻杆钢的腐蚀疲劳裂纹扩展速率曲线具有应力腐蚀和腐蚀疲劳的混合特征，可分为近门槛区、平台区和快速扩展区。

(7)S135 钻杆钢在 H_2S 溶液中的腐蚀疲劳裂纹扩展主要受阳极溶解和氢脆控制。

第8章 钻杆钢的组织控制与性能优化

8.1 引 言

在 API Spec 5D 标准中，钻杆是按钢级分类和验收的，其化学成分依赖于生产厂商，可能在较大的范围内变化。根据钻杆的实际工况条件，总体上要求钻杆钢具有良好的综合机械性能。为了保证钻杆的钢级，以往钻杆的含 C 量在中碳范围，如 35CrMo、40CrMnMo、37CrMnV，其 C 含量在 0.35%以上，经淬火和高温回火后，可获得良好的综合机械性能。统计分析结果表明，在大量的钻杆过早失效事故中，其过早失效的基本原因几乎都归结于材料的韧性偏低。近年来，为了解决钻杆韧性偏低的问题，钻杆钢的含 C 量呈降低趋势，有些厂商采用微合金化的方法，采用低碳合金钢获得不同钢级的钻杆，但有关不同钢级低碳钻杆钢的显微组织尚未开展深入的研究。

提高钻杆韧性的另一种方法是通过复相化处理工艺，获得马氏体-铁素体、贝氏体-马氏体、铁素体-贝氏体双相组织的钢。复相化处理是通过显微组织的调控，以达到强韧性的方法，使钻杆在保证高强度的同时又具有足够的韧性。

钻杆的性能除了与其化学成分有关外，不同钢级的钻杆钢经淬火和回火后的显微组织对其性能也有很大影响。因此，深入认识不同钢级钻杆钢的显微组织，对掌握钻杆的性能和断裂控制具有重要的理论意义。本章以石油工业中广泛使用的 G105 和 S135 钢级钻杆为研究对象，采用光学显微分析、透射电子显微分析的方法研究钻杆钢的显微组织特征、相组成，建立钻杆钢显微组织与力学性能的相关关系；探索复相化处理对 S135 钻杆钢显微组织和性能的影响规律，寻找钻杆钢的最佳复相化处理温度，为钻杆钢的组织控制与性能优化提供理论依据。

8.2 钻杆钢的显微组织

8.2.1 光学显微组织

从某生产厂家提供的 G105 和 S135 钢级的钻杆管体上取样，分别进行显微组织分析和力学性能试验，两种钻杆钢的化学成份如表 8-1 所示。用于显微组织分析的试样经不同粒度的金相砂纸打磨、抛光后，采用 2%硝酸酒精溶液进行化学浸蚀，在 Axiovert 405M 金相显微镜(OM)进行显微组织分析，透射电子显微分析在 JEM-200CX 透射电子显微镜上进行分析。

表 8-1 G105 和 S135 钻杆钢的化学成分 %

钢级	C	Si	Mn	P	S	Ni	Cr	Mo	Ti	Cu	Fe
G105	0.23	0.25	0.47	0.006	0.002	0.011	0.888	0.658	0.06	0.06	余量
S135	0.20	0.24	0.54	0.007	0.0035	0.403	0.861	0.858	0.007	0.06	余量

图 8-1 为 G105 和 S135 钢级的钻杆钢光学显微组织照片。可见，G105 钻杆钢的显微组织为典型的高温回火组织，组织中的铁素体基本为等轴状；S135 钻杆钢的显微组织中含有少量的等轴铁素体，大部分为长条状的铁素体。

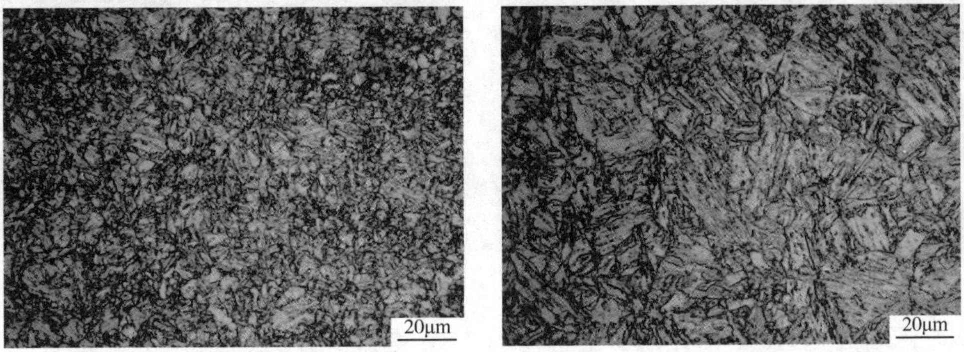

(a)G105 (b)S135

图 8-1 G105 和 S135 钻杆钢的光学显微组织

8.2.2 透射电子显微组织

图 8-2 为 G105 钻杆钢显微组织的 TEM 形貌。可见，G105 钻杆钢中的铁素体大多为等轴晶粒，在晶界分布一定数量的块状碳化物，图 8-2(a)为 G105 钻杆钢典型的铁素体晶界；在铁素体晶粒内部比较均匀地分布着细小的碳化物，如图 8-2(b)所示。

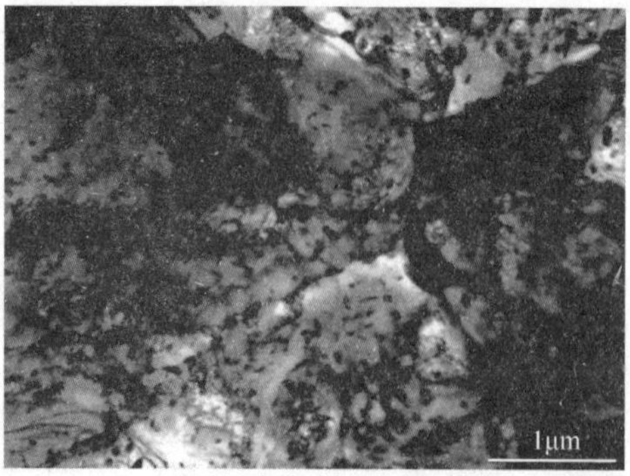

(a)等轴铁素体的TEM形貌

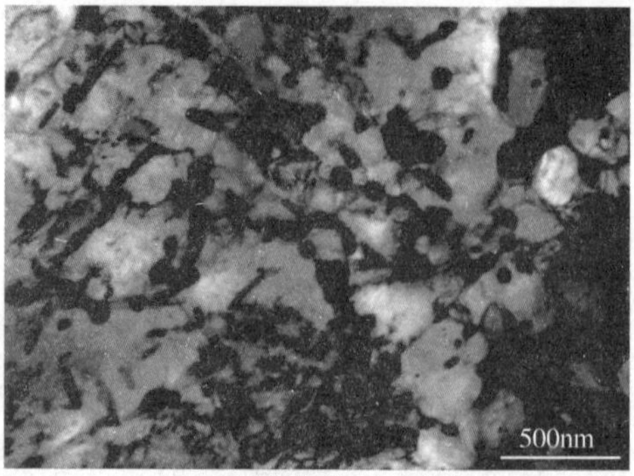

(b)碳化物的TEM形貌

图 8-2　G105 钻杆钢的 TEM 形貌

在G105钻杆钢中，除了等轴铁素体外，还存在一部分板条状的铁素体，在铁素体的板条之间存在不连续的片状碳化物，这些铁素体没有发生充分的再结晶，保持马氏体的形态，而发生再结晶的铁素体上碳化物为块状或颗粒状，如图8-3所示。

图 8-4 为 S135 钻杆钢中铁素体的 TEM 形貌。可见，S135 钻杆钢的显微组织中可以明显观察到淬火组织的特征，在奥氏体晶界两侧存在淬火束状的组织特征。铁素体主要有两种形态，一种是板条状铁素体；一种是针状铁素体，铁素体以哪种形态存在主要与淬火后钢的回火过程有关。

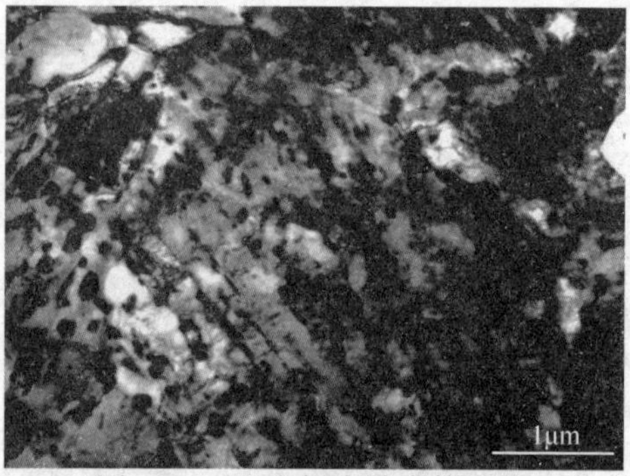

图 8-3　G105 钢中铁素体和片状碳化物 TEM 形貌

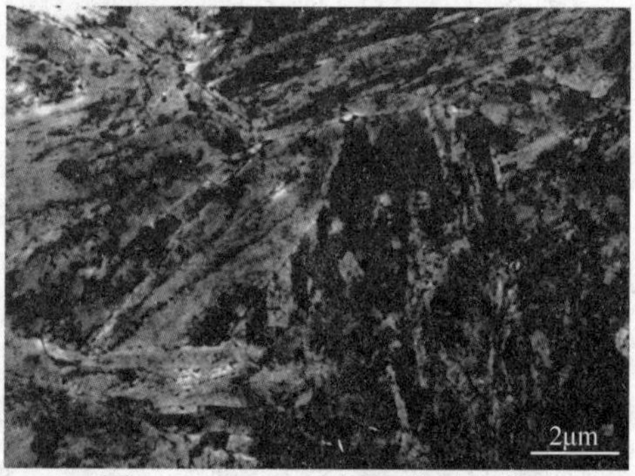

图 8-4　S135 钻杆钢中铁素体的 TEM 形貌

图 8-5 为 S135 钻杆钢中铁素体的 TEM 形貌。可见，这些板条铁素体由近乎平行的板条状铁素体组成，在板条间存在断续分布的片状碳化物，在发生明显再结晶的部分，碳化物为颗粒状，这是片状碳化物聚集、长大并发生球化的结果，如图 8-5(a)所示。S135 钻杆钢中铁素体另一种典型形态是针状铁素体，如图 8-5(b)所示。可见，在针状铁素体基体上按一定规律分布着短棒状的碳化物，在针状铁素体的界面则存在一些块状的碳化物。在针状铁素体内，这些第二相碳化物沿与片状铁素体的长轴呈一定的角度分布，因为碳化物的长大呈短棒状，与晶界分布的颗粒碳化物在形态上具有明显的区别。

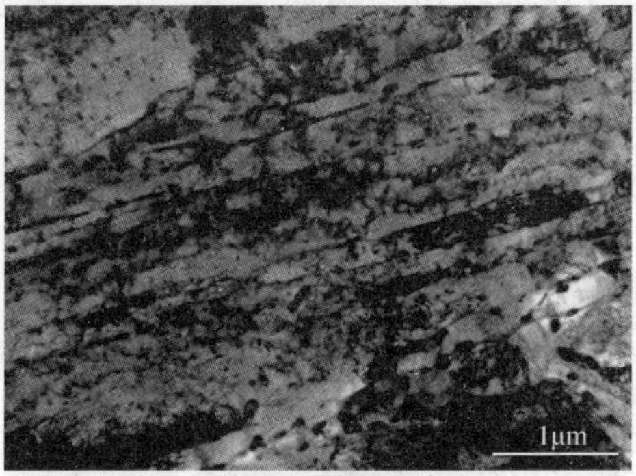

(a)板条铁素体

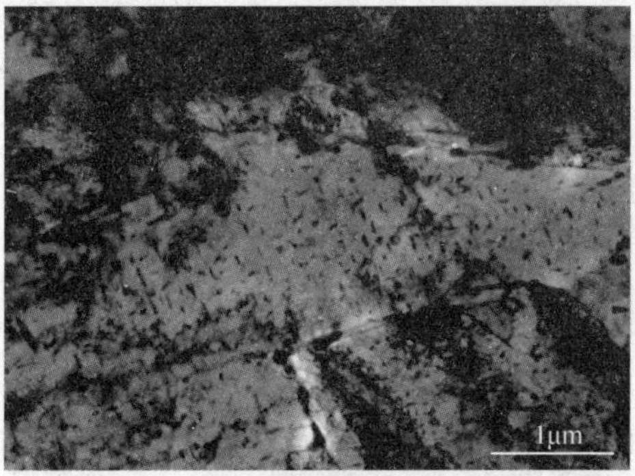

(b)针状铁素体

图 8-5　S135 钻杆钢中铁素体的 TEM 形貌

由透射电子显微分析的结果可见，G105 钻杆钢中碳化物主要为块状和针状两类。图 8-6 为 G105 钻杆钢中块状碳化物和电子衍射花样。采用尝试-校核法标定块状碳化物为渗碳体。

(a)块状碳化物

(b)衍射花样

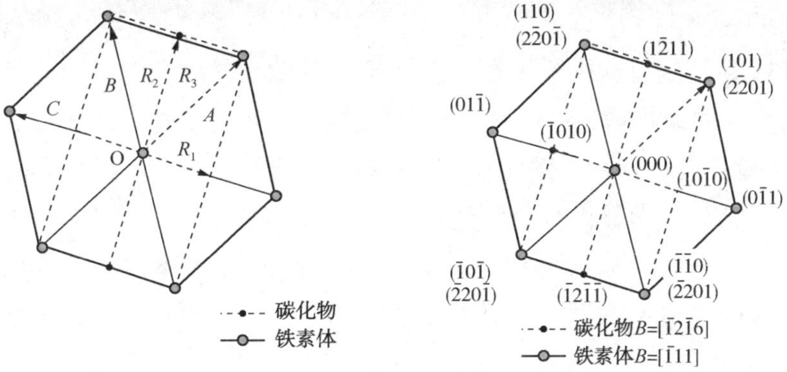

(c)衍射花样标定

图 8-6　G105 钻杆钢中的块状碳化物及其衍射花样

图 8-7 为 G105 钻杆钢中针状铁素体基体上碳化物的 TEM 形貌和电子衍射花样。可见，片状碳化物也为正交结构，确定为渗碳体。

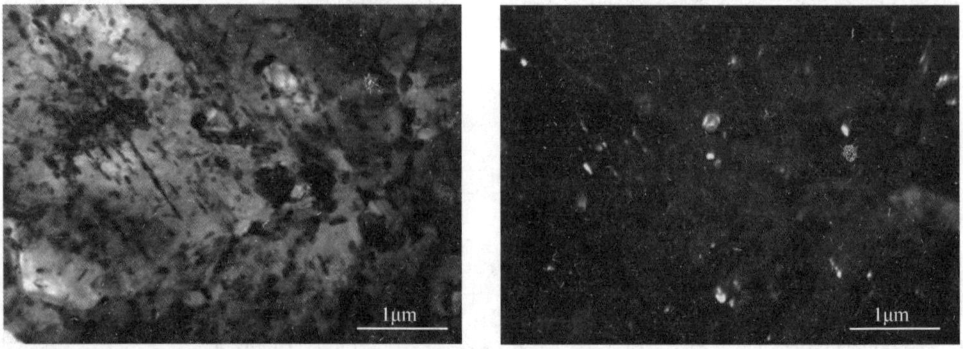

(a)针状碳化物

(b)衍射花样

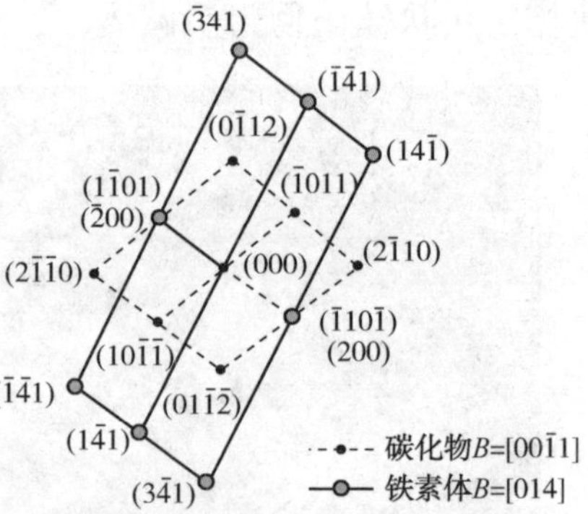

(c)衍射花样标定

图 8-7　G105 钻杆钢中的针状碳化物及其衍射花样

S135 钻杆钢材料中除了在铁素体晶界形成片状碳化物外，在片状铁素体上存在细小的碳化物，这些细小碳化物的形貌和电子衍射图谱见图 8-8。采用尝试-校核法标定细小碳化物也为渗碳体。

综合以上光学显微分析、透射电子显微分析的结果可知，G105 钢级的钻杆为典型的回火索氏体组织，即细小等轴铁素体和颗粒状渗碳体；S135 钢级的钻杆为典型的回火屈氏体组织，即保持马氏体形态的铁素体和细小碳化物。

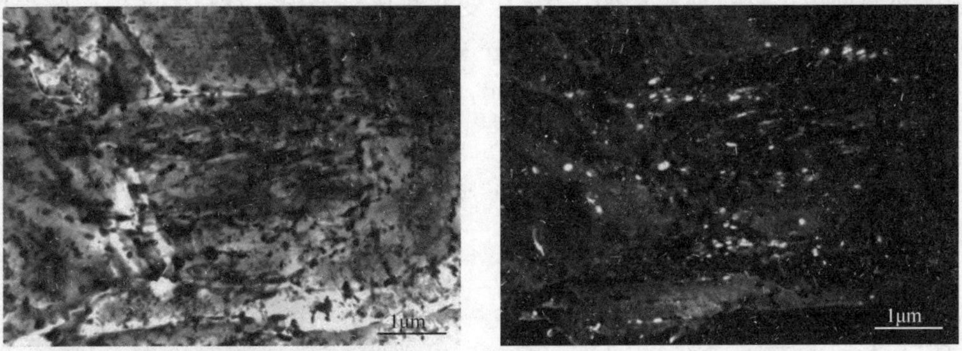

(a)针状碳化物

(b)衍射花样

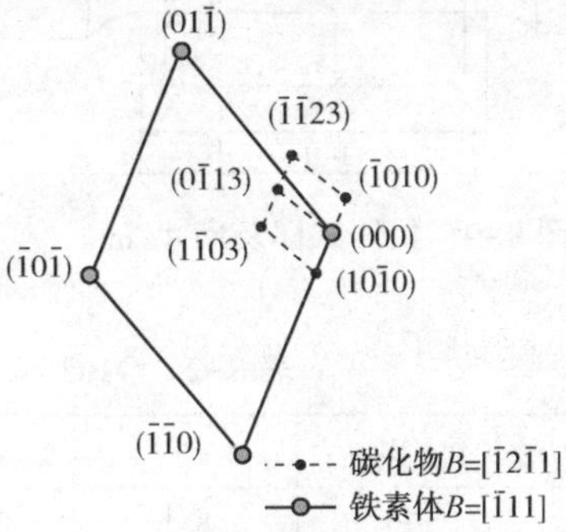

(c)衍射花样标定

图 8-8　S135 钻杆钢中的针状碳化物及其衍射花样

8.3　钻杆钢的力学性能

8.3.1　钻杆钢的应力-应变行为

将 G105 和 S135 钢级钻杆按照 GB/T 228—2002 加工成截面为 $\phi=5$mm 的圆棒试样，试样的标距尺寸为 25mm，如图 8-9 所示。将加工好的试样在 WDS-100 型电子式万能试验机上进行拉伸实验，加载速率为 0.2mm/min，对应试样标距的应变速率为 10^{-3}/s，每组取三个试样，求平均值。

图 8-10 为 G105 和 S135 钻杆钢的应力-应变曲线。可见，G105 钻杆钢具有明显的物理屈服现象，即具有明显的上屈服点和下屈服点，属于不连续硬化材料。G105 钢的下屈服点为 $\sigma_s=810$MPa，材料的抗拉强度为 $\sigma_b=881$MPa，材料的屈强比(σ_s/σ_b)为 0.92；S135 钻杆钢属于连续硬化材料，没有明显的

物理屈服现象，材料屈服后的应力-应变曲线比较平坦。材料的条件屈服强度为$\sigma_s = 1020\text{MPa}$，材料的抗拉强度为$\sigma_b = 1086\text{MPa}$，材料的屈强比($\sigma_s/\sigma_b$)为0.94。表8-2为G105和S135钻杆钢的力学性能指标。

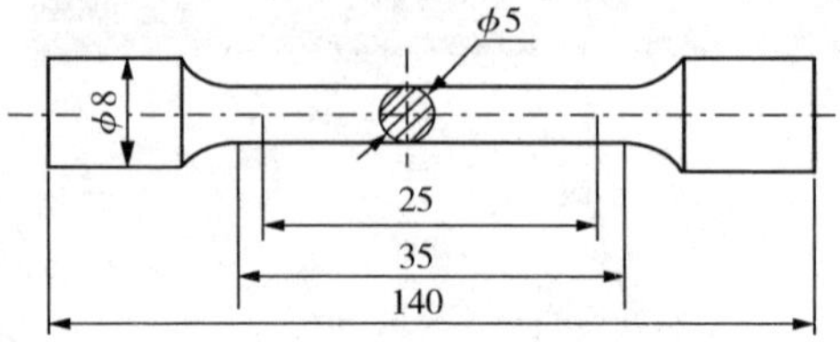

图8-9　拉伸试样及尺寸/mm

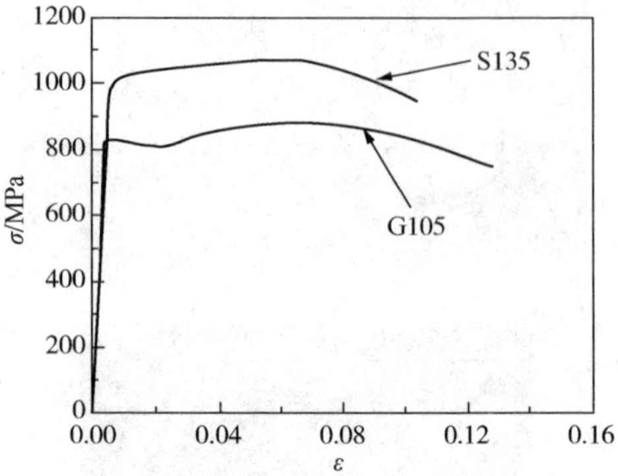

图8-10　G105和S135钻杆钢应力-应变曲线

表8-2　G105和S135钻杆钢的力学性能指标

材料	σ_s/MPa	σ_b/MPa	δ/%	ψ/%	K/MPa	n	ε_f
G105	810	881	18.4	71.9	1479	0.097	1.269
S135	1020	1086	22.2	72.3	1827	0.094	1.284

金属材料的塑性变形行为可用Hollomon公式来描述：

$$\sigma = K\varepsilon_f^n \tag{8-1}$$

式中　K——强度系数；

n——应变硬化指数。

材料断裂时的应变ε_f，通常称为断裂延性，可由拉伸试样的断面收缩率来求得：

$$\varepsilon_f = -\ln(1-\psi) \tag{8-2}$$

材料断裂时的应力，可由断面收缩率来估算：

$$\sigma_f = \sigma_b(1+\psi) \tag{8-3}$$

知道了材料的断裂延性ε_f、断裂应力σ_f和屈服点σ_s，则可由Hollomon公式来计算材料的应变硬化指数：

$$n = \lg(\sigma_f/\sigma_s)/\lg(500\varepsilon_f) \tag{8-4}$$

材料的强度系数为：

$$K = \sigma_f/\varepsilon_f^n \tag{8-5}$$

由式(8-1)~式(8-5)计算可得到G105和S135钻杆钢的强度系数和应变

硬化指数，结果列在表 8-2 中。可见，G105 和 S135 钻杆钢的应变硬化指数相近，强度存在一定的差别。G105 和 S135 钻杆钢在断裂后具有明显的残余塑性变形，其断面收缩率均在 71%以上，属于韧性材料。

8.3.2 拉伸断裂机理

图 8-11 为 G105 和 S135 钻杆钢的拉伸断裂试样及宏观断口形貌。可见，G105、S135 钻杆钢的拉伸断裂属于韧性断裂，试样在断裂前发生了明显的颈缩现象，其宏观断口具有拉伸断口的三要素，即纤维区、放射区和剪切唇区。纤维区位于光滑圆棒试样的中心，放射线以纤维区为中心呈辐射状，沿放射线形成二次开裂现象，其中 S135 钻杆钢的开裂程度大于 G105 钻杆钢，见图 8-11(b)。

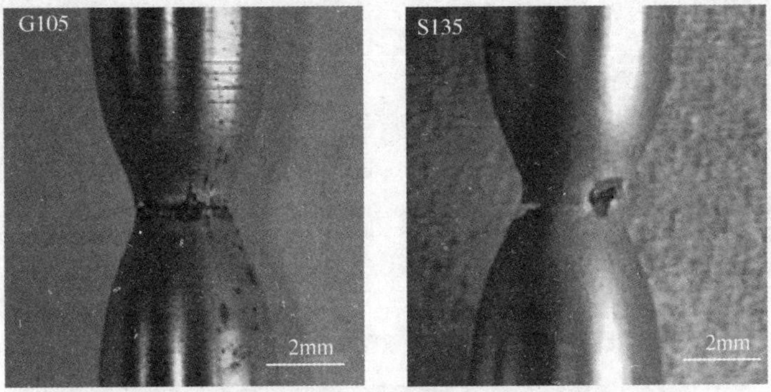

(a)拉伸断裂试样

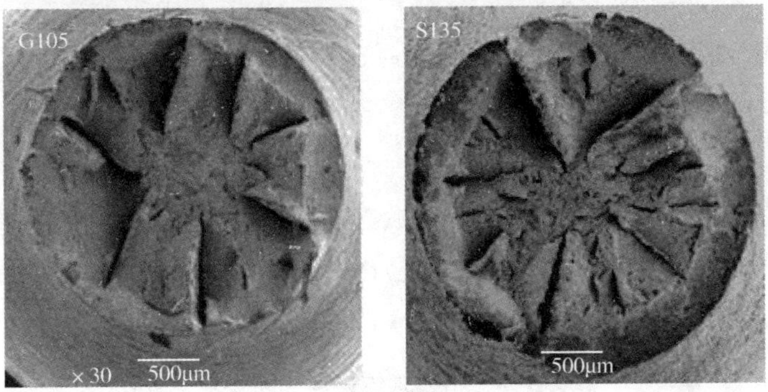

(b)宏观断口

图 8-11　G105 和 S135 钻杆钢的拉伸断裂试样和宏观断口形貌

图 8-12 为 G105 和 S135 钻杆钢的拉伸断裂试样纤维区和放射区的断口形貌。可见，G105、S135 钻杆钢纤维区的微观形貌均为典型的韧窝，在韧窝的底部未发现明显的第二相质点，其中 G105 钻杆钢的韧窝较深，S135 钻杆钢的韧窝较为平坦。G105、S135 钻杆钢放射区的微观形貌为解理小平面，在解理小平面间存在撕裂棱，S135 钻杆钢的解理程度较大。

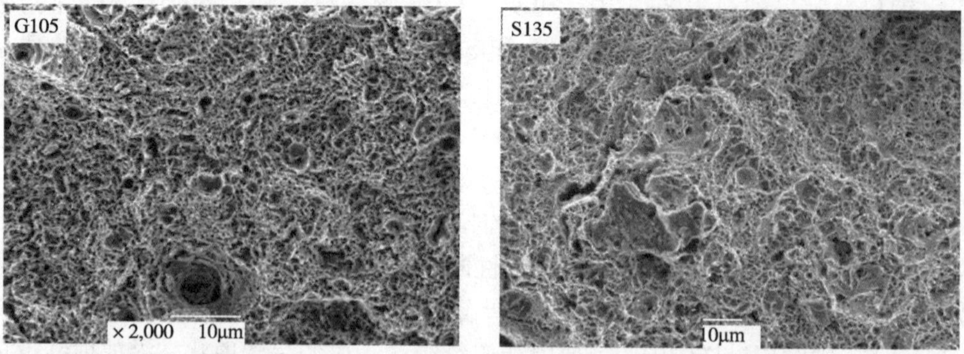

(a)纤维区

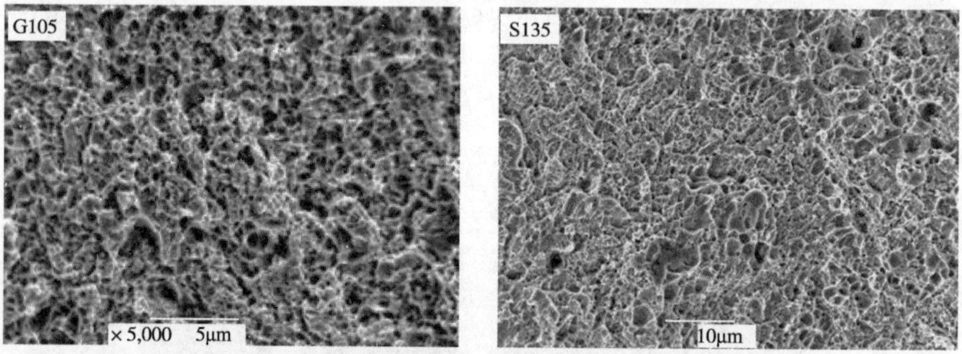

(b)放射区

图 8-12 G105 和 S135 钻杆钢纤维区和放射区的断口形貌

8.3.3 规范要求

API Spec5D 规范在钻杆管体的强度、硬度方面进行了详细的规定，但其波动范围较窄，而对材料的韧性指标要求较为宽泛，对钻杆材料的冲击功规定为：在(21±2.8)℃下，标准的夏比 V 型缺口试样的纵向冲击功平均值不低于 54J，单个试样的冲击功值不低于 47J，对横向冲击功没有做任何规定。表 8-3为 API Spec5D 规范中关于钻杆拉伸性能的要求。

表 8-3 钻杆管体拉伸性能要求

钢级	屈服强度/MPa		最小抗拉强度/MPa
	最小	最大	
E75	517	724	689
X95	655	862	724
G105	724	931	793
S135	931	1138	1000

API Spec5D 规范对钻杆的化学成分没有特别的规定，只对 S、P 含量做了严格的要求，即 S、P 含量必须小于 0.03%(质量)。因此，各生产厂家可根据自身生产特点和使用要求设计钻杆管的成分，一般采用 Cr-Mn 钢或者 Cr-Mn-Mo钢，碳含量多控制在 0.24%~0.35%。用于制造钻杆钢的材料多为中碳钢，例如 40CrNiMoA、40CrMnMo、40Cr、35MnMoVTi、35CrMo、36CrNiMo4 等。生产实践证明，由中碳钢制造的钻杆材料在焊接冷却过程中，由于热影响区容易产生焊接裂纹或者由于韧性偏低，而导致钻杆的开裂。G105、S135 钻杆为目前石油天然气工业广泛使用的高钢级钻杆，其设计和生产按照 API Spec5D 规范进行。表 8-4 和表 8-5 为国内外各厂家生产的 G105 和 S135 钻杆钢的化学成分。

表 8-4　各生产厂家 G105 钻杆管体化学成分　　%

生产厂	C	Si	Mn	P	S	Cr	Ni	Mo	V	Cu
宝钢	0.34	0.25	0.74	0.010	0.007	1.11		0.19		
NKK	0.35	0.23	0.88	0.010	0.004	0.96	0.027	0.25	0.007	0.012
新日铁	0.24	0.25	0.52	0.008	0.006	1.03	0.040	0.42	0.006	0.020
Grant	0.28	0.25	1.42	0.009	0.004	0.28	0.022	0.20	0.011	0.013
TAMSA	0.28	0.28	1.35	0.009	0.003	0.76	0.069	0.17	0.007	0.015

表 8-5　各生产厂家 S135 钻杆管体化学成分　　%

生产厂	C	Si	Mn	P	S	Cr	Ni	Mo	V	Cu
宝钢	0.37	0.24	0.74	0.014	0.010	1.010	1.000	0.18		
住友	0.27	0.12	0.95	0.021	0.014	0.075	0.034	0.29	0.051	0.009
NKK	0.25	0.23	1.55	0.010	0.005	0.860	0.012	0.25		
Grant	0.26	0.24	1.46	0.009	0.009	0.240	0.001	0.39	0.059	0.10

近年来，随着钻井深、难度的增加，对钻杆的强度和韧性提出了更高的要求，加上钻杆材料恶劣的服役环境，对钻杆材料的抗腐蚀疲劳和应力腐蚀的能力提出了更高的要求。因此，人们采用微合金化和热处理方法，用低碳合金钢作为钻杆材料，使其保持高强度的同时具有足够的韧性。低碳合金钢钻杆是一种新型的钻杆，其含碳量在 0.2%~0.24%，见表 8-1。表 8-1 中钻杆钢的化学成分与 API Spec5D 规范同钢级的钻杆相比，其含碳量较低，在 0.23%以下，同时 Mn、P、S 的含量较低，从而减少了钢中的杂质和非金属

夹杂的形成，以提高钻杆的韧性。增加了 Mo 和 Ti 含量有助于改变碳化物的类型和起到细晶强化的作用，从而改善材料对硫化物应力腐蚀的敏感性。这种新型的低碳合金钻杆为典型的回火索氏体组织或者为典型的回火屈氏体组织。

8.4 马氏体/铁素体复相组织钻杆的力学性能

8.4.1 实验材料与方法

实验材料为 S135 钻杆钢，其化学成分如表 8-6 所示。

表 8-6 S135 钻杆钢的化学成分 %

C	Si	Mn	P	S	Ni	Cr	Mo	Ti	Cu	Fe
0.32	0.24	0.75	0.007	0.004	0.25	1.02	0.41	0.06	0.06	余量

表 8-7 为 S135 钻杆钢的力学性能。

表 8-7 S135 钻杆钢的力学性能

σ_s/MPa	σ_b/MPa	ψ/%	δ/%	A_{kv}/J(20℃)	HRC
935	1058	62	22	80	31

实验材料的 A_{C1} 和 A_{C3} 分别按式(8-6)和式(8-7)确定：

$$A_{C1}(℃)=751-16.3C-27.5Mn-5.5Cu-5.9Ni+34.9Si+12.7Cr+3.4Mo \tag{8-6}$$

$$A_{C3}(℃)=881-206C-15Mn-26.5Cu-20.1Ni-0.7Cr+53.1Si+41.7V \tag{8-7}$$

热处理保温时间按式(8-8)计算：

$$\tau=K\times\alpha D' \tag{8-8}$$

式中 τ——加热时间，min；

K——装炉系数；

α——加热系数，根据加热介质、加热温度选取，min/mm；

D'——工件有效厚度，mm。

经过计算，确定盐浴中淬火保温时间为12min，图8-13为S135钻杆钢热处理示意图。

采用DM125-25型盐浴炉对钻杆材料进行热处理，从钻杆管体上切取研究用的毛坯试样，按照图8-13所示的热处理温度分别在760℃、780℃和800℃的35%NaCl+65%$BaCl_2$盐浴中保温12min水淬，获得铁素体和马氏体的复相组织，然后在250℃回火处理1h，回火处理在箱式电阻炉中进行。

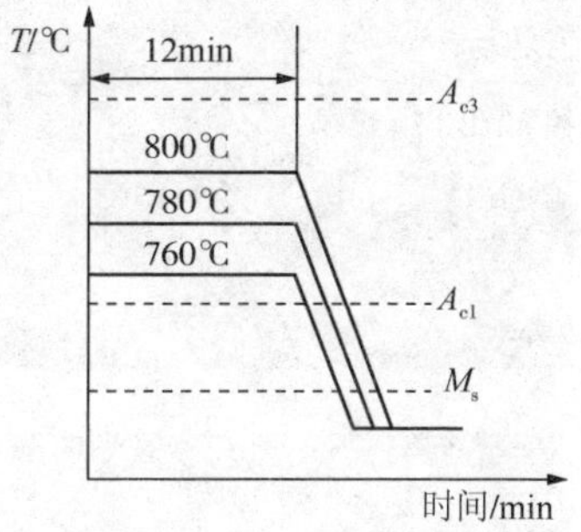

图8-13　钻杆热处理示意图

采用2%硝酸酒精溶液进行化学浸蚀，使用Axiovert 405M光学显微镜（OM）对材料的显微组织进行分析，并使用Micro-imageAnalysis&process软件进行定量分析。

复相处理后的材料按照GB/T 228—2002加工成图8-9所示的拉伸试样，拉伸实验参数与8.3.1节相同。冲击实验采用夏比V型缺口试样，试样尺寸为7.5mm×10mm×55mm，冲击实验在JBC-300型示波冲击试验机上进行，每组取三个试样，求平均值。断口分析在JSM-6390A型扫描电镜（SEM）上进行。

8.4.2　显微组织

图8-14为原始材料和经760℃、780℃和800℃复相化处理后S135钻杆钢的显微组织。可见，原始材料的显微组织为回火索氏体组织。经760℃、780℃和800℃复相化处理后，获得F+M双相组织，其中铁素体呈白亮色，马氏体呈灰色。由图8-14（b）可见，当复相化处理温度为760℃，显微组织为F和M双相组织，其中马氏体呈岛状分布于多边形的铁素体基体上。定量分析表明，马氏体的相对含量约为27.2%，铁素体的相对含量约为62.8%。由图8-14（c）和8-14（d）可见，随着复相化处理温度的升高，马氏体相对含量增加，铁素体相对含量减少，马氏体逐渐连成一片，以网状或群落状分布于铁素体上，铁素体逐渐被马氏体分割成许多小的区域。复相化处理温度越高，铁素体岛越小，分布越弥散。定量分析结果表明，复相化处理温度为780℃时马氏体相对含量约为43.1%，铁素体相对含量约56.9%；复相化处理温度为800℃时，马氏体相对含量约61.5%，铁素体相对含量约38.5%。

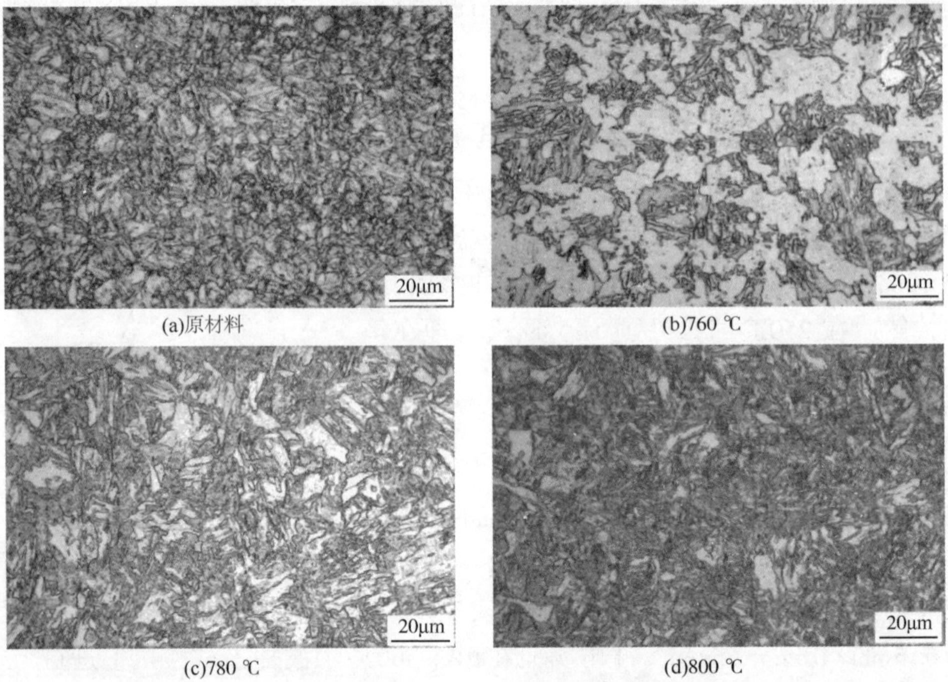

(a)原材料 (b)760 ℃

(c)780 ℃ (d)800 ℃

图 8-14 S135 钻杆钢经不同温度复相化处理后的显微组织

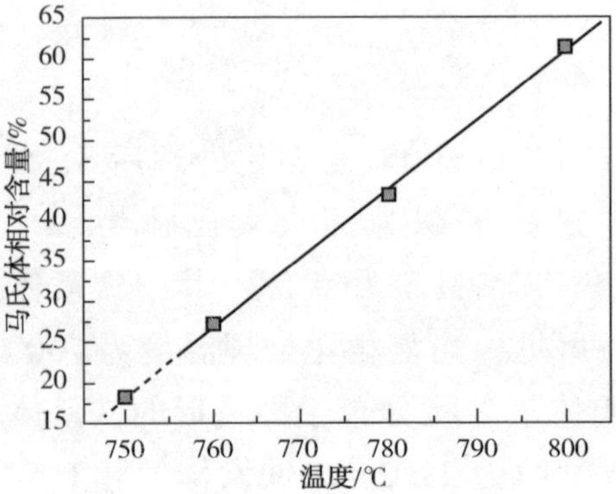

图 8-15 马氏体含量与复相处理温度的关系曲线

图 8-15 为马氏体相对含量与复相化处理温度的关系曲线。可见，随着复相化处理温度的升高，马氏体相对含量增加，且马氏体体积分数与复相化处理温度的变化成良好的直线关系。统计分析，马氏体体积分数与复相化处理温度 T 可表示为：

$$\Phi(M)=13.96+0.865(T-745) \tag{8-9}$$

由式(8-9)的线性关系可知，当复相化处理温度为 750℃时，马氏体的相对含量不超过 20%。

8.4.3 马氏体/铁素体复相组织钻杆的拉伸性能

图 8-16 为原始材料和不同温度复相化处理后材料的应力-应变曲线。可见，原始材料为连续应变硬化型材料，有明显的物理屈服现象，材料屈服之

后应力-应变曲线变得比较平坦。经复相化处理后材料的应力-应变曲线为“圆屋顶”型，且在强度升高的同时屈强比(σ_s/σ_b)相对降低，具有大的应变硬化容量。随着复相化处理温度的升高，材料的强度水平不断提高，伸长率δ逐渐下降，这同马氏体相对含量不断增加、铁素体相对含量不断减少，从而抗拉强度也随之不断升高、整体伸长率下降是一致的；当复相化温度较低时，应力-应变曲线的最大应力附近出现了一个较长的屈服平台，随着复相化处理温度的升高，平台的延伸长度逐渐减小。

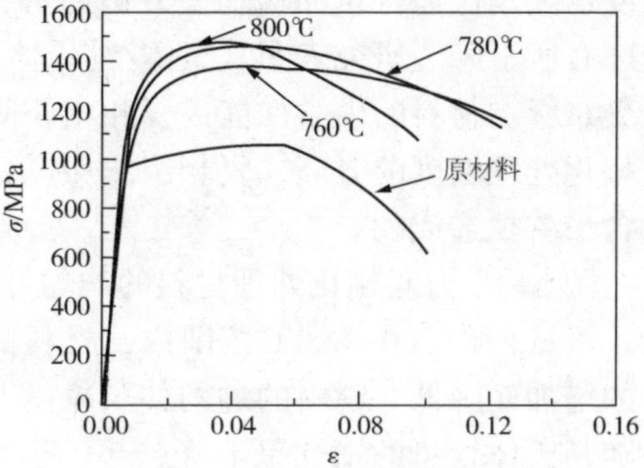

图 8-16　复相化处理后 S135 钻杆钢的应力-应变曲线

表 8-8 为复相化处理后材料的拉伸力学性能指标。可见，复相化处理对材料的力学性能影响较大。在 760~800℃范围，随着复相化处理温度的升高，材料的σ_s和σ_b升高，δ和ψ下降，材料的加工硬化范围和均匀延伸率(UE)下降。与原材料相比，当复相化处理温度为 760℃时，材料的σ_s和σ_b分别升高了 20.3%和 29.6%，ψ和δ分别降低了 22.5%和 21.8%，其加工硬化范围提高了一倍，UE提高了 11.7%；当复相化处理温度为 780℃时，材料的σ_s和σ_b分别升高了 33.7%和 38.1%，ψ和δ分别降低了 35.1%和 28.1%，其加工硬化范围提高了 72.3%，UE提高了 5.9%。当复相化处理温度为 800℃时，材料的σ_s和σ_b分别升高了 40.6%和 39.4%，ψ和δ分别降低了 26.6%和 57.3%，其加工硬化范围提高了 30.8%，UE降低了 7.8%。

表 8-8　复相化处理对 S135 钢力学性能的影响

试样	σ_s/MPa	σ_b/MPa	σ_s/σ_b	加工硬化范围	UE	δ/%	ψ/%
原材料	935	1058	0.88	123	5.1	22	62
760℃	1125	1372	0.82	247	5.7	17.2	48
780℃	1250	1462	0.85	212	5.4	15.8	40.2
800℃	1315	1475	0.89	160	4.7	9.4	45.5

图 8-17 为复相化处理材料的屈服强度和抗拉强度与马氏体含量之间的关系。可见，在 760~800℃范围内，材料的屈服强度和抗拉强度随马氏体含量

的增加而升高。其中材料的屈服强度随马氏体含量的增加呈线性升高，抗拉强度也随马氏体含量的增加呈升高趋势，当马氏体含量达到42%时，其增加幅度有所下降。研究表明铁素体/马氏体双相组织中马氏体组织的形貌、含量及分布影响材料的力学性能。复相组织钻杆材料的强度升高主要是由于随着复相化处理温度的升高，复相组织中马氏体相的相对含量增加，铁素体的相对含量减少造成的。

图 8-18 为复相化处理材料的均匀伸长率和伸长率与马氏体含量之间的关系。可见，在 760~800℃范围内，材料的均匀伸长率和伸长率都随马氏体含量的增加而降低。材料的均匀伸长率随马氏体含量的增加呈线性减少，伸长率随马氏体含量的增加呈下降趋势，当马氏体含量达到 42%时，其下降趋势有所增加。

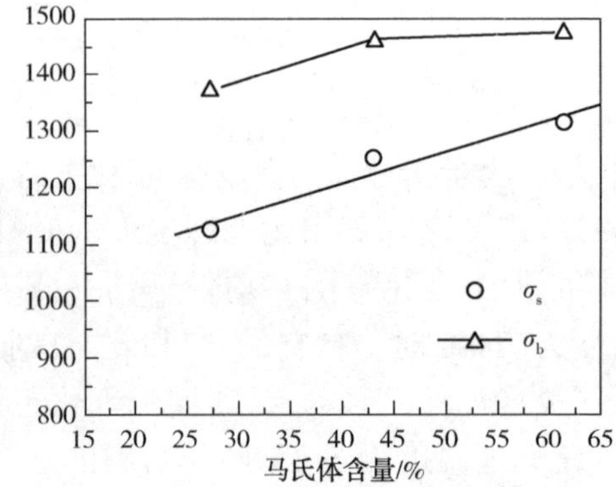

图 8-17　马氏体含量对 S135 钻杆钢屈服强度和抗拉强度的影响

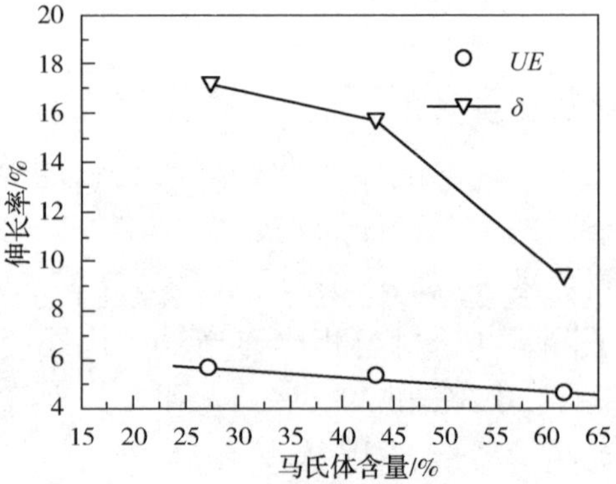

图 8-18　马氏体含量对 S135 钻杆钢均匀伸长率的影响

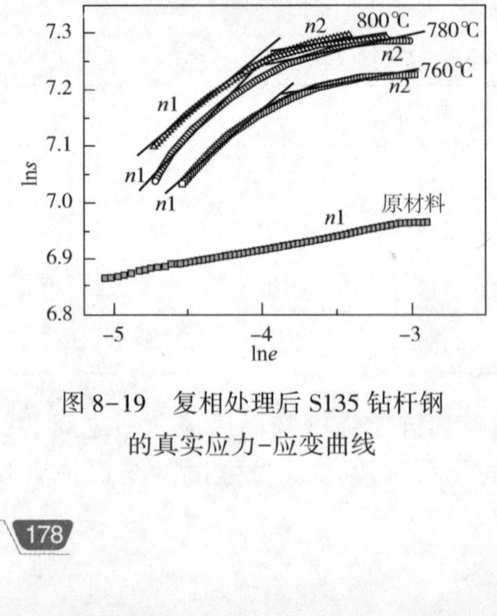

图 8-19　复相处理后 S135 钻杆钢的真实应力-应变曲线

图 8-19 为复相化处理前后材料的应力-应变曲线。表 8-9 为复相化处理材料的不同加工硬化阶段的应变硬化指数。可见，原材料的 ln$s$ 和 ln$e$ 呈线性关系，即有一个 n 值，说明原始材料的加工硬化行为只有一个阶段；经 760℃、780℃和 800℃复相化处理后材料的 ln$s$ 和 ln$e$ 为非线性关系，表明经复相化处理后材料的加工硬化行为可分为两个阶段，即有两个 n 值。双相钢中不同加工硬化阶段可以用不同的

硬化机制解释，一般认为加工硬化的第一阶段和铁素体的变形有关，加工硬化的第二阶段和铁素体与马氏体的协同变形有关。由表 8-9 可见，加工硬化第一阶段具有较大的应变硬化指数，而加工硬化第二阶段的应变硬化指数较小。在加工硬化的第一阶段，随着复相化处理温度的升高，即马氏体相对含量的增加，材料的应变硬化指数呈上升趋势；在加工硬化的第二阶段，随着马氏体含量的增加，材料的应变硬化指数呈下降趋势。

表 8-9　复相化处理试样不同阶段的应变硬化指数

试样	V_m	第 1 阶段，$n1$	第 2 阶段，$n2$
原材料	0	0.0485	—
760℃	27.2	0.2183	0.05112
780℃	43.1	0.2281	0.04864
800℃	61.5	0.2361	0.04506

双相钢表现出多阶段的应变硬化特征，而 Hollomom 方程中单一 K、n 值不足以有效地反应不同阶段的应变硬化行为。基于 Swift 方程的修正 Crussard-Jaoul 法能够灵敏地反映出不同阶段变形的硬化机制，其表达式为：

$$\varepsilon=\varepsilon_0+c\sigma^m \tag{8-10}$$

对式(8-10)两边求偏导数可得到：

$$\ln\left(\frac{\mathrm{d}\sigma}{\mathrm{d}\varepsilon}\right)=(1-m)\ln\sigma-\ln(cm) \tag{8-11}$$

式中　σ 与 ε——应力与应变；

ε_0 和 c——材料常数；

m——修正的 Swift 方程的应变硬化指数，对于不同复相化处理材料的变形，m 表示硬化和软化的综合作用的指数。

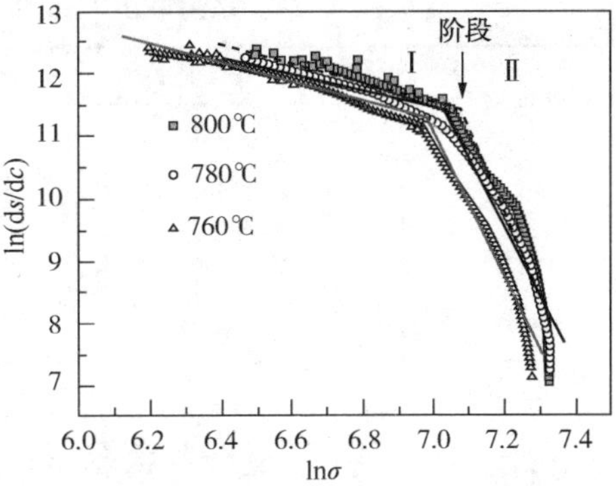

图 8-20　复相处理后 S135 钻杆钢的修正 $C-J$ 分析曲线

图 8-20 为采用修正的 $C-J$ 分析获得不同温度复相化处理后材料的 $\ln(\mathrm{d}\sigma/\mathrm{d}\varepsilon)$ 与 $\ln\sigma$ 曲线。可见，复相化处理后材料的应变硬化行为具有两个

不同的阶段，在这里将应变硬化性能发生改变的应变称为“转折应变”，用 ε_t 表示。

由式(8-11)可知，$\ln(d\sigma/d\varepsilon)$ 与 $\ln\sigma$ 直线的斜率即为 $1-m$。表 8-10 为不同温度复相化处理材料修正 $C-J$ 分析应变硬化行为参数，m_1 和 m_2 分别表示第一阶段和第二阶段修正的 Swift 方程应变硬化指数。由于在修正的 Swift 方程中，应力作为自变量，m 为 Hollomm 分析中应变硬化指数 n 的倒数，因此，修正方程中的 m 越小，应变硬化能力越强。由表 8-10 可见，经复相化处理后，试验钢在第一阶段的低应力应变区的应变硬化能力强烈，而在第二阶段高应力区的应变硬化能力弱。随着复相化处理温度的升高，第一阶段的应变区的斜率 $1-m_1$ 从-1.66 增大到-1.34，m_1 从 2.66 减小到 2.34，这说明在塑性变形开始阶段，S135 钢随着复相化处理温度的升高、应变硬化能力增强。第二阶段的高应力区随着复相化处理温度的升高，斜率 $1-m_2$ 从-10.94 减小到-12.36，m_2 从 9.94 增加到 11.36，这说明在高应力区，随着复相化处理温度的升高、应变硬化能力减弱。并且，ε_t 随着复相化处理温度的升高而减小。复相组织是马氏体和铁素体的复合体，其变形过程受两相变形行为的影响，在复相组织中铁素体为基体相，马氏体为强化相，其含量与形态对复相钢的力学性能起决定性的作用。在变形的第一阶段，即低应变条件下，变形主要发生在铁素体上，随着复相组织中马氏体含量的增加，马氏体对铁素体的应力增大，铁素体内位错密度升高，塑性变形时铁素体内位错迅速增加并产生缠绕和塞积，从而导致第一阶段具有加强的应变硬化能力。在变形的第二阶段，即产生较大的变形时，复相组织中马氏体和铁素体可视为等应变变形，两者的应变不相容性减少，因此该阶段的加工硬化能力有所减弱。

表 8-10 采用修正 $C-J$ 估计试验钢的应变硬化行为参数

热处理温度	第Ⅰ阶段		第Ⅱ阶段		转折应变 ε_t/%
	m_1	$1-m_1$	m_2	$1-m_2$	
760℃	2.66	−1.66	9.94	−10.94	3.75
780℃	2.43	−1.43	10.73	−11.73	2.62
800℃	2.34	−1.34	11.36	−12.36	1.64

8.4.4 马氏体/铁素体复相组织钻杆的硬度和冲击性能

图 8-21 为复相化处理后材料的 A_{kv} 和 HRC 随马氏体含量变化的关系曲线。可见，随着复相组织中马氏体含量的增加，材料的硬度 HRC 呈线性增加

趋势，冲击功呈线性减小趋势。与原材料相比，当复相化处理温度为760℃时，材料的 *HRC* 升高了13.5%，材料的 A_{kv} 降低了5%；当复相化处理温度为780℃时，材料的 *HRC* 升高了24.5%，材料的 A_{kv} 降低了22.5%；当复相化处理温度为800℃时，材料的 *HRC* 升高了29.3%，材料的 A_{kv} 降低了32.5%。在铁素体/马氏体复相组织中，马氏体的形貌、分布及体积分数等对复相组织材料的力学性能影响较大。在760~800℃复相化处理温度范围，随着复相化处理温度的升高，马氏体由岛状分布变为片状分布，其晶粒尺寸增大，体积分数由27.2%增加到61.5%。分析认为马氏体形貌的变化和体积分数的增加是导致试验材料 A_{kv} 下降和 *HRC* 升高的主要原因。

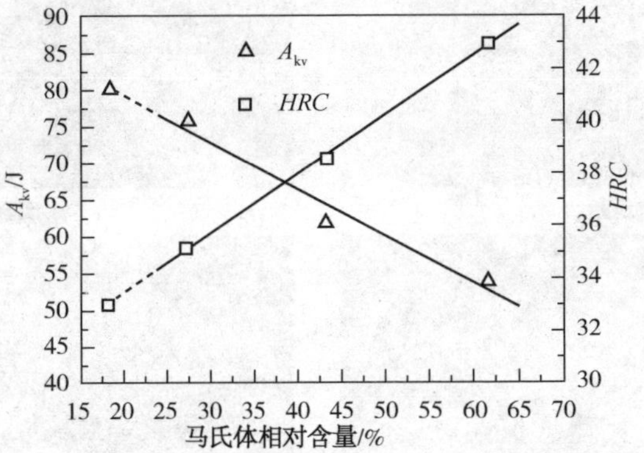

图8-21　马氏体含量对S135钻杆钢冲击功和 *HRC* 的影响

经统计分析，复相化处理后材料的 A_{kv} 和 *HRC* 与马氏体含量分别满足下列直线关系：

$$A_{kv}=91.94-0.636\Phi(M) \quad (8-12)$$

$$HRC=28.92+0.228\Phi(M) \quad (8-13)$$

由式(8-12)和式(8-13)的直线关系外推可知，当复相组织中马氏体含量控制在15%~20%时，即复相化处理温度为750℃，S135钻杆钢复相组织的冲击功与原材料的冲击功相近，其强度值略有升高。

8.4.5　马氏体/铁素体复相组织钻杆钢的断口形貌和断裂表面

(1) 复相组织钻杆钢拉伸断口形貌和断口表面分析

图8-22为S135钻杆钢的拉伸断口宏观和微观形貌。可见，S135钻杆钢的拉伸断裂属于韧性断裂，试样在断裂前发生了明显的颈缩，宏观断口呈杯锥状，具有拉伸断口特征三要素，即纤维区、放射区和剪切唇区，见图8-22(a)。纤维区位于光滑圆棒试样的中央，其微观断口为典型的韧窝形貌，在

韧窝底部未见明显的第二相质点，见图 8-22(b)。在放射区，放射线以纤维区为中心呈辐射状，沿放射线形成二次开裂现象，见图 8-22(a)，从微观上看，放射区为解理小平面，见图 8-22(c)。剪切唇区位于断裂试样的边沿，在剪切唇区，其微观形貌为少量的大韧窝周围分布着小韧窝，见图 8-22(d)。

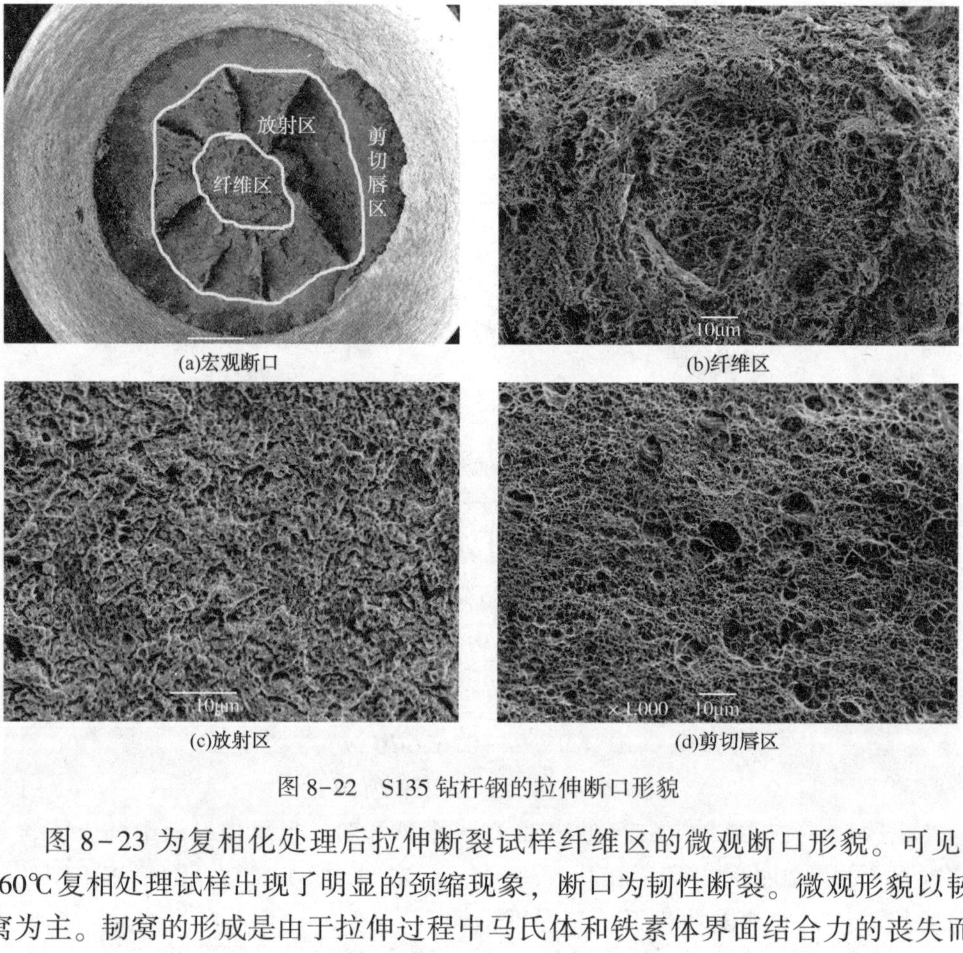

(a)宏观断口　(b)纤维区　(c)放射区　(d)剪切唇区

图 8-22　S135 钻杆钢的拉伸断口形貌

图 8-23 为复相化处理后拉伸断裂试样纤维区的微观断口形貌。可见，760℃复相处理试样出现了明显的颈缩现象，断口为韧性断裂。微观形貌以韧窝为主。韧窝的形成是由于拉伸过程中马氏体和铁素体界面结合力的丧失而成核。大量塑性变形造成位错塞积，从而产生应力集中。当应力增大到一定程度时，铁素体和马氏体相间的结合力降低，形成微孔。当试样发生颈缩时，微孔急剧扩大并相连，最终通过孔洞之间金属的剪切断裂孔洞逐渐达到最后断裂。780℃复相化处理后，微观断口形貌以较多的韧窝和较平坦的小刻面为主要断裂特征。800℃复相化处理后，微观断口形貌以较平坦的解理小刻面和少量韧窝为主要断裂特征。对于 780℃、800℃复相处理的试样，由于铁素体、马氏体相的塑性应变不相容，在两相界上产生应力集中，使马氏体开裂。马

氏体开裂后，其裂纹扩展过程是与开裂马氏体相邻的铁素体晶粒的解理，最终断裂是以脆性断裂方式发生。

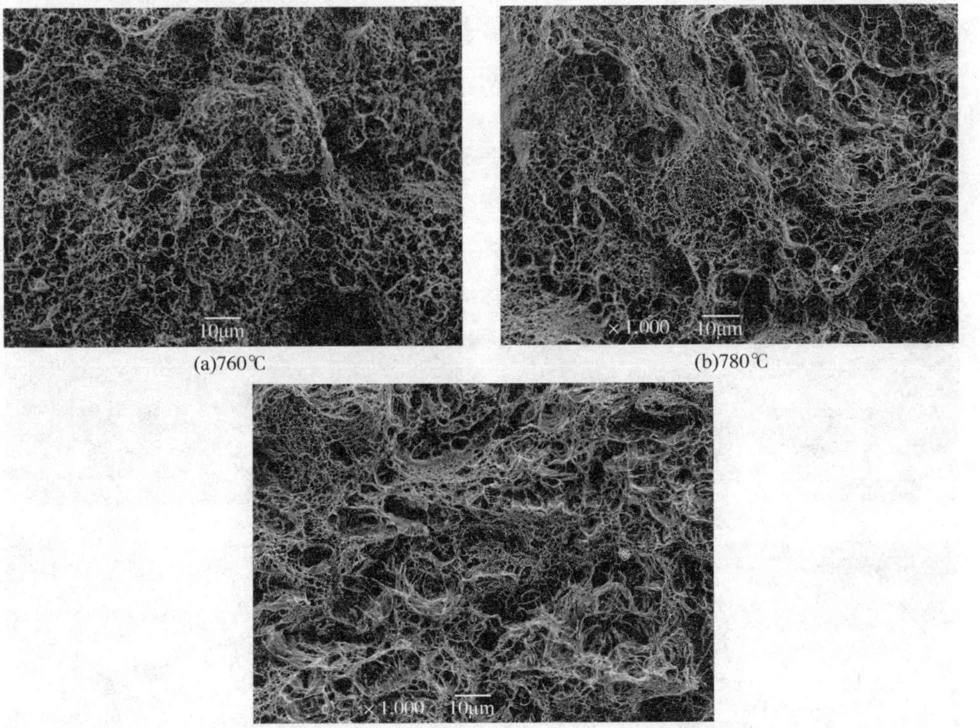

(a)760℃ (b)780℃

(c)800℃

图 8-23　复相化处理后 S135 钻杆钢的拉伸断口纤维区微观形貌

图 8-24 为 780℃复相处理后 S135 钻杆钢的拉伸断口表面和次表面的扫描电镜照片。可见，经 780℃复相化处理后材料的拉伸断口形貌为较多的韧窝和较平坦的小刻面，其断裂特征为混合断裂，见图 8-24(a)。断裂次表面的微观组织形貌见图 8-24(b)、(c)和(d)。可见，断裂次表面存在着微孔和微裂纹，微孔和微裂纹主要在马氏体/铁素体相界或在马氏体的狭缝中形成。在拉应力作用下，马氏体/铁素体复相组织中较软的铁素体相首先发生塑性变形，在塑性变形过程中，形成微孔导致颈缩的产生，颈缩区微孔的分布控制着最终的失效模式。一方面双相钢中微孔的形成和非金属夹杂或马氏体颗粒有关，另一方面微孔的形成和铁素体/马氏体晶界的分离和马氏体的断裂有关。由于铁素体、马氏体的塑性变形不相容，马氏体对铁素体塑性变形存在约束作用，由于应力集中的作用在马氏体间狭缝内铁素体相中产生微孔，微孔相互连接生成初生微裂纹。随着应力的增大，微裂纹继续在铁

素体中扩展，但当微裂纹扩展遇到马氏体时，受到马氏体的阻碍，裂纹发生转折或绕过马氏体、或越过相界在马氏体中继续扩展、或使马氏体相开裂，这是由于材料在应力作用下，铁素体、马氏体相的塑性应变不相容，在两相界面上产生应力集中，使马氏体开裂。随着应力的不断增大，裂纹在马氏体中不断扩展。因此，微裂纹与拉伸方向呈一定的角度(图中白色箭头所指为拉伸方向)。

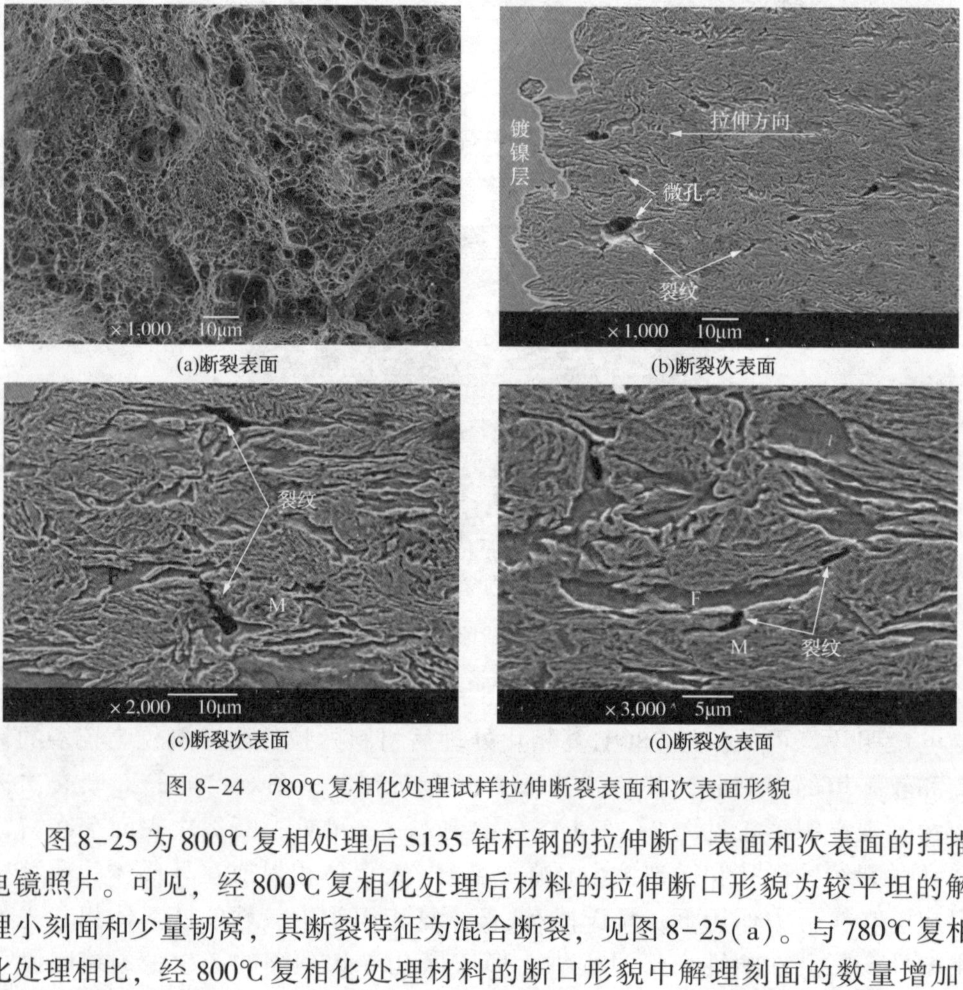

(a)断裂表面　(b)断裂次表面

(c)断裂次表面　(d)断裂次表面

图 8-24　780℃复相化处理试样拉伸断裂表面和次表面形貌

图 8-25 为 800℃复相处理后 S135 钻杆钢的拉伸断口表面和次表面的扫描电镜照片。可见，经 800℃复相化处理后材料的拉伸断口形貌为较平坦的解理小刻面和少量韧窝，其断裂特征为混合断裂，见图 8-25(a)。与 780℃复相化处理相比，经 800℃复相化处理材料的断口形貌中解理刻面的数量增加，出现明显的撕裂棱，断口表面存在许多二次裂纹。图 8-25(b)、(c)和(d)为断裂次表面的微观组织形貌。可见，800℃复相化处理材料断裂次表面同样存在着微孔和微裂纹，微孔和微裂纹主要在马氏体/铁素体相界或在马氏体的狭缝中形成。与 780℃复相化处理相比，800℃复相化处理材料断裂次表面的微孔和微裂纹的尺寸要大得多，且微孔的数目要少。其主要原因是经 800℃复

相化处理后显微组织中马氏体的含量增加，在受力变形的过程中，较硬的马氏体易于发生开裂。

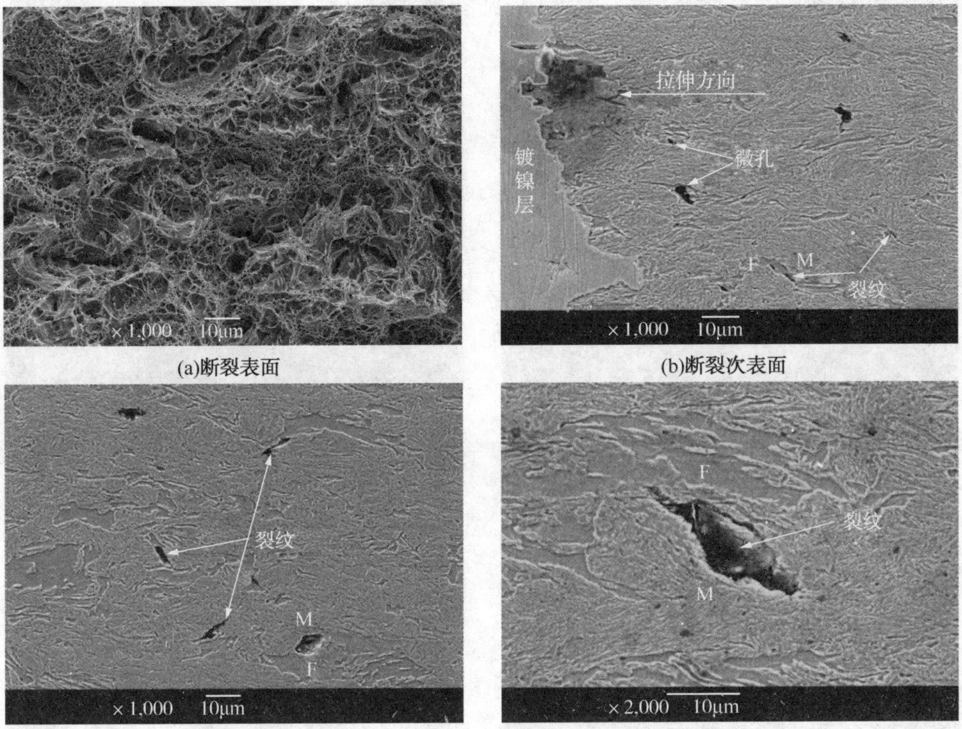

(a)断裂表面　(b)断裂次表面

(c)断裂次表面　(d)断裂次表面

图 8-25　800℃复相化处理试样拉伸断裂表面和次表面形貌

（2）复相组织钻杆钢冲击断口形貌和断口表面分析

图 8-26 为不同温度复相化处理后 S135 钻杆钢的冲击断口宏观形貌。可见，原始材料的冲击断口主要由纤维区，放射区和剪切唇区三部分组成，其中纤维区和剪切唇区在断口表面所占比例约为 40%。断口三个区域的相对比例和分布取决于材料韧性的优劣，纤维区和剪切唇区的相对比例较大则材料的韧性越好。通常裂纹源位于缺口根部的中段亚表面处，对于韧性较好的材料，裂纹沿两侧和纵深方向稳定扩展，形成中部突进式的纤维区，然后失稳扩展形成放射状的花样，即放射区，最后形成剪切唇，见图 8-26(a)。经 760℃复相化处理后材料的冲击断口也存在纤维区、放射区和剪切唇区；与原始材料相比，760℃复相化处理材料放射区的放射状花样更加清晰，纤维区和剪切唇区所占的比例相当，见图 8-26(b)。经 780℃复相化处理后材料的冲击断口也存在纤维区、放射区和剪切唇区；与原始材料和 760℃复相化处理材料相比，780℃复相化处理材料的纤维区和剪切唇区所占的比例明显减少，

约占断口总面积的25%，见图8-26(c)。经800℃复相化处理后材料的冲击断口只存在纤维区和放射区，放射区所占的比例较大，放射区的放射状线条明显，可观察到明显的结晶状颗粒，见图8-26(d)。

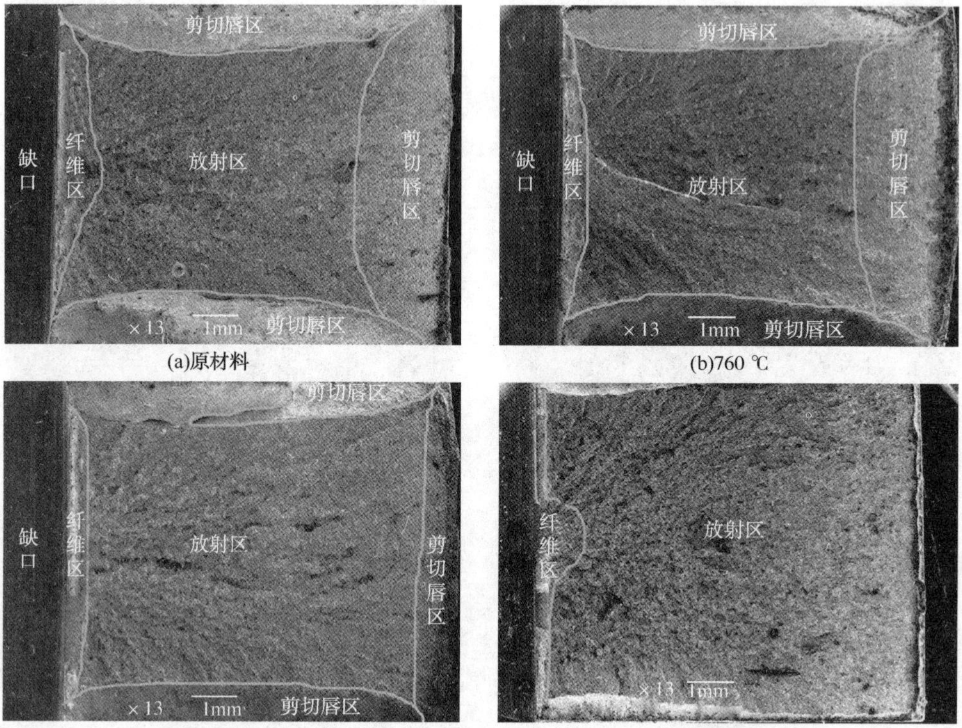

图8-26　复相化处理对S135钻杆钢冲击断口宏观形貌的影响

图8-27为S135钻杆钢的冲击断口宏观形貌和不同区域的微观断口形貌。可见，S135钻杆钢冲击断口纤维区的微观特征为韧窝，韧窝密集、分布均匀，在大韧窝周围密集着小韧窝；放射区为准解理断裂，准解理小平面之间以撕裂方式连接，可看到明显的撕裂棱，断裂方式接近韧窝断裂；剪切唇区的微观特征为韧窝。

图8-28为不同复相化温度处理材料冲击纤维区的微观断口形貌。可见，复相化处理温度为760℃，冲击断口纤维区的微观形貌以等轴韧窝和少量的撕裂棱为主要特征；复相化处理温度为780℃，冲击断口纤维区的微观形貌以解理平面和周围形成的撕裂棱为主要断裂特征，随着复相化处理温度的升高，撕裂棱的起伏变平坦，解理小刻面的比例增加。当复相化处理温度为800℃，冲击断口纤维区断口表面几乎观察不到撕裂棱，其断裂特征为解理断裂，在解理面上存在少量的二次裂纹。从以上断口分析可知，在实验温度范围内随着复相化处理温度的升高，材料的冲击韧性下降，脆性增大。

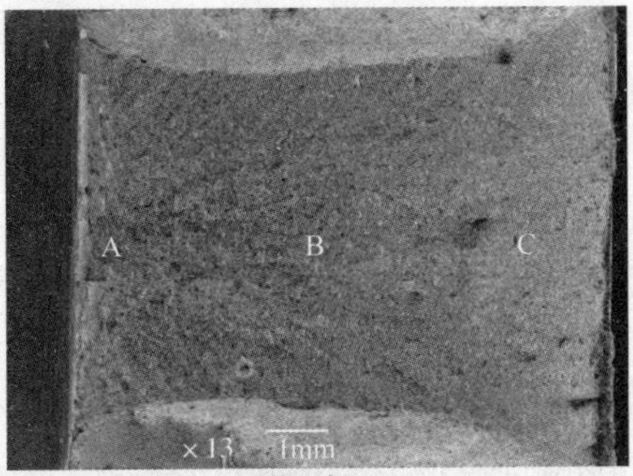

(a)宏观断口

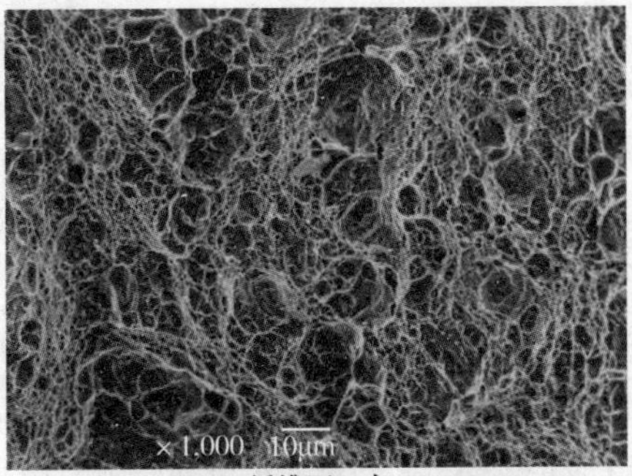

(b)纤维区(*A*点)

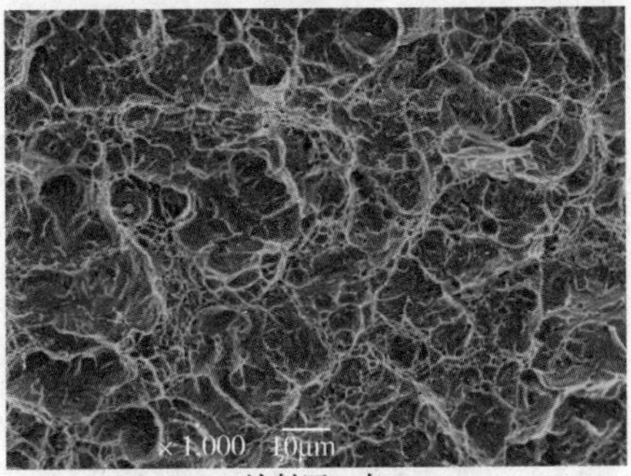

(c)放射区(*B*点)

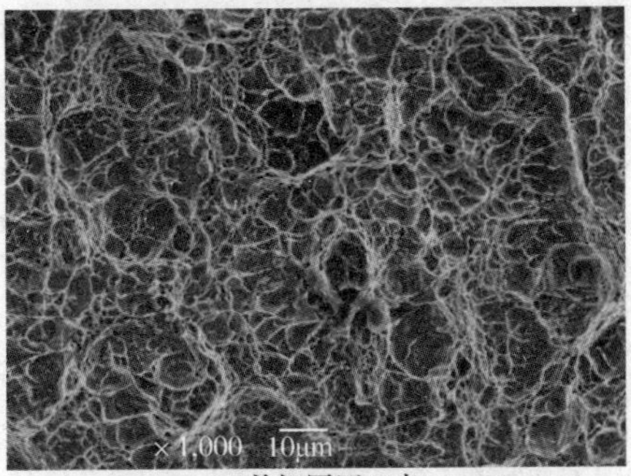

(d)剪切唇区(*C*点)

图 8-27　S135 钻杆钢冲击断口不同区域的形貌

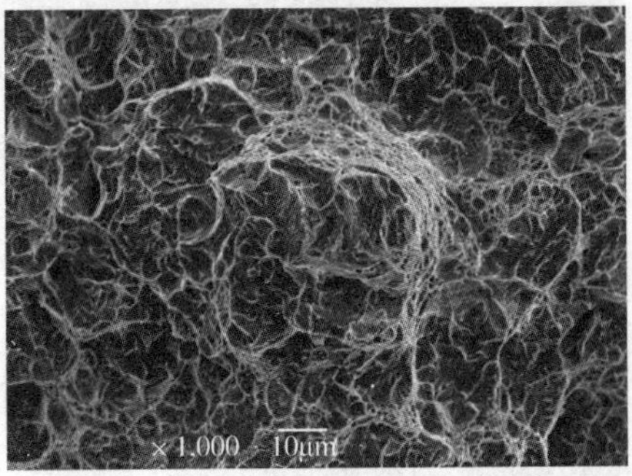

(a)760℃

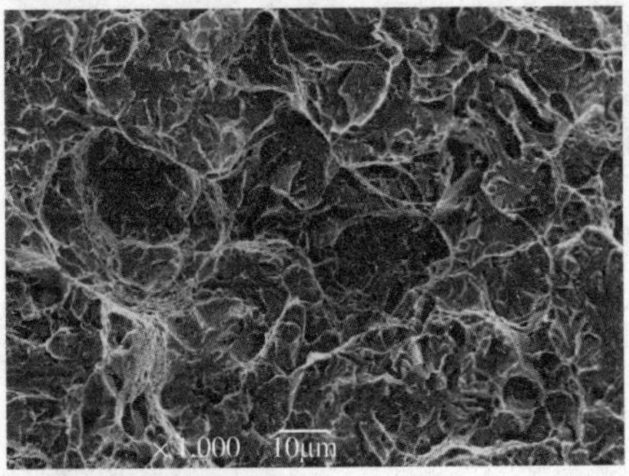

(b)780℃

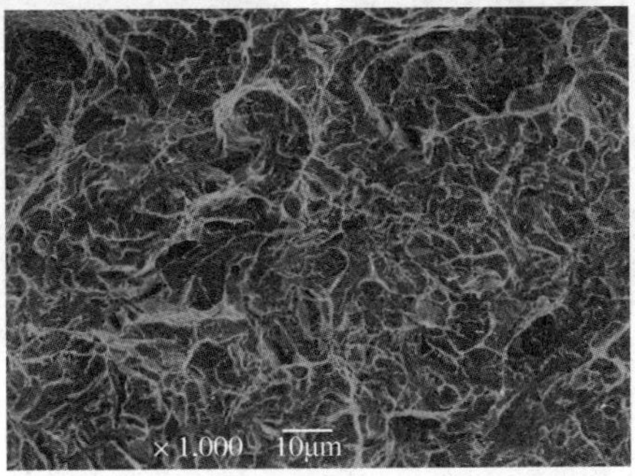

(c)800℃

图 8-28　复相化处理后 S135 钻杆钢的冲击断口纤维区微观形貌

图 8-29 为 780℃和 800℃复相化处理材料冲击断口表面和次表面的扫描电镜照片。可见，780℃复相化处理材料的冲击断口形貌是以解理平面和少量撕裂棱为特征的混合断裂。由图 8-29(b)可见，冲击断口次表面存在少量的微裂纹，微裂纹首先在马氏体/铁素体晶界的铁素体相中萌生，微裂纹萌生后首先在铁素体相内扩展，当微裂纹扩展到相界面遇到马氏体，裂纹将在马氏体中扩展或者绕过马氏体，微裂纹的扩展方向几乎和冲击方向平行。与 780℃复相化处理拉伸断裂次表面形貌相比，780℃复相化处理冲击断裂次表面只存在微裂纹，没有微孔存在，并且微孔的数目相比拉伸要少得多。800℃复相化处理材料的冲击断口形貌以解理平面为主要特征。由图 8-29(d)可见，冲击断口次表面存在大量的微裂纹，没有发现微孔。微裂纹主要萌生于马氏体/铁素体相界或马氏体的狭缝，微裂纹形成后将会扩展，裂纹在扩展过程中遇到相界的约束而导致扩展方向发生改变，从而使裂纹与冲击方向呈一定的角度。

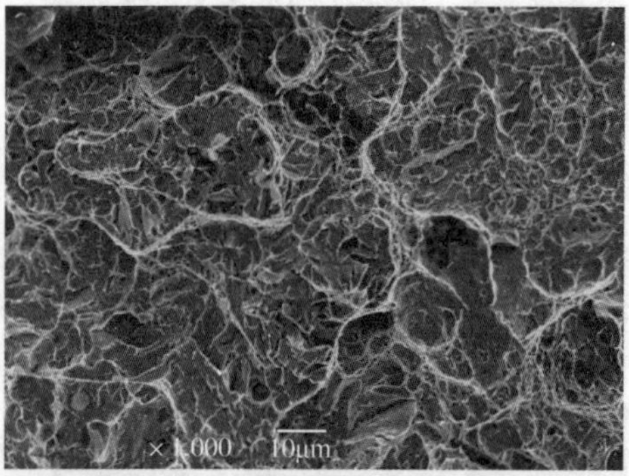

(a)780℃断裂表面

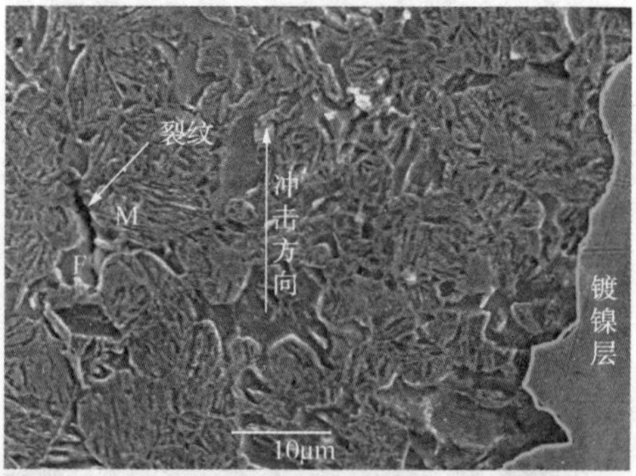

(b)780℃断裂次表面

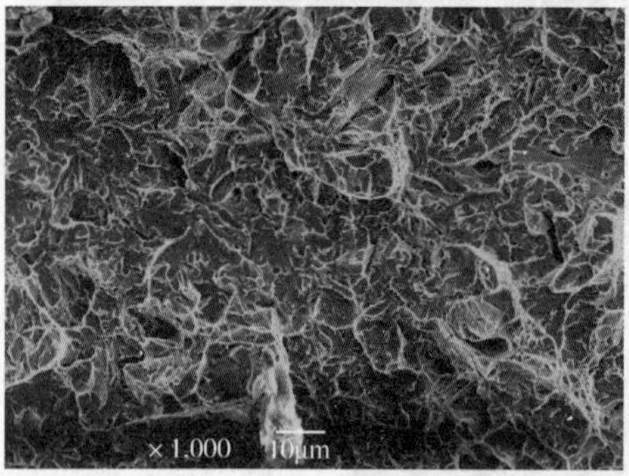

(c)800℃断裂表面

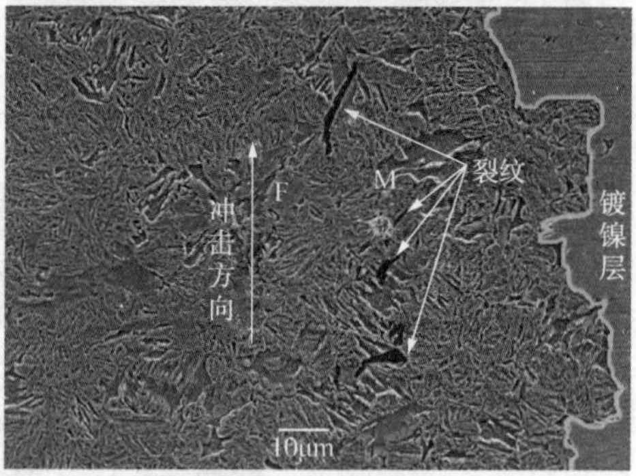

(d)800℃断裂次表面

图 8-29　780℃、800℃复相化处理试样冲击断裂表面和次表面形貌

8.5 贝氏体/马氏体复相组织钻杆的力学性能

8.5.1 实验材料与方法

试验材料为国内某厂家生产的ϕ127mm×9.19mm，S135钢级钻杆，其化学成分如表8-11所示，微观组织为调质处理后的回火索氏体组织，晶粒度8级，如图8-30所示。该钻杆在调质状态下纵向室温夏比V型试样的冲击功为80J(7.5mm×10mm×10mm试样)。

表8-11 试验用钢的化学成分 %

元素	C	Si	Mn	P	S	Cr	Mo	Ni	V	Ti	Cu	其余
含量/%	0.33	0.25	0.83	0.010	0.004	0.98	0.20	1.00	0.006	0.007	0.01	Fe

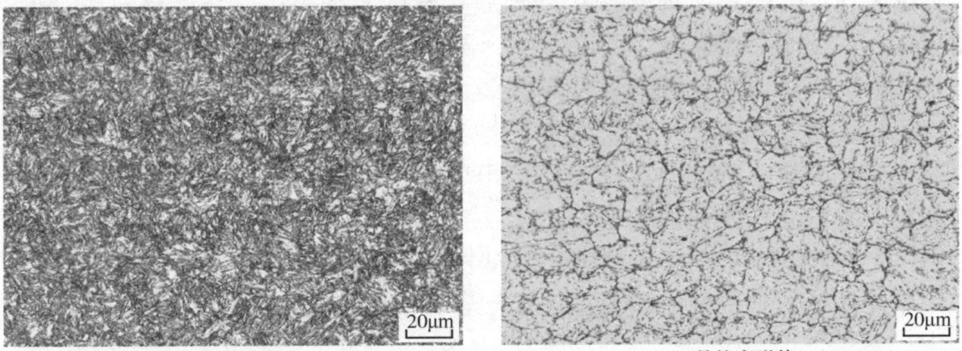

(a)回火索氏体组织　(b)晶粒度形貌

图8-30 原始试样组织特征

热处理工艺为850℃保温60min后，在280℃的55%KNO_3+45%$NaNO_3$盐浴中淬火不同时间，获得不同含量的下贝氏体，之后水淬至室温，获得贝氏体/马氏体复相组织。对不同复相组织分别在220℃，360℃，500℃进行90min的回火处理，具体工艺见表8-12，然后综合对比分析其力学性能。

宏观力学试验按照API Spec 5D标准执行。拉伸试验采用纵向标准圆棒拉伸试样，在Instron 880试验机进行；冲击试验采用3/4尺寸夏比V型缺口冲击试样，在室温下冲击；疲劳试验为拉-拉疲劳，采用标准疲劳试样在AMSLER高频疲劳实验机上测试S-N曲线。

透射电镜原位拉伸试验在JEM-200EX型透射电子显微镜下进行，加速电压 160kV；拉伸台最大载荷 200N，最大拉伸长度 3mm，加载速度在 0～0.1mm/min 之间任意可调；拉伸试样为 10mm×3mm 薄片，预磨至 0.06mm，双喷减薄后进行原位拉伸试验。

表 8-12　S135 钻杆材料的热处理工艺

组织	奥氏体化	1 次淬火	2 次淬火	回火
$35\%B_{下}+M$	860℃，1 小时	280℃盐浴 15 分钟	水淬	220/360/500℃，1.5 小时
$55\%B_{下}+M$	860℃，1 小时	280℃盐浴 30 分钟	水淬	220/360/500℃，1.5 小时
$75\%B_{下}+M$	860℃，1 小时	280℃盐浴 60 分钟	水淬	220/360/500℃，1.5 小时
$>90\%B_{下}+M$	860℃，1 小时	280℃盐浴 120 分钟	水淬	220/360/500℃，1.5 小时
回火索氏体	/	在线水淬	/	高温回火

8.5.2　显微组织

图 8-31～图 8-34 为复相化处理后钻杆的金相组织。钻杆材料出厂时为调质态，如图 8-31 所示。可以看出，随着等温时间的增加，贝氏体含量增加，并且贝氏体铁素体针的尺寸越来越大。先析出的贝氏体铁素体针不断长大。贝氏体中铁素体针生长呈各向同性，部分贝氏体铁素体针基本上横穿一个晶粒，将晶粒一分为二，说明先析出的贝氏体铁素体针对奥氏体晶粒有分割作用，对以后马氏体的转变会产生一定的影响。图 8-35、图 8-36 为复相组织经过 500℃回火后的金相组织，从图可看出，回火后贝氏体铁素体及马氏体轮廓依然可见，说明经过回火后组织没有发生回复再结晶现象。

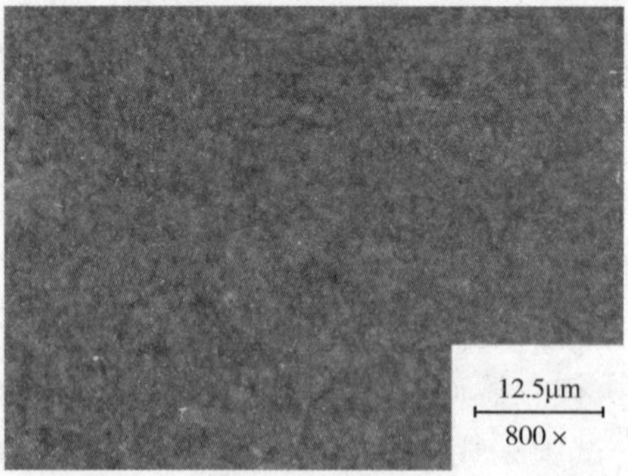

图 8-31　调质态

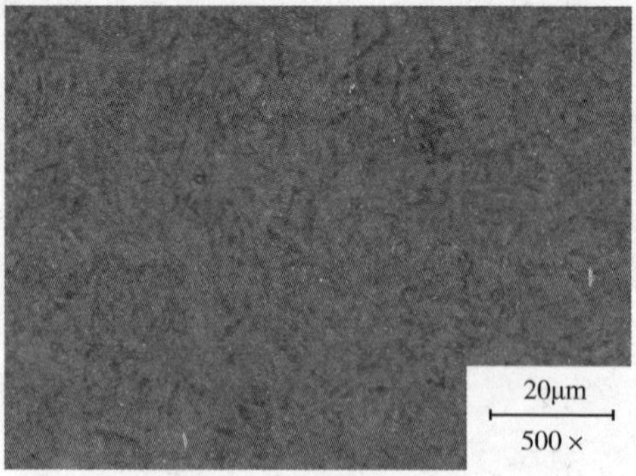

图 8-32　$35\%B_{下}$+马氏体

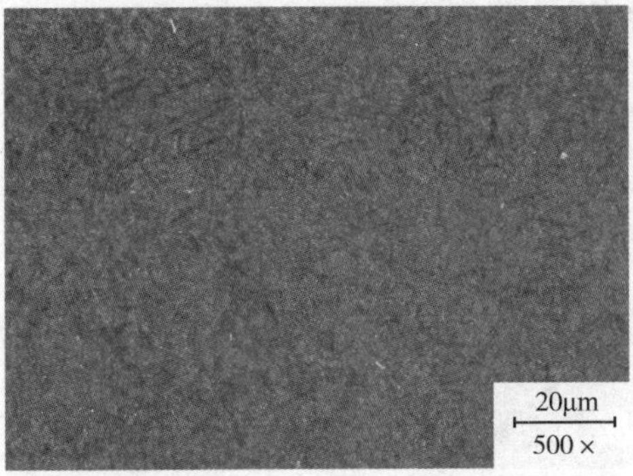

图 8-33　55%$B_下$+马氏体

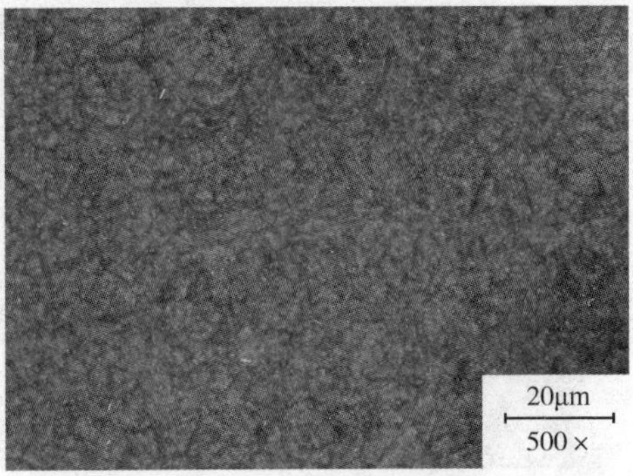

图 8-34　>90%$B_下$+马氏体

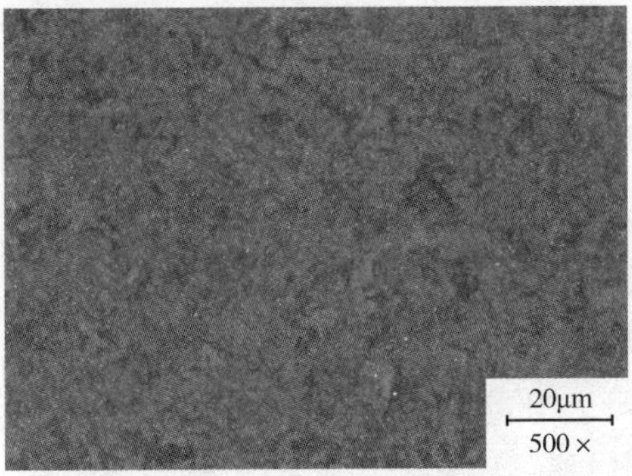

图 8-35　55%$B_下$+马氏体经 500℃回火

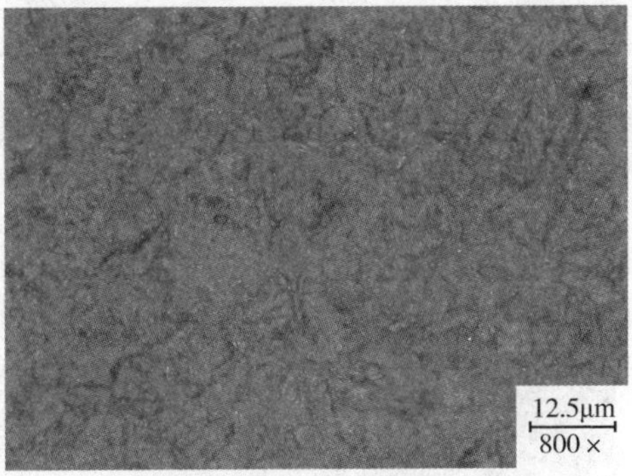

图 8-36　35%$B_下$+马氏体经 500℃回火

为了明确区分贝氏体与马氏体，采用透射电镜对微观组织进行了对比分析。下贝氏体和马氏体的特征主要区别是其二次析出相与板条束的方向性差异，如图 8-37 所示。马氏体二次析出相与板条束基本平行，而贝氏体二次析出相则与板条束呈现明显的夹角。从图 8-38(a)也可看出，材料中马氏体与下贝氏体复相组织的差异，其中下贝氏体中的碳化物为柳叶状，细而长；在马氏体与贝氏体中间的黑色区域中存在高密度的位错。图 8-38(b)为复相组织经过 220℃回火的碳化物的形貌，其形状为纺锤状或细长的柳叶状，马氏体相中有细小的碳化物析出。图 8-38(c，d)分别为复相组织经过 360℃、500℃回火以后碳化物及马氏体相的形貌，经过回火，马氏体相中有细小的碳化物析出，且位错密度有所降低，其中有低位错区；贝氏体相中碳化物则基本发生球化现象，并且在贝氏体铁素体基体上出现无规则分布的细小弥散碳化物。复相组织的贝氏体中碳化物经过回火后的形貌也不相同，如图 8-38(c)所示，其中有的开始球化或变粗变大，有的则基本保持着低温回火时的形貌，即因回火温度过低，组织变化不充分。

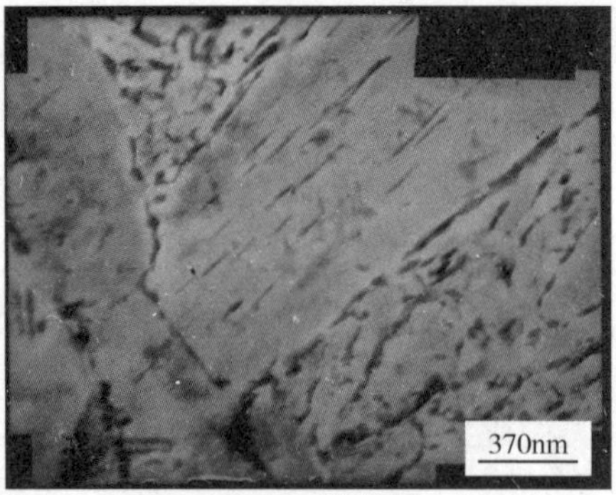

(a) TEM下马氏体特征

(b) TEM下贝氏体特征

图 8-37　TEM 下马氏体/贝氏体特征

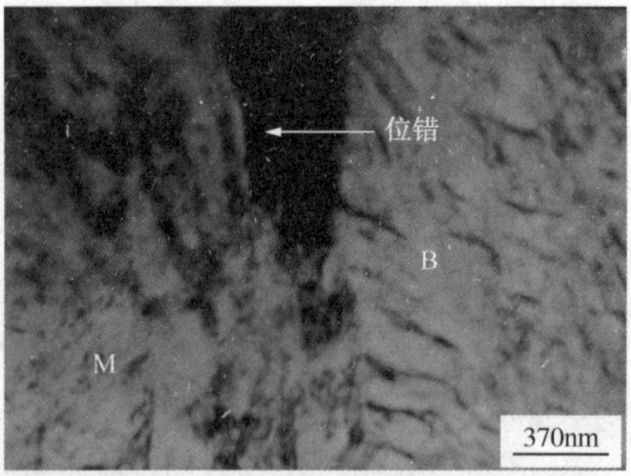

(a)淬火态

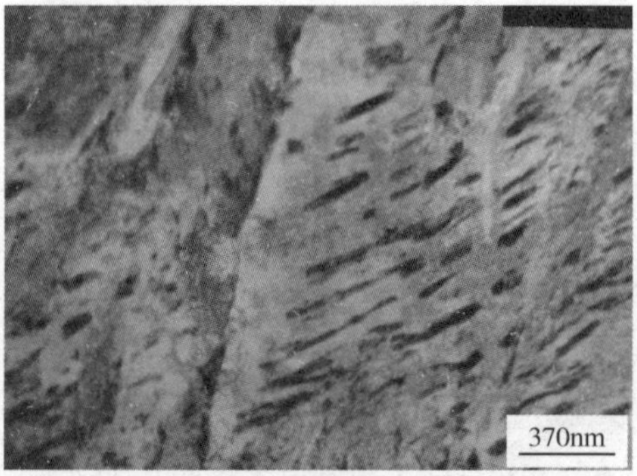

(b)220℃回火态

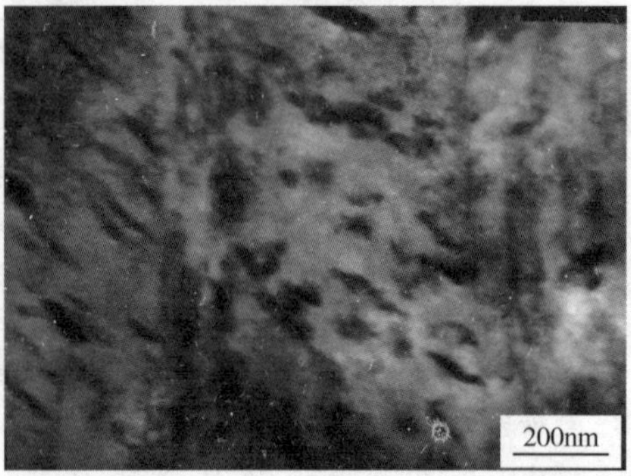

(c)360℃回火态

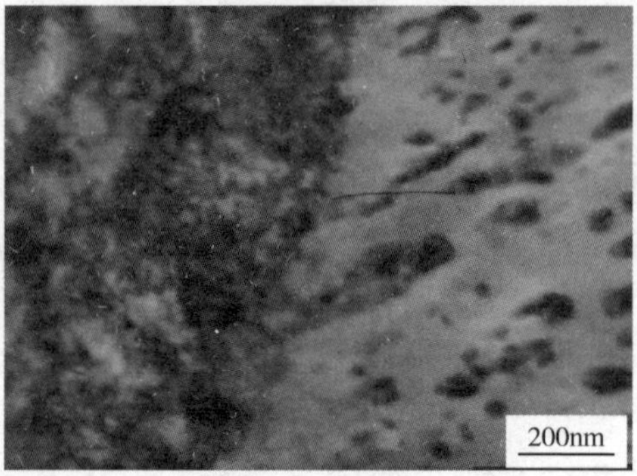

(d)500℃回火态

图 8-38　35%贝氏体含量复相组织结构形貌

8.5.3　贝氏体/马氏体复相组织钻杆的拉伸性能

图 8-39、图 8-40 以及表 8-13、表 8-14 为复相组织钻杆的拉伸性能。可以看出，随着贝氏体含量的增加及相应回火温度的升高，材料的抗拉强

度与屈服强度均下降，除组织中贝氏体含量最高的复相组织经500℃回火后其抗拉强度与屈服强度低于调质态外，其他组织状态材料的抗拉强度与屈服强度均不同程度地高于调质态或与其相当。含有不同含量贝氏体组织的复相组织经不同回火处理后材料强度的变化规律一致；与淬火态相比，中低温回火后相同贝氏体含量组织的强度下降的速率较小，而经500℃高温回火后其材料的强度下降的速率较大。贝氏体含量比较高的复相组织，经过高温回火后依然保持较高的强度，根据美国石油学会对石油钻杆材料的规定，其所有组织状态就其抗拉强度与屈服强度而言，全部满足美国石油学会对S135钻杆材料的要求，并且大部分组织明显高于标准规定的最低要求。因此，复相组织钻杆可满足该钢级钻杆强度设计要求。

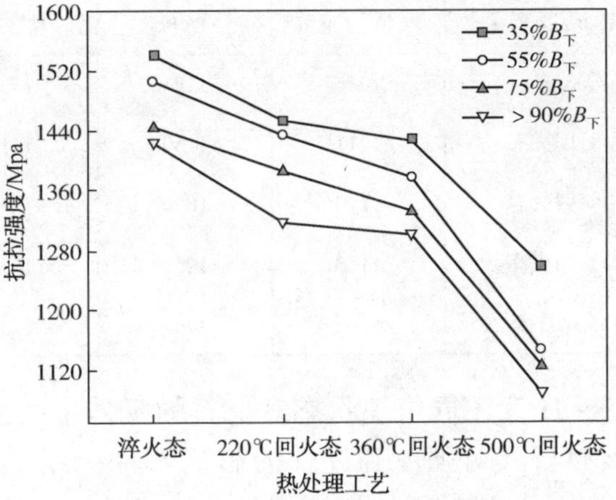

图8-39　不同组织及回火温度下材料的抗拉强度变化

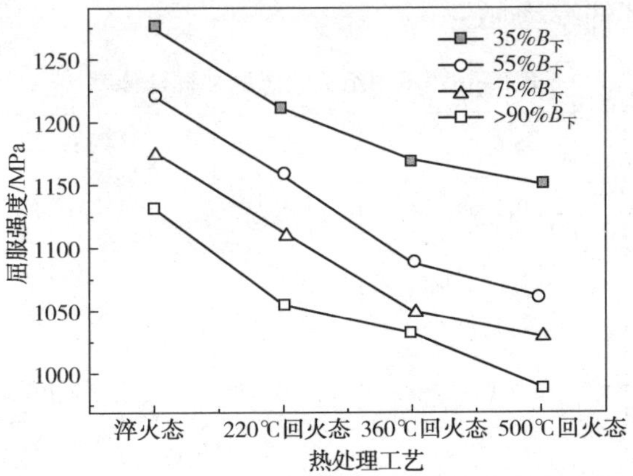

图8-40　不同组织及回火温度下材料的屈服强度变化

表 8-13　S135 钻杆材料调质态与不同含量贝氏体复相组织的抗拉强度

项目	热处理状态	35% $B_{下}$	55% $B_{下}$	75% $B_{下}$	>90% $B_{下}$
抗拉强度/MPa	淬火态	1541	1507	1446	1423
	220℃回火态	1453	1434	1385	1316
	360℃回火态	1425	1378	1333	1300
	500℃回火态	1259	1148	1126	1088
	S135 调质态		1120		

表 8-14　S135 钻杆材料调质态与不同含量贝氏体复相组织的屈服强度

项目	热处理状态	35%$B_{下}$	55%$B_{下}$	75%$B_{下}$	>90%$B_{下}$
屈服强度/MPa	淬火态	1276	1221	1176	1134
	220℃回火态	1211	1159	1113	1055
	360℃回火态	1170	1090	1049	1032
	500℃回火态	1150	1063	1031	990
	S135 调质态		1031		

表 8-15 和图 8-41 为不同组织状态对材料的延伸率的影响。可见，组织状态对延伸率的影响与其对强度和韧性的影响基本一致。当材料的韧性高、强度低时，延伸率较大；当材料的韧性值和强度相近时，延伸率变化不明显，当材料的韧性变化较大时，延伸率也有明显的变化。即材料的强度下降、韧性增加，材料的延伸率增加。

表 8-15　不同组织状态的试样延伸率

热处理状态	35% $B_{下}$	55% $B_{下}$	75% $B_{下}$	>90% $B_{下}$
淬火态	0. 1363	0. 145	0. 146	0. 1552
220℃回火态	0. 1496	0. 154	0. 161	0. 161
360℃回火态	0. 1512	0. 161	0. 171	0. 173
500℃回火态	0. 168	0. 176	0. 192	0. 201
调质态	0. 18			

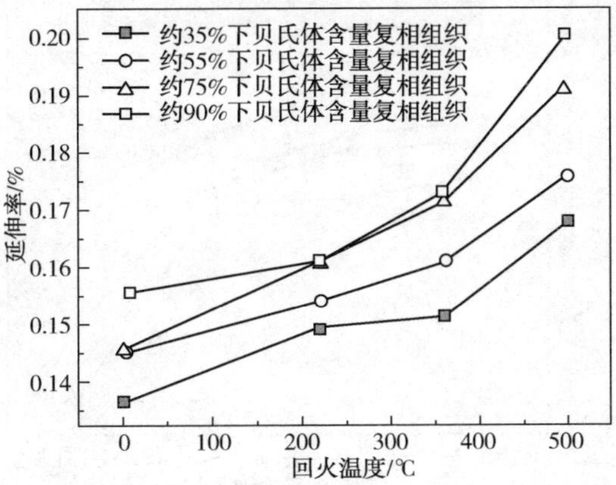

图 8-41　不同贝氏体含量复相组织延伸率变化规律

8.5.4　贝氏体/马氏体复相组织钻杆的硬度和冲击性能

表 8-16 和图 8-42 为贝氏体含量和回火温度对材料硬度的影响。可见，随着材料中下贝氏体含量的增加，材料的硬度下降；随着复相组织回火温度的升高，相同复相组织的硬度下降。对比发现，除 90%下贝氏体含量复相组织硬度稍低于相同材料调质态的硬度外，其他组织状态的硬度均不同程度地高于调质态的硬度；其结果与 90%下贝氏体含量复相组织的强度低于调质态相同，说明强度的变化与硬度的变化关系密切。复相组织中低温回火后硬度下降的速率相对较慢，高温回火后硬度下降的速度较快，下贝氏体含量的增加也对材料的硬度有所影响，其结果是材料的硬度下降。

表 8-16　不同组织的试样硬度变化

贝氏体含量	35%	55%	75%	>90%
淬火态	45.8	43.1	42.2	40.8
220℃回火态	44.5	42.5	41.8	39.8
360℃回火态	42.5	40.7	40.3	39.6
500℃回火态	38.9	34.4	34.4	31.2
调质态	33			

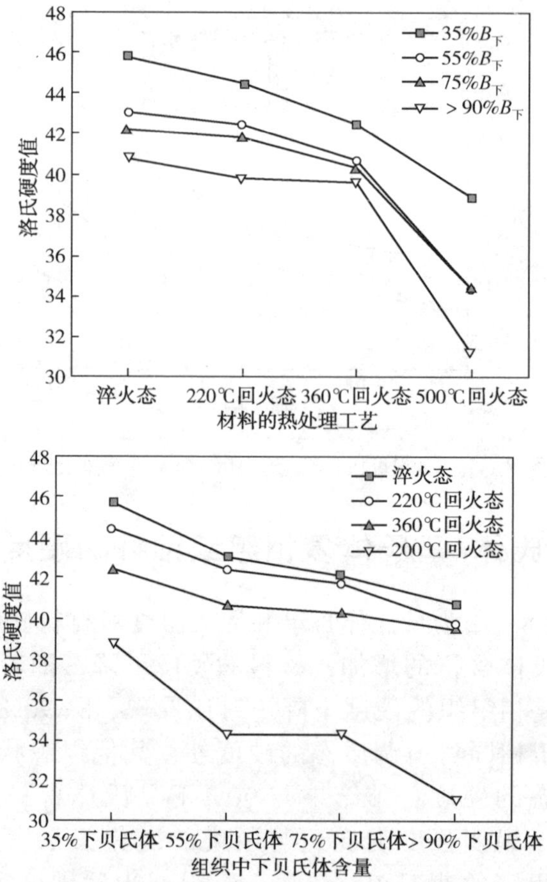

图 8-42　复相组织硬度变化规律

表 8-17 和图 8-43 为复相组织钻杆冲击韧性的测试结果，可见，随着贝氏体含量的增加与回火温度的升高，材料的缺口冲击功有不同程度增加。低温回火时，贝氏体含量对材料的缺口冲击功值的影响作用不太明显。在 360℃以下回火温度对材料的缺口冲击韧性影响不大，随着回火温度的升高，材料的冲击功略有增加；但 500℃回火后不同比例复相组织的缺口冲击韧性都有大幅增加。500℃回火后的 75%贝氏体含量复相组织的抗拉强度与原始调质态试样抗拉强度相当，但其缺口冲击功明显高于原始调质态。

表 8-17　S135 钻杆材料调质态与不同含量贝氏体组织的冲击功

状态	含量			
	35% $B_下$	55% $B_下$	75% $B_下$	>90% $B_下$
淬火态	62.9	63.4	66.4	69.2

续表

状态	含量			
	35% $B_下$	55% $B_下$	75% $B_下$	>90% $B_下$
220℃回火态	64.2	65.8	69.3	70.0
360℃回火态	65.9	70.6	72.7	75.2
500℃回火态	94.5	126.0	147.6	177.8
S135 调质态	80			

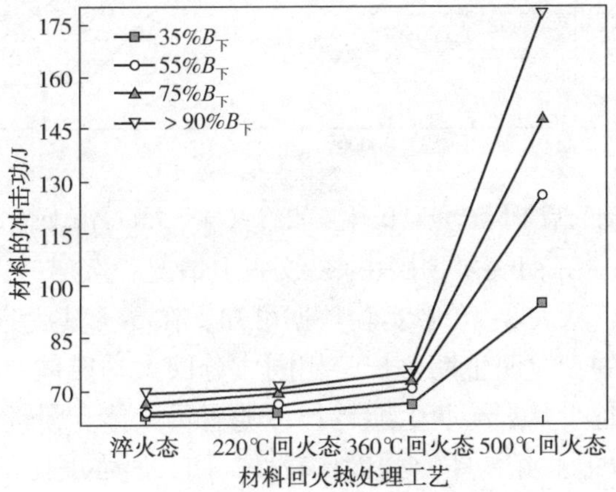

图 8-43　不同组织及回火温度下材料的冲击功变化

根据美国石油学会对材料的缺口冲击韧性的规定，其缺口冲击功的值必须满足 $A_{kv} \geqslant 54J$；从测试结果可看出，所有复相组织状态的缺口冲击功均高于 API 对材料功的规定指标。500℃回火后各复相组织缺口冲击功均明显高于普通调质后回火索氏体组织，贝氏体含量增加会显著提高复相组织的冲击韧性，贝氏体与马氏体复相回火组织要优于原始调质状态。另外，与钻杆“先漏后破”准则提出的指标(115J)相比，复相组织钻杆均可以达到其要求，而且具有显著的安全余量。

8.5.5　贝氏体/马氏体复相组织钻杆的疲劳性能

图 8-44 为 500℃回火后不同含量贝氏体复相组织的 $S-N$ 曲线。可见，随着贝氏体含量的增加，材料的疲劳极限有下降趋势。从测定的 $S-N$ 曲线上可看出，含有贝氏体组织的复相组织其曲线斜率都比单一的马氏体回火组织的斜率绝对值小。可推测贝氏体的存在对材料的疲劳强度的影响比较大，它的存在对疲劳强度不利。但是，与原始调质态组织相比，尽管贝氏体的存在降低疲劳极限，但其疲劳强度值仍然要高于调质态。

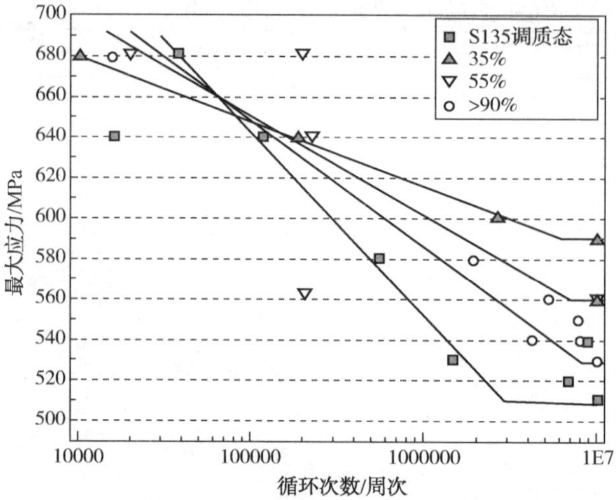

图 8-44　500℃回火后不同含量贝氏体复相组织与淬火和高温回火的 S-N 疲劳曲线

表 8-18 为同一载荷下不同组织的裂纹萌生情况。选定应力比 $R=0.25$，选定载荷为 $\sigma=652$MPa。从表 8-18 中实验数据可知，在高于其疲劳极限的应力下，含有贝氏体复相组织的裂纹萌生期要长于相同成分回火马氏体单一组织的裂纹萌生期，且贝氏体含量越少其裂纹萌生期越长；随着贝氏体含量的增加其裂纹萌生期变短，其原因在于贝氏体组织本身强度比较低，回火后强度比马氏体回火后的强度更低，造成疲劳裂纹容易在应力集中处萌生，但依然高于单一的回火马氏体组织。

表 8-18　同一载荷下不同组织的裂纹萌生情况

材料组织状态	调质态	$55\%B_下+M$	$>90\%B_下+M$
$N_{0.15}$	20336 周次	26668 周次	22824 周次

选定应力比 $R=0.25$，载荷为 $90\%\sigma_{-1}$ 下。对不同组织进行裂纹萌生情况测定，其结果见表 8-19。从表 8-19 中数据可知，90%下贝氏体/马氏体复相组织具有非常强的裂纹萌生抗力；从数据来看，调质态的萌生期相对于 90%下贝氏体/马氏体复相组织的要短很多，可知调质态的疲劳裂纹扩展期比较长，其疲劳寿命主要体现在裂纹的扩展期；裂纹萌生以后裂纹扩展速度比较慢；而复相组织的疲劳裂纹萌生期所占比例较大，其疲劳寿命体现为裂纹的萌生期；裂纹萌生以后裂纹可能扩展比较快。

表 8-19　不同组织在疲劳极限附近的裂纹萌生情况

材料组织状态	调质态	$90\%B_下+M$
$N_{0.15}$	77670 周次	>285321 周次

综上所述，随着贝氏体含量及回火温度的增加，材料的拉伸强度、屈服强度都有下降的趋势，但缺口冲击功有上升的趋势，特别是500℃回火以后明显增加。对于疲劳性能而言，贝氏体含量的增加对疲劳极限不利，但仍然高于淬火和高温回火组织的疲劳强度。当贝氏体含量较高时，其裂纹萌生期要大大长于调质态的裂纹萌生期；下贝氏体的存在使得裂纹的萌生抗力增加，能延长裂纹萌生时间。

8.5.6 贝氏体/马氏体复相组织钻杆钢断口形貌

(1) 拉伸断口分析

图 8-45 为不同下贝氏体含量复相组织试样的静拉伸断口形貌。可见，随着复相组织中下贝氏体含量增加，拉伸断口中纤维区所占断口比例有所增加，放射区所占比例有所减小，剪切唇比例有所增大，说明材料的韧性随组织中下贝氏体含量增加而提高。对不同比例复相组织的拉伸断口进行对比发现，当下贝氏体含量大于35%时，其断口纤维区、放射区及剪切唇区明显可见；当下贝氏体含量约35%时，拉伸断口上出现了明显的台阶，基本观察不到放射条纹，剪切唇区也不太明显。对比发现，75%下贝氏体含量复相组织的拉伸断口中纤维区的面积要明显大于约55%下贝氏体含量复相组织的断口中的纤维区。下贝氏体含量约35%时断口上出现台阶的原因可能是由于等温淬火后复相组织有较高的强韧性，但组织中回火的马氏体相存在，其脆性倾向比较大，从而出现断口上的台阶，其特征一般出现在高强度钢中。

图 8-45 不同贝氏体含量试样的拉伸断口

图 8-46 为同一下贝氏体含量复相组织进行不同温度的回火、等温淬火后的拉伸断口形貌。可见，等温淬火后的断口形貌中没有出现明显的纤维区、放射区及剪切唇区，仅有一明显的大台阶，说明材料的强度高，韧性相对偏低，其形貌如图 8-46(a)所示。当等温淬火的复相组织经过不同温度回火后断口上出现了明显的纤维区、放射区及剪切唇区断口要素，其断口形貌如图 8-46(b)~图 8-46(d)所示。可见，随着回火温度的增加，其材料的拉伸断口上三要素也有所变化，断口中纤维区所占整个断口的面积有小幅度增大；剪切唇区的面积有所减小，说明材料强度有所下降，韧性有所升高。断口形貌观察及抗拉强度、缺口冲击韧性分析表明，随着对下贝氏体/马氏体复相组织回火温度的升高，其材料的强度呈下降规律，而其材料缺口冲击韧性则增加。

(a)淬火

(b)220℃回火

(c)360℃回火

(d)500℃回火

图 8-46 热处理工艺试样的拉伸断口(约 35%下贝氏体含量)

图 8-47 为不同下贝氏体含量复相组织等温淬火态的纤维区微观形貌。可见，其微观形貌以等轴韧窝为主，并且存在一些二次小裂纹及第二相孔洞；随着下贝氏体含量的增加，断口纤维区中表面起伏状态有所增大。断口中二次裂纹的张开的程度变小，数量减少并消失。当下贝氏体含量较少时，其韧性较差，断口形貌中出现了较多的二次裂纹，其断口形貌如图 8-47(a)所示；当下贝氏体含量增加时二次裂纹减少，如图 8-47(b)所示；下贝氏体非常高时，基本上没有二次裂纹出现，表面只有韧窝与孔洞，其形貌如图 8-47(d)所示。从断口特征的变化可

知，材料中下贝氏体含量较少时，由于马氏体的存在其韧性相对较差；随着贝氏体含量的增加其韧性有所增加，相应的表面起伏变大，二次裂纹减小或变小。

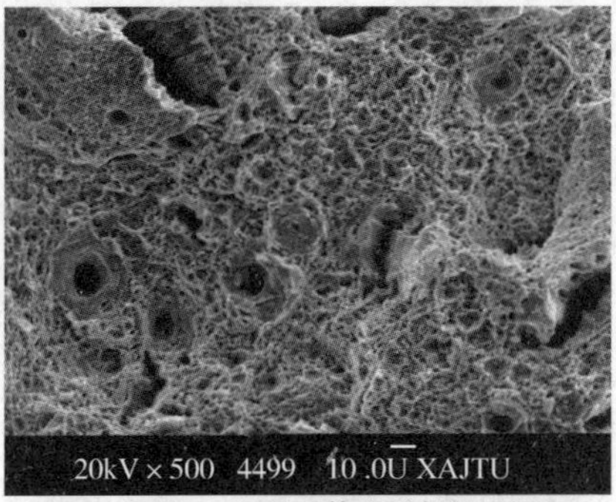

(a)约35%下贝氏体含量复相组织

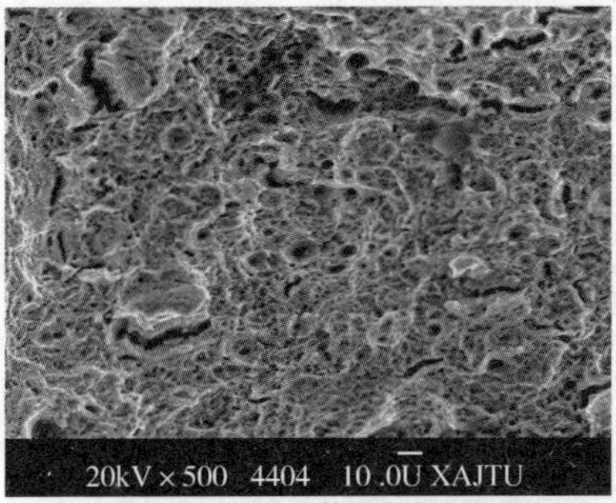

(b)约55%下贝氏体含量复相组织

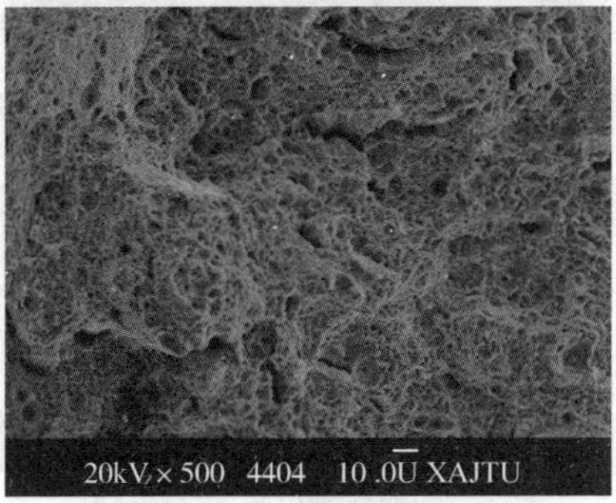

(c)约75%下贝氏体含量复相组织

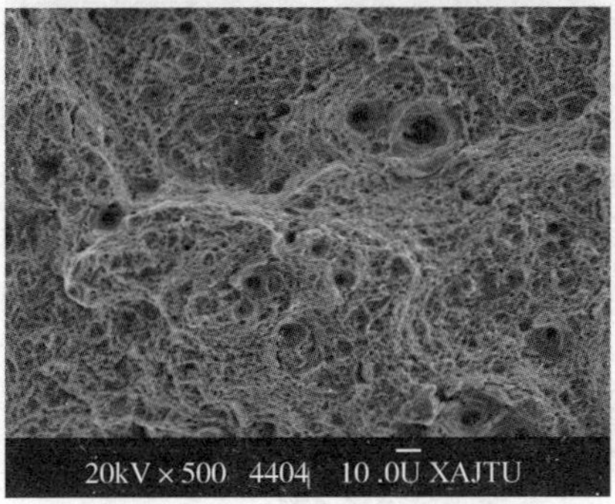

(d)约90%下贝氏体含量复相组织

图 8-47　不同下贝氏体含量复相组织纤维区的微观形貌(等温淬火态)

图 8-48 为下贝氏体含量约为 35%的复相组织，经过不同温度回火后的拉伸断口纤维区形貌。可见经低温 220℃ 回火以后其纤维区中二次裂纹的数量明显减少，其孔洞数量也减少，如图 8-48(a)所示，其说明经过回火后材料的韧性有所增加；经高温 500℃ 回火以后，纤维区表面的起伏增大、材料中二次裂纹已经消失，而相对于等温淬火态及低温回火后的韧窝变大，如图 8-48(b)所示，说明经过高温回火后材料的韧性有明显增加。

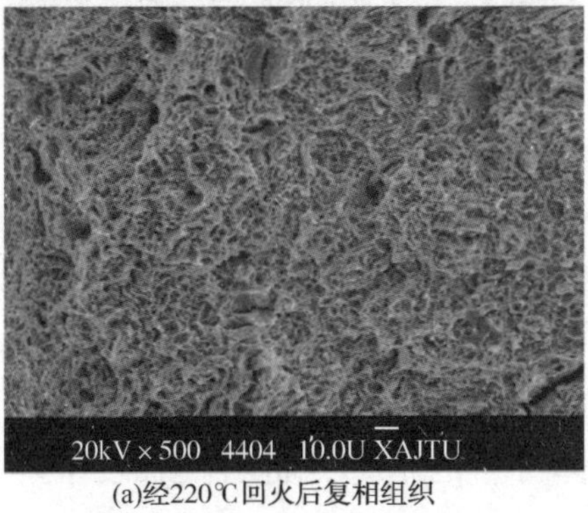

(a)经220℃回火后复相组织

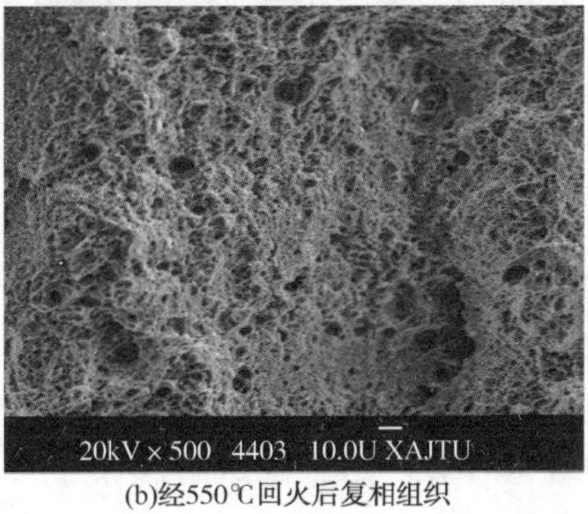

(b)经550℃回火后复相组织

图 8-48　相同下贝氏体含量不同温度回火复相组织纤维区的微观形貌(约 35%下贝氏体含量)

图 8-49 是约 35%下贝氏体含量复相组织拉伸断口不同区域的微观形貌，可见，纤维区的微观形貌为韧窝，且有较多二次裂纹，表面有较大起伏。断口放射区形貌如图 8-49(b、c)所示，其特点为表面起伏程度变小，断口形貌仍然以韧窝为主；也存在一定的二次裂纹，但距离纤维区越远、二次裂纹存在的数量越小，基本上消失。断口剪切唇区形貌如图 8-49(d)所示，其扫描电镜下形貌主要也是韧窝，为剪切韧窝。相对于纤维区与放射区韧窝，因其受到最后的剪切力，韧窝比较小，且有一定的方向性；此外，在唇区观察到了表面有明显的起伏。这是因为唇区为材料断裂时最后断裂的区域，由于其受力原因，撕裂较明显，故而在表面会有起伏的现象。

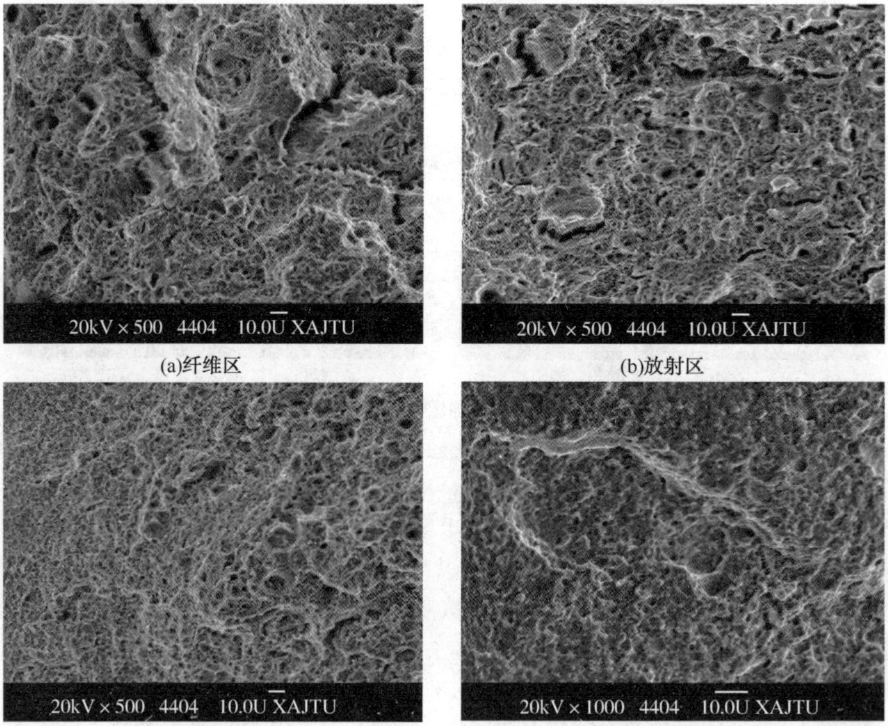

(a)纤维区 (b)放射区

(c)靠近唇区的放射区 (d)剪切唇区

图 8-49 纤维区、放射区及唇区形貌(约 35%下贝氏体含量，等温淬火态)

综上所述，下贝氏体/马氏体复相组织中贝氏体含量及回火热处理温度会对材料拉伸断口产生一定的影响。静拉伸试样微观断口形貌主要为韧窝，并且可以观察到二次裂纹。随着材料中下贝氏体相含量的增加以及回火温度的提高，纤维区、放射区以及剪切唇区的变化规律与拉伸强度及缺口冲击韧性的变化规律相一致；随着材料中下贝氏体含量的增加，材料的强度下降，韧性增加；随着回火温度的升高，相同下贝氏体含量复相组织的强度下降，材料韧性增加，特别是高温回火后强度下降较多，韧性增加较大。

（2）冲击断口分析

图 8-50 为不同比例下贝氏体含量复相组织的缺口冲击宏观断口形貌。可见，随着复相组织中下贝氏体含量的增加，等温淬火态的缺口冲击断口形貌非常相似，断口表面比较粗糙，放射区内的撕裂棱都比较明显；断口表面有明显的撕裂棱，表明等温淬火态的复相组织比一般的淬火态组织有较高的韧性。不同比例复相组织的纤维区的面积大小，随着下贝氏体含量的增加其面积有所增加，但是增加的幅度不大；纤维区面积的增加说明在冲击过程中裂纹萌生的时间有所增加，也表明材料的韧性有所增加；放射区撕裂棱的起伏不同，说明裂纹形成以后在放射区内扩展的速度有所不同。对断口表面上纤维区与剪切唇区在整个断口上所占的比例进行计算，发现随着下贝氏体含量的增加其所占比例有不同程度地增加，说明随着下贝氏体含量的增加，材料的缺口冲击韧性有所增加。

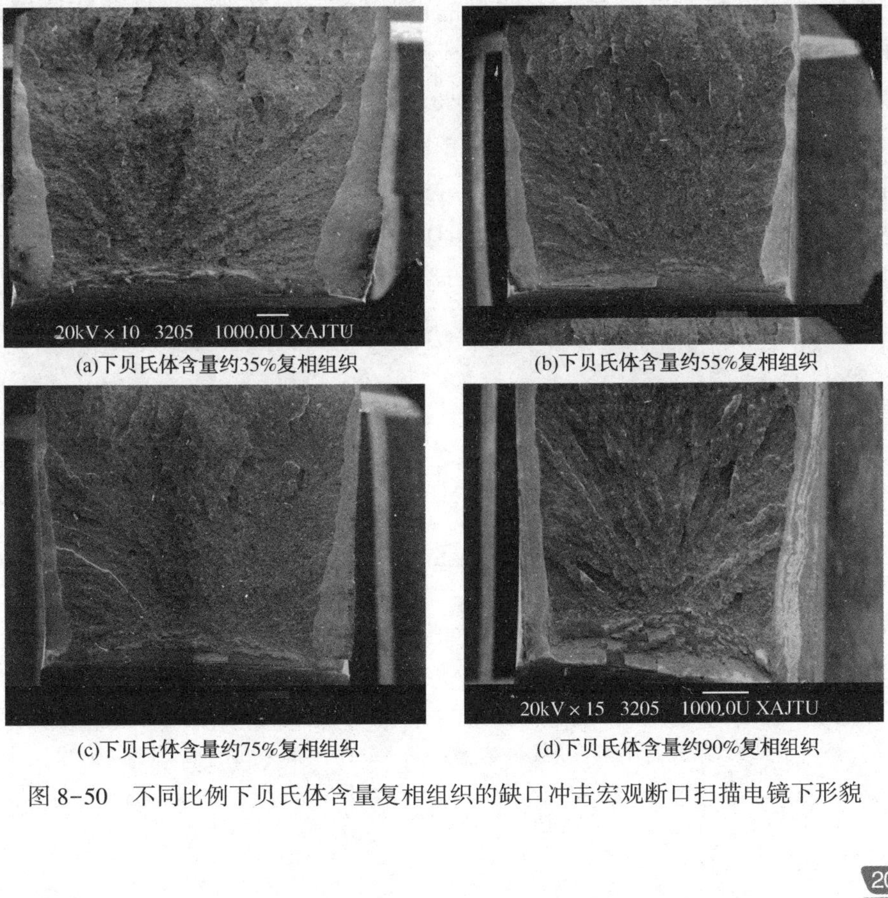

(a)下贝氏体含量约35%复相组织　(b)下贝氏体含量约55%复相组织

(c)下贝氏体含量约75%复相组织　(d)下贝氏体含量约90%复相组织

图 8-50　不同比例下贝氏体含量复相组织的缺口冲击宏观断口扫描电镜下形貌

图 8-51 为下贝氏体含量 55%复相组织经 220℃，360℃，500℃回火后冲击断口形貌。可见，对下贝氏体含量约 55%的复相组织，随着回火温度的增加，其断口形貌有所不同，高温回火后断口形貌与其他三种处理状态的断口形貌完全不同。对等温淬火、220℃回火、360℃回火后的断口形貌观察发现，其断口形貌上无非常明显的变化，其断口表面的粗糙程度基本相同，但纤维区与剪切唇区所占整个断口的比例有小幅度增加，其结果与缺口冲击实验一次冲击韧性值增加幅度较小一致。对同样下贝氏体含量的复相组织进行高温 500℃回火时，其断口形貌发生明显的变化，其纤维区面积约占整个断口的 40%；断口表面无明显的放射区，且放射区里面没有明显的宏观撕裂棱存在；断口上剪切唇区面积约占整个断口面积 40%；从纤维区与剪切唇区来看同一复相组织经高温回火后，其材料的缺口冲击韧性值有大幅增加，结果与缺口冲击实验结果一致。同样材料成分的调质态组织冲击试样断口形貌如图 8-51(e)所示，在相近材料抗拉强度与缺口冲击韧性值的情况下，两种组织的冲击试样断口形貌有很大的差别。经过 500℃高温回火的含量约 55%下贝氏体的复相组织，其断口上有明显的剪切唇区及放射区，且剪切唇区所占断口的比例也非常的大；而同样材料成分的调质态组织的断口，其基本上被纤维区所占据，占整个断口形貌的 90%以上，放射区基本上消失，而剪切唇区则有部分区域存在。可见相同强度相同韧性下，不同组织的断口形貌完全不同，其断口三要素也完全不同。而对这两种组织的纤维区形貌进行扫描电镜观察，其纤维区形貌是韧窝形貌；但两种组织韧窝形貌的大小与撕裂形状不相同，表明了不同的裂纹萌生与扩展抗力，其纤维区韧窝形貌如图 8-51(f)所示。

(a)等温淬火复相组织的断口形貌

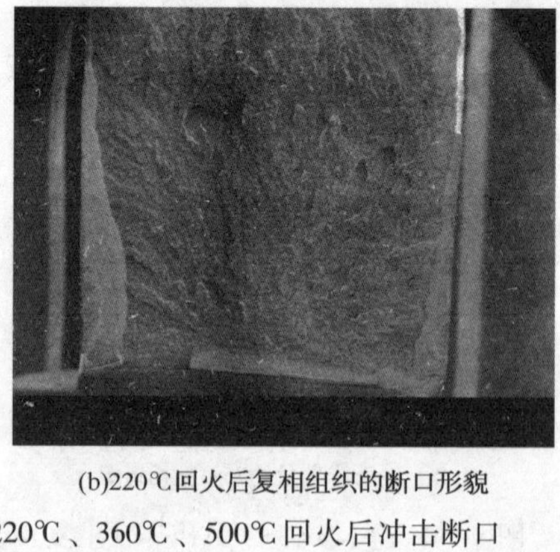
(b)220℃回火后复相组织的断口形貌

图 8-51　55%下贝氏体含量复相组织 220℃、360℃、500℃回火后冲击断口

(c)360℃回火后复相组织的断口形貌

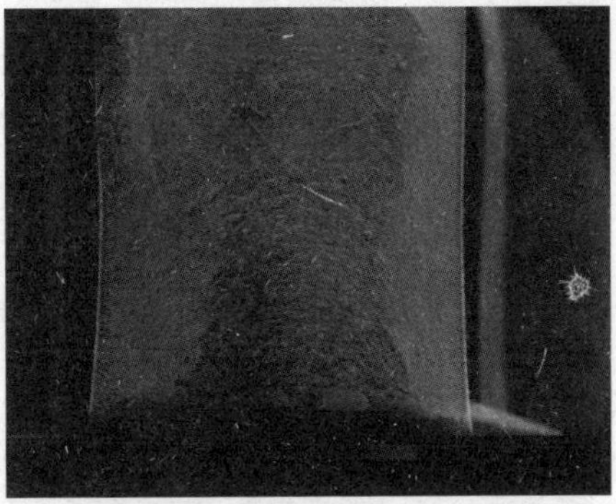

(d)500℃回火后复相组织的断口形貌

(e)同成分调质态组织的断口形貌

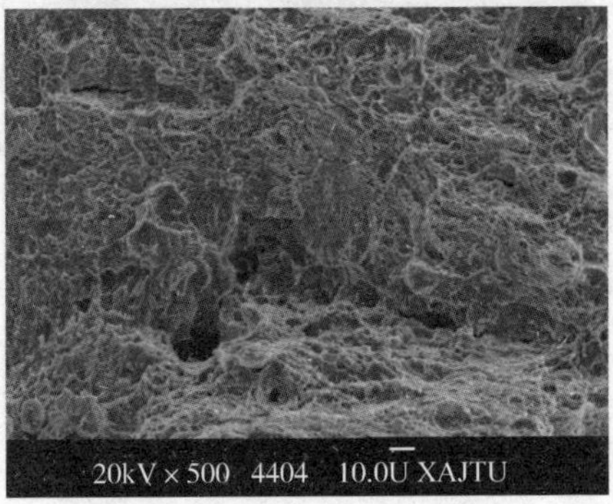

(f)同成分调质态断口上纤维区形貌

图 8-51 55%下贝氏体含量复相组织 220℃、360℃、500℃回火后冲击断口(续)

图 8-52 是约 90%下贝氏体经 220℃回火热处理的冲击试样断口四个不同区域的微观形貌。图 8-52(a)为断口纤维区的形貌，可以观察到主要为等轴韧窝，断面较平坦，起伏小，但有一定角度，其原因可能在于裂纹沿着主应力成一定角度方向形成；其特点为韧窝比较浅，且有第二相粒子孔洞。断口放射区形貌，如图 8-52(b)所示，主要为准解理断裂形貌，可以看到少量的小韧窝，并且观察到二次裂纹，其表面较凹凸，撕裂棱较大；而二次裂纹基本上沿晶开裂。图 8-52(c)为断口放射区形貌，其位置相对于图 8-52(b)中形貌位置更接近剪切唇区，其微观形貌也是准解理断裂形貌及少量韧窝；其断口中韧窝区较远离剪切唇区中韧窝比例大，表面起伏也比较明显，为穿晶断裂。断口剪切唇区形貌，如图 8-52(d)所示，主要是小的剪切韧窝。其他下贝氏体含量的复相组织缺口冲击试样的断口形貌与此相似，其断口都出现基本的断口三要素；各个断口三要素中的微观断口形貌与此断口微观形貌相似，其断口不同三要素占整个断口的比例不同。

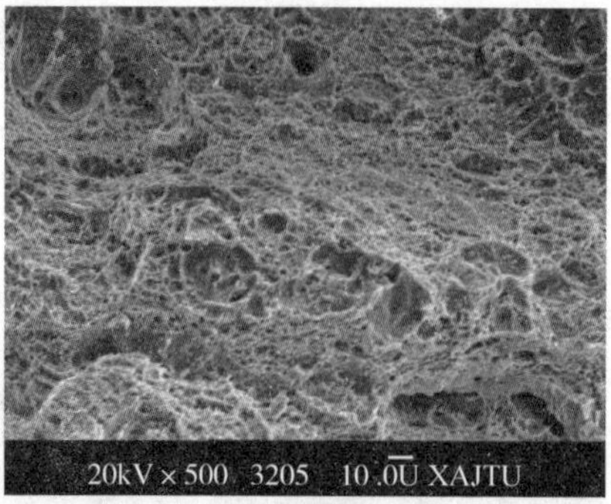

(a)纤维区

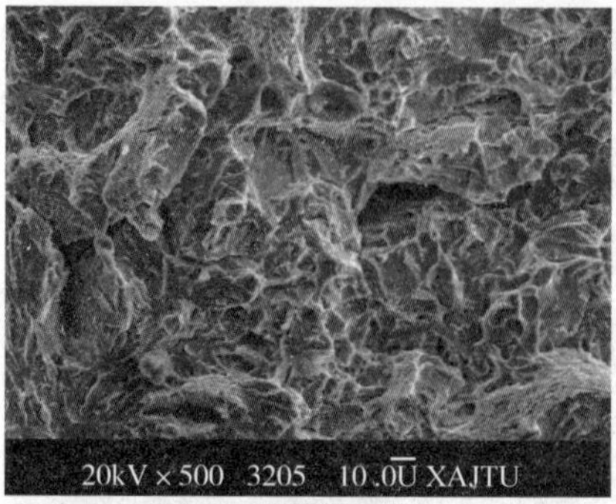

(b)放射区

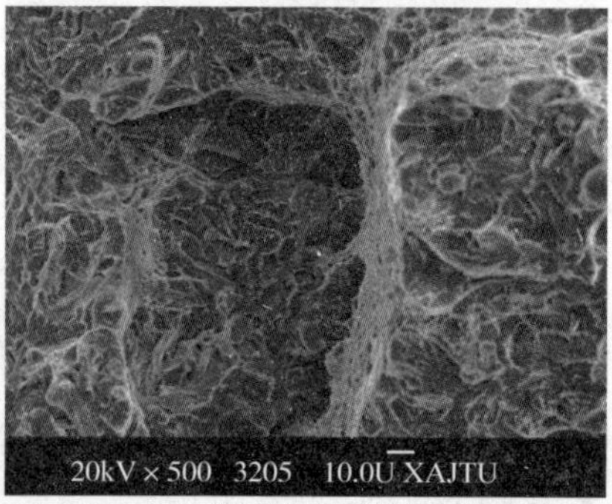

(c)靠近唇区的放射区

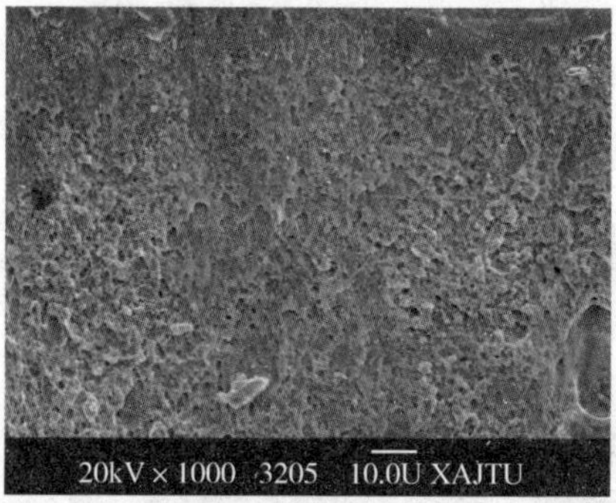

(d)剪切唇区

图 8-52　冲击断口微观形貌(大于 90%下贝氏体、220℃回火态)

图 8-53 为相同下贝氏体含量经不同回火温度回火后复相组织冲击断口的纤维区形貌，其纤维区形貌基本上为等轴韧窝形貌，且韧窝大小不一。对两组织纤维区韧窝形貌对比发现，经过高温回火后组织中大韧窝内部有小韧窝存在，而等温淬火态组织的大韧窝内基本上没有小韧窝；并且高温回火后韧窝周围的撕裂棱比较大，其韧窝显示比较深，且韧窝内部比较粗糙，其表面起伏程度比较大；而经高温回火的等温淬火态，韧窝比较浅且内部比较光滑，表面起伏程度比较小。对比韧窝的形态，可知经过高温回火后的组织有较高的韧性，其结果与不同含量下贝氏体复相组织的缺口冲击实验结果一致，其经过高温回火后材料的一次缺口冲击韧性比等温淬火组织有明显升高。

综上所述，材料的冲击韧性与材料的组织组成、回火热处理工艺均有密切的关系。对于下贝氏体/马氏体复相组织，随材料中下贝氏体含量增加以及相应回火温度的提高，材料冲击断口纤维区及唇区越大，其表明材料的韧性增加。对不同下贝氏体含量复相组织的冲击断口在扫描电镜下观察，其结果为断口形貌上的变化特征与材料缺口冲击实验结果一致，其纤维区的微观形貌主要为韧窝；放射区的微观形貌为准解理形貌；剪切唇区的形貌为剪切韧窝；下贝氏体含量的增加对材料冲击断口形貌中三要素的比例影响不大，表明其韧性幅度变化不大。回火温度对材料的韧性影响较大，特别是500℃回火后材料的韧性有明显增加，其变化在断口形貌上有所反映。与相同成分材料的调质态组织的冲击试样缺口比较，其形貌完全不同，其反映了两种组织对裂纹的作用不一样。

(a)等温淬火态　　(b)500℃回火态

图 8-53　55%下贝氏体复相组织冲击断口纤维区形貌

(3)疲劳断口分析

图 8-54 为四种不同组织的疲劳宏观断口形貌。可见，当复相组织中下贝氏体含量较低时，其疲劳试样断口上瞬断区的面积较小，表明材料的韧性相对较低；随着下贝氏体含量的增加，其疲劳断口上开始出现明显的瞬断区，并增大，表明材料的韧性变大，强度降低。与相同材料成分的调质态组织的疲劳断口进行比较，发现其断口特征十分相似，其瞬断所占整个断口比例介于约55%与90%下贝氏体含量复相组织500℃回火后之间，说明其韧性介于此两种材料组织韧性之间。

图 8-55 为复相组织500℃回火后疲劳试样裂纹源区微观形貌。可见，不同组织的疲劳试样的裂纹都萌生在试样表面或次表面，在裂纹萌生处可能形成小的二次裂纹。由于裂纹形成以后在交变载荷作用下，上下两个表面相互摩擦导致在裂纹源区及慢速扩展区内有摩擦的痕迹，从而使慢速扩展区内的疲劳辉纹摩擦掉，不易观察。

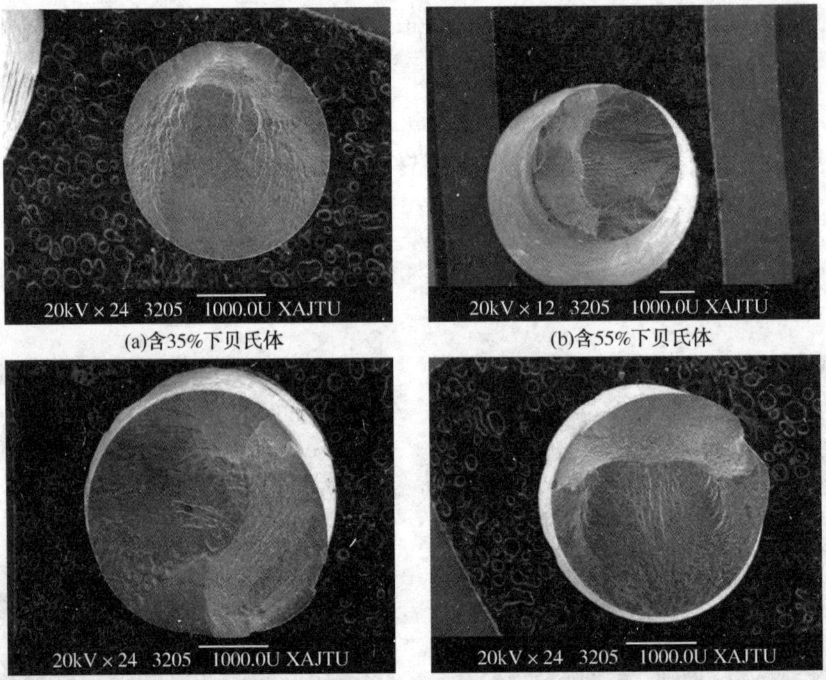

(a)含35%下贝氏体　(b)含55%下贝氏体

(c)含90%下贝氏体　(d)原始调质态组织

图 8-54　复相组织 500℃回火后疲劳试样宏观断口形貌（疲劳极限附近断口）

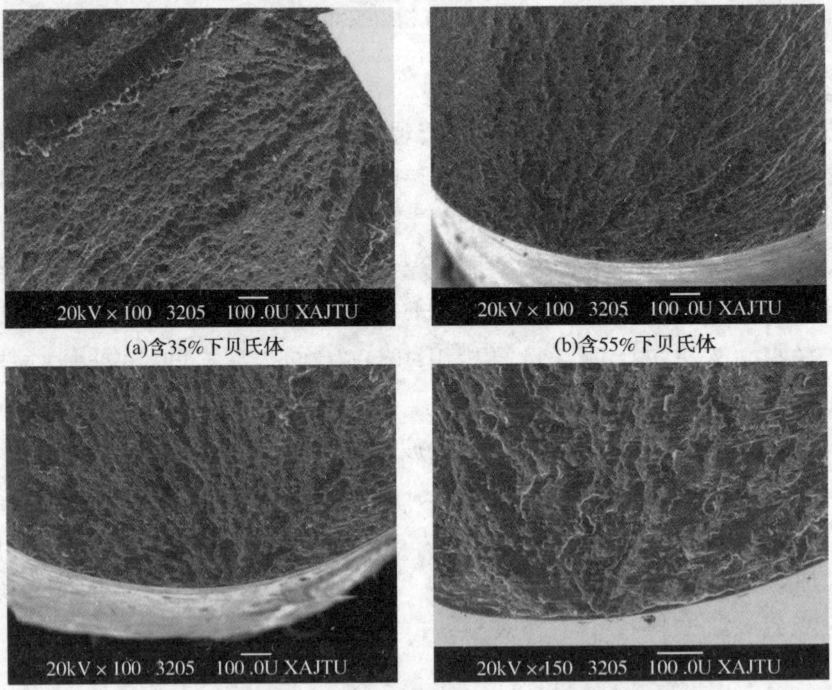

(a)含35%下贝氏体　(b)含55%下贝氏体

(c)含90%下贝氏体　(d)原始调质态组织

图 8-55　复相组织 500℃回火后疲劳试样裂纹源区形貌

图 8-56 为不同组织的疲劳试样断口上的慢速扩展区微观形貌。可见，其表面有明显的摩擦磨损的痕迹；在其断口的某些部位可以观察有少量的裂纹扩展台阶，即疲劳辉纹。根据疲劳试样断裂的周次，观察发现，随着材料强度的降低，材料的疲劳裂纹在慢速扩展区内的疲劳辉纹间距变小，说明材料的疲劳裂纹扩展率变小。其中 90% 下贝氏体含量复相组织的源区与慢速扩展区所占的断口面积比较小，而调质态的源区与慢速扩展区所占的断口面积比较大。

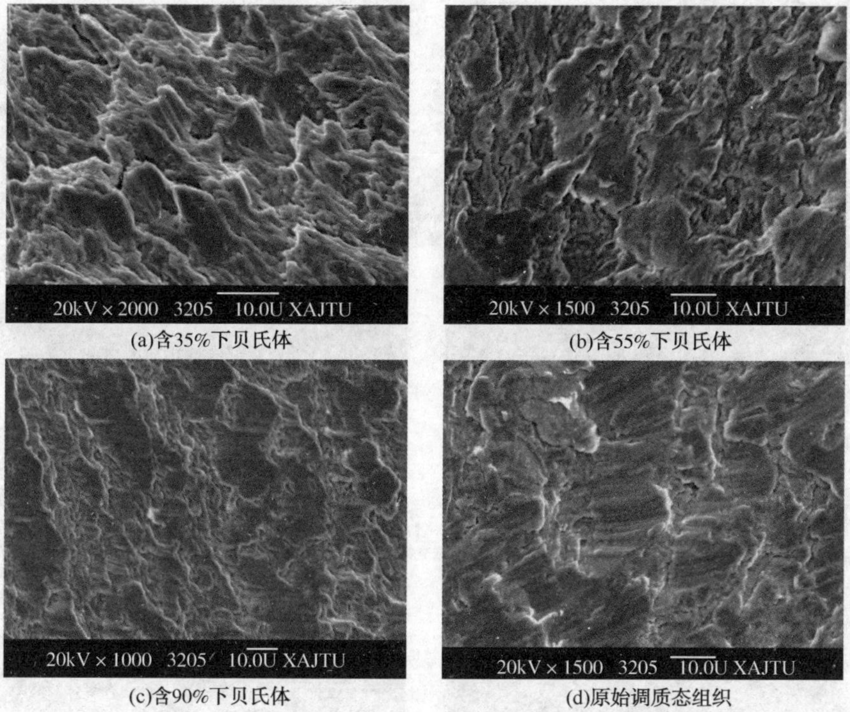

(a)含35%下贝氏体 (b)含55%下贝氏体
(c)含90%下贝氏体 (d)原始调质态组织

图 8-56 复相组织 500℃ 回火后疲劳试样断口慢速扩展区形貌

图 8-57 为不同组织的快速扩展区微观形貌。可见，韧性较差时快速扩展区内有明显的疲劳辉纹及沿着疲劳辉纹形成的二次裂纹；而强度低的材料组织，在交变载荷下，疲劳周次比较长；在交变载荷下快速度扩展区的形貌受摩擦磨损，其疲劳辉纹仍然可以看到，如图 8-57(a)所示。对比发现下贝氏体与马氏体复相组织快速扩展区的疲劳辉纹的间距要大于调质态中间距，说明复相组织的快速扩展区内裂纹扩展得比较快；其结果与裂纹萌生结果一致。说明复相组织的疲劳寿命主要在于裂纹的萌生，而调质态的疲劳寿命主要在于裂纹扩展。

图 8-58 为四种组织瞬断区微观形貌。可见其形貌全部为韧窝，但不同组织其形貌稍有不同。当材料的韧性较差、强度较高时，疲劳断口的剪切

唇区表面起伏不大、比较平坦；随着材料韧性值的增加，试样断口中剪切唇区内表面有较大的起伏；并且随着组织中下贝氏体相含量的增加，材料剪切唇区内第二相孔洞的数量减少。与调质态的断口中相同区域微观形貌相比较，发现回火马氏体组织的剪切唇区内有二次小裂纹，而在复相组织中基本上看不到二次裂纹的存在；复相组织中大韧窝内基本上分布着小韧窝，而调质态组织的断口形貌中只能看到大的韧窝，周围以及大韧窝内部没有小韧窝存在，但其韧窝的撕裂棱比较大；其特征表明组织不同，材料的强韧化方式也不同。

(a)含35%下贝氏体

(b)含55%下贝氏体

(c)含90%下贝氏体

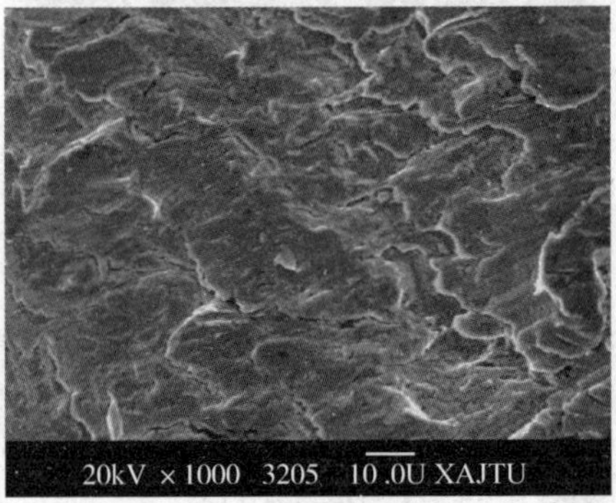

(d)原始调质态组织

图 8-57 复相组织 500℃回火后疲劳试样断口快速扩展区形貌

综上所述，对不同下贝氏体含量的下贝氏体与马氏体复相组织及相同材料成分调质态的疲劳断口在扫描电镜下观察，发现当下贝氏体含量增加时，材料的韧性增加，其强度下降，试样断裂的循环周次也随着下贝氏体含量的增加而增加，材料的疲劳极限下降。在相近循环周次的疲劳断口上观察发现，90%下贝氏体含量的复相组织的裂纹源区及慢速扩展区所占断口比例比调质态的小，其循环周次相近；说明其疲劳裂纹中复相组织的萌生期占疲劳寿命的大部分时间，而调质态的裂纹扩展时间则占了疲劳寿命的大部分时间；其断口的各区域的面积及疲劳辉纹的间距说明了各组织的疲劳寿命中哪一阶段占主要部分。其结果与裂纹萌生结果中复相组织的裂纹萌生时间长、而调质态裂纹萌生时间相对较短、但速度扩展较慢结果一致。

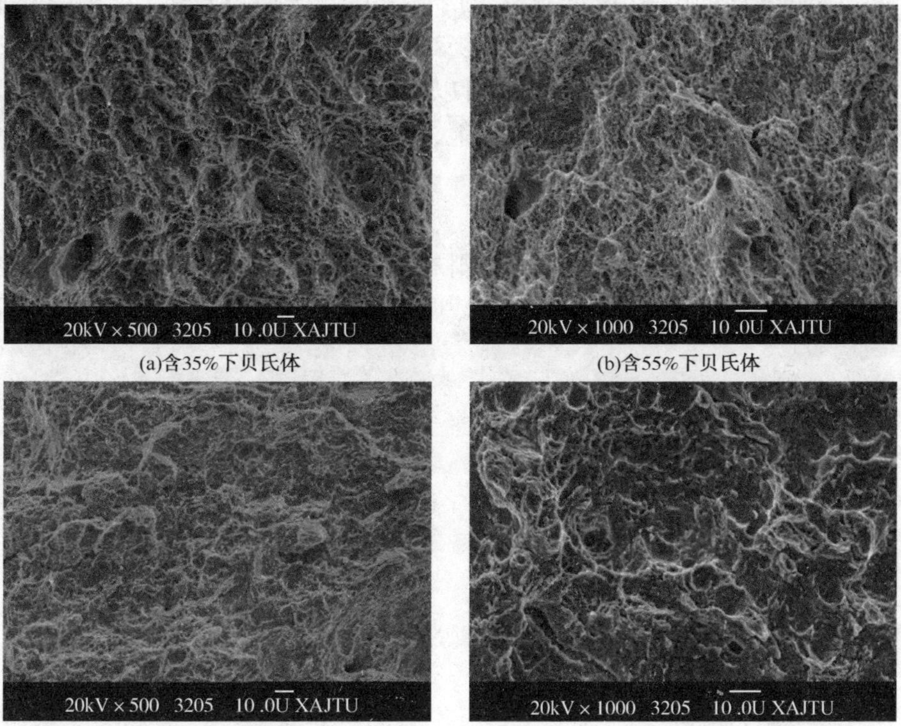

(a)含35%下贝氏体　(b)含55%下贝氏体

(c)含90%下贝氏体　(d)原始调质态组织

图 8-58　复相组织 500℃回火后疲劳试样断口瞬断区形貌

8.6　本章小结

在对钻杆钢显微组织和力学性能分析的基础上，采用不同的复相化处理工艺对 S135 钢级的钻杆钢进行了复相化处理，分析发现两种复相化处理均可实现钻杆的强韧性匹配，为高强度钻杆的开发和性能优化提供了依据。

(1) 采用亚温淬火的复相化处理工艺，获得不同比例的铁素体与马氏体双相组织。随着复相化温度的升高，马氏体体积分数不断增加，铁素体体积分数不断减少。当复相化温度较低时，马氏体呈岛状分布于铁素体基体上，当复相化温度较高时，铁素体呈岛状分布于马氏体基体上。

(2) 随着复相化处理温度的升高，材料的硬度和强度升高、塑性和韧性下降，材料由韧性断裂向脆性断裂转变，其微观断口形貌由最初的韧窝转变为解理。

(3) 当复相组织中马氏体相对含量为 15%～20%，S135 钻杆钢的冲击功保持与原材料的冲击功相近，而强度提高了约 15%。

(4) 马氏体/贝氏体复相化处理可以显著提高钻杆的冲击韧性，实现更加合理的强韧性匹配和更高的抗疲劳性能，是石油钻杆实现“先漏后破”的可行途径之一。

(5) 马氏体/贝氏体复相组织中，贝氏体的引入具有细化晶粒的作用，贝氏体相优异的延性可以显著提高钻杆材料抗裂纹扩展能力。

第9章 钻杆材料前景与发展趋势

钻杆是钻具非常重要的组成部分，它将地面钻进设备和孔底钻具连接在一起。钻杆具有以下关键作用：将钻机的钻压和扭矩传递给孔底钻具；通过管内通道和管壁与孔壁之间的环形空隙输送冲洗介质，以降低钻具温度、冲洗孔底和维持底层稳定；作为钻头更换、岩心管提取和井下事故打捞的载体。目前，不管是在深部科学钻探领域还是在石油与天然气勘探开发领域中，传统钢钻杆依然是最广泛的选择。然而，传统钢钻杆存在诸多问题：

（1）常规的 S135、G105 等钢钻杆比重量大，强度余量不足，会出现断裂、扭断、刺漏等失效问题，造成井下事故，导致经济损失和人员伤亡。

（2）随着开采深度和难度的增加，钻杆面临非常恶劣的环境问题，如高温、高压、酸性腐蚀性介质硫化氢、二氧化碳、氯离子介质等，原有的钢钻杆在这种环境中已经不能够适应。

（3）近年来，为提高原油采收率，降低油气田开采成本，延长油气田开发寿命，复杂结构井越来越多(如大位移井、短半径水平井等)。常规钻杆在应用于这些复杂结构井时遇到一些难以解决的问题，如在超短半径水平井中，井眼曲率很小(18m)，这使得钻杆产生很大的交变应力。交变应力引起钻杆疲劳断裂的情况时有发生，给油田带来重大的损失。针对上述问题，国内外开始从新材料和钻杆疲劳寿命预测入手，通过研制铝合金钻杆、钛合金钻杆、复合钻杆等代替常规钻杆和建立新的疲劳寿命预测方法使其得到解决。

9.1 钻 杆 材 料

9.1.1 铝合金钻杆材料

（1）铝合金钻杆的技术优势

与钢钻杆相比，铝合金钻杆具有低重量、无磁性、耐腐蚀性的特点以及稳定的力学性能，而且具有能耗低、易于搬运、发生井下事故后容易处理等优点。由于铝合金钻杆密度小，比强度高等特点，相同体积下质量轻，可很大程度降低钻机钻压和扭矩，这在节省大量油耗和电耗的同时，还能够在同等设备条件下达到更深的进尺。现场应用表明，铝合金钻杆比钢钻杆节约下钻时间 17%，提钻时间 35%；因为铝极易被空气中的氧气氧化，可以在铝合金钻杆表面形成一层致密的氧化铝薄膜，从而可以提高铝合金钻杆在酸性地层条件下的耐腐蚀性。在深井钻进施工作业过程中，很可能会钻进到含有 H_2S、CO_2等酸性气体的地层，这些酸性气体进入到钻井液中会使钻井液的 pH 值降低，在这样的井下环境，采用铝合金钻杆可以在一定程度上避免孔内事故的发生；由于铝合金钻杆与孔壁的摩阻更小，根据现场的经验，更换钻头、提取岩心管等辅助作业的效率可以提高 25%；铝合金钻杆的抗弯能力更强，更适合水平井、定向井、斜井和大位移井等大挠曲类型的钻探施工作业；铝合金钻杆在发生卡钻或钻杆折断事故时更容易处理，钢钻杆处理孔内钻杆事故常需要漫长的时间，甚至造成钻孔报废。而处理铝合金钻杆事故时，用一般牙轮钻头或铣刀钻头就可把井下铝合金钻具“消灭掉”，钻速可达 30m/h；铝合金钻杆还具有无磁性的特点，这有利于随钻测量工具的使用，也可以有效避免对井下信号传递的干扰；按照钻杆的强度、钻杆密度和钻井液密度，可计算出相同尺寸条件下三类钻杆的最大容许使用长度的理论值，如图 9-1 所示。可见，同等条件下铝合金钻杆可适用的井深最大，国外实践表明，使用铝合金钻杆能提升钻机的钻进能力，泥浆钻进时提升 100%，空气钻进时提升 30%；铝合金钻杆的生产制造成本与传统钢钻杆相比较为接近，因此铝合金钻杆拥有着非常良好的发展前景。

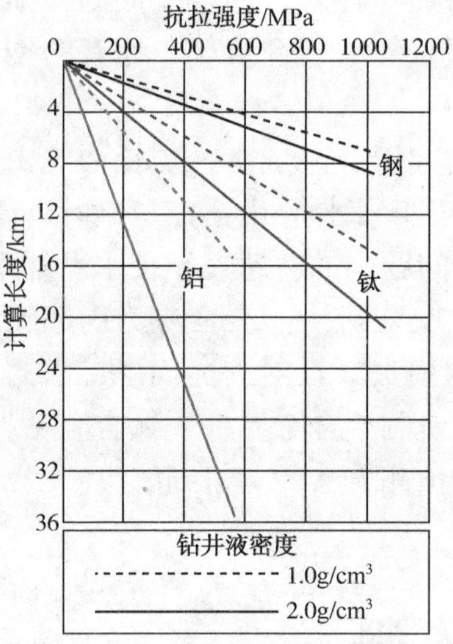

图 9-1　不同钻杆最大容许使用长度理论值

（2）铝合金钻杆的研究现状及现场应用情况

① 铝合金钻杆的研究现状

由于钻杆存在极限使用长度，且在服役环境中存在性能衰减的特点。综合考虑钻杆管材因素和钻井工程因素，从工程技术及应用需求出发，进行铝合金材料的开发和评价至关重要。

王小红等采用有限元分析软件(DEFORM-3D)，对铝合金钻杆管体挤压成型的动态再结晶过程进行模拟，并通过管体各部分的金相组织观察，验证模拟结果的可靠性和合理性。汪姝等同样采用 DEFORM-3D 软件分别模拟 7075 铝合金以及 SiC/7075 复合材料钻杆一次挤压成型过程，形成挤压过程中坯料的应力云图。分析了等效应变分布以及管体内、外表面损伤、再结晶等实验结果，进行挤压工艺优化，并通过显微组织观察，验证模拟结果并进行过程分析。Mao 等采用双动挤压机对 7075 铝合金管材进行挤压试验，结果表明单孔变截面挤压管体具有良好的表面质量。

马少明等研究了铝合金力学性能随温度的变化规律、高温下铝合金的蠕变性能以及变形温度对铝合金组织和性能的影响规律，为确定和优化铝合金的加工温度提供了实验依据和理论支持。作者同样研究了 Sr 元素对铝合金的细化效果，并通过原位生成 TiB_2 陶瓷颗粒研究不同变质剂对铝合金组织和性能的影响机制。舒志强等分析了常规试验方法对高强度铝合金钻杆材料拉伸性能的影响，依据研究结果对试验速率及控制方法进行了优化，获得了适用于高强度铝合金钻杆材料的拉伸试验方法。

然而，现阶段的研究大多定量评价铝合金钻杆的单项性能，对钻杆材料的选择也多从传统材料力学观点考虑材料的抗拉强度、屈服强度。但对于超深井用铝合金，应考虑具体的服役工况及管材因素等综合因素，综合评价考核指标之间的相关关系，解决定量处理评价过程中的模糊因素，从而使评价结果更加科学合理。

② 铝合金钻杆的现场应用情况

许多发达国家早在 20 世纪 60 年代就已经认识到了铝合金钻杆的优势与发展前景，特别是美国和苏联，在全球许多地区创造出了许多成功的钻井项目。在 60 年代的伏尔加中部地区，苏联首次开展了铝合金钻杆现场试验，之后十年期间，苏联不断加大铝合金钻杆的研究投入，在西西伯利亚平原开始进行超深井的铝合金钻杆钻井试验。在 80 年代初期，铝合金钻杆的应用达到了一个高峰，平均年使用量约为 150×10^4m。截止到 1985 年，苏联使用铝合金钻杆的进尺总量达到了 3560×10^4m，占钻井进尺总量的 70%~75%。2009 年，俄罗斯在用铝合金钻杆约为 100×10^4m，可见铝合金钻杆在俄罗斯一直得到了广泛的应用。并且 Akvatik 钻杆有限公司在上世纪通过一系列的技术攻关，已具备生产直径从 ϕ103mm 至 ϕ147mm 的系列铝合金钻杆能力。其铝合金钻杆采用的铝合金牌号主要有高耐热型 AK4-1-T1、高强型 D16T 和超高强型 1953-T1，三种铝合金的具体性能参数如表 9-1 所示。

表 9-1　俄罗斯铝合金钻杆的主要性能

性　能	AK4-1T1	D16T	1953T1
屈服强度/MPa	350	330	490
抗拉强度/MPa	410	450	530
硬度/HB	130	120	125
伸长率/%	12	11	8
弹性模量/MPa	73000	72000	70000
剪切模量/MPa	27500	26000	27500
泊松比	0.31	0.33	0.31
热膨胀系数/10^{-6}/℃	23.8	22.5	23.8
最高允许操作温度/℃	240	160	120

如今俄罗斯一直拥有着世界先进的铝合金钻杆生产线，如图 9-2 所示，在铝合金钻杆变断面铝合金管挤压、铝合金钻杆杆体与钢接头的组装和铝合金钻杆尺寸、缺陷检测等方面已可以实现自动化操作，这大大提高了铝合金钻杆在钻探作业中的可靠性。可批量生产铝合金钻杆的企业主要有：Akvatik 钻杆有限公司、Samara 金属冶金厂、Kamensk-Uralsky 冶金厂（KUMZ）。Akvatik钻杆有限公司在钻探行业中一直保持着领先的水平，由总裁巴索维奇博士带领团队编写了“铝合金钻杆”俄罗斯国家标准。之后欧盟在 2002 年以俄罗斯国家标准为基础制定了 ISO 15546—2002 国际标准《石油天然气工业—铝合金钻杆》，并在 2011 年修订为 ISO 15546—2011 新国际标准，它与美国制定的钢钻杆 API 国际标准拥有等同地位。如今世界各国在铝合金钻杆方面的研究与开发都以此作为规范化标准。

图 9-2　俄罗斯先进铝合金钻杆生产线

我国在铝合金钻杆方面的研究相较于国外落后较多，在21世纪后才真正重视，但近年来发展态势良好，取得了一系列的研究和现场应用成果。我国于2006年发布了国家标准GB/T 20659《石油天然气工业 铝合金钻杆》，于2007年5月1日起实施。该标准规定了石油天然气工业钻井和生产操作中使用的带或不带钢制钻杆接头铝合金的交货技术条件、制造工艺、材料要求、形状和尺寸、检验和试验程序。2017年该标准进行了修订并施行至今。铝合金钻杆在我国油气勘探领域的使用处于起步阶段，塔里木油田、中海油南海惠州油田等项目已完成了技术评价。

2008年，南海惠州油田HZ25-4井首次在国内海洋油气钻探中试验了铝合金钻杆。试验证明，铝合金钻杆和陶瓷保护套的使用，可以降低钻具所受的侧向力和扭矩摩阻。同时，铝合金钻杆重量轻、摩阻系数小，井壁与钻柱之间的摩擦力有所减小，套管防磨保护套损坏频次下降。而且，铝合金钻杆具有高比强度、高延展性和高柔韧度的优点，在弯曲旋转情形下抗疲劳能力优良，液压传送能力也优于钢钻杆。

塔里木油田2009年11月在克深7井首次试验从俄罗斯引进的铝合金钻杆，入井的15根铝合金钻杆纯钻时间57h，进尺56m，取得了一定的使用效果。塔里木油田哈拉哈塘地区普遍高含硫化氢，钢制钻杆容易发生“氢脆”现象。铝合金钻杆优良的抗腐蚀性，可以满足高含硫地区的钻井需求。铝合金钻杆在哈拉哈塘地区重点探井哈15井的现场应用，是国内首次成功使用铝合金钻杆钻井。哈15井从1532m开始使用铝合金钻杆，顺利钻进至6515m，进尺4983m，使用铝合金钻杆435根。现场应用证明，铝合金钻杆使用中钻井液排量提高了30%，井下循环清洗效果好，钻井速度明显加快。

2009年，中国地质科学院立项进行了“地质岩心钻探铝合金钻杆研究”的工作，在高性能铝合金管材及热处理工艺、钻杆结构设计等研究中，取得了进展。2010年，在淮北彭桥煤矿区的野外生产试验中，ϕ52mm×7.5mm铝合金钻杆使用最大孔深960m，应用效果良好；ϕ95mm反循环钻进用双壁钻杆在大庆油田进行了野外试验，试验进尺62m。2013—2014年，再次立项进行了“地质勘查深孔用高强度铝合金钻杆开发应用”的研究工作，铝合金钻杆已初步形成系列。在四川诺尔盖铀矿区进行了ϕ52mm×7.5mm铝合金钻杆的生产试验，累计进尺858.42m，最大孔深813.13m。本次试验说明，铝合金钻杆在高海拔、地形复杂、交通不便地区钻探施工时，可以有效减少钻机能耗、降低施工难度、提高钻探效率、减轻工人劳动强度等。

2016年，吉林大学攻克了铝合金钻杆的材料、制造、性能测试等方面的关键技术，研制了两端内加厚铝合金钻杆，建立了国内首条铝合金钻杆的生产线，可以批量生产多种结构大直径铝合金钻杆(钻杆长度9m，直径147mm，壁厚13mm，加厚端壁厚20mm)。2016年，在吉林油田情28-10定向井中使用26根ϕ147mm铝合金钻杆进行了现场试验。该井设计井深1200m，使用铝合金钻杆与钢钻杆组合的钻具。试验中，铝合金钻杆从井深219.83m处开始钻进，连续工作38h，累计进尺765m，平均机械钻速20.1m/h，无安全事故。而且，铝合金钻杆在该井使用的聚合物体系钻井液(pH值约为8~9)中未发生腐蚀现象。

(3) 铝合金钻杆发展面临的挑战

虽然铝合金钻杆表现出优异的技术优势，但面对复杂的科学超深井工程服役条件，应深入剖析现阶段铝合金钻杆技术的不足之处，是实现设计制造长寿命、高可靠性、高耐蚀性铝合金钻杆的必要前提和重要基础。目前，铝合金钻杆技术的薄弱之处为以下三方面：

① 热稳定性因素。随着井深的不断增加、地温的持续升高，万米科学超深井井底温度将达到250℃左右，因铝合金钻杆在高温条件下具有力学性能衰减的特性，开展耐高温铝合金钻杆材料的开发和评价已迫在眉睫，以解决井内高温带来的难度更大、要求更高的钻井难题。同时，由于钻柱存在极限应用长度，当钻井超过某一深度时，钻柱自重就能将井口处附近钻杆拉断。铝合金钻杆材质选择及其性能评价方法是铝合金钻杆发展面临的关键问题。

② 结构因素。与钢钻杆的摩擦焊接不同，铝合金钻杆的杆体与钢接头通常采用“热过盈”螺纹嵌装方式进行连接，钢接头的使用以增加铝合金钻杆的拧卸寿命及防磨性能。从钻柱组合设计的经济性、安全性和钻井工艺性考虑，建立铝合金钻杆等强度设计准则，通过有限元仿真分析优化钻杆结构和钻进参数，满足科学超深井的多工艺钻探技术需求是铝合金钻杆应用面临的挑战。

③ 腐蚀因素。钻井过程中，所使用的低固相、无固相、水基和油基等不同的泥浆体系中含多种有机和无机添加剂，添加剂在井内高温高压的作用下具有较强的腐蚀性；同时，钻柱还将承受自重带来较大的拉伸应力，加之其与井壁的摩擦磨损，复杂的服役工况条件致使铝合金钻杆极易发生腐蚀失效。铝合金钻杆腐蚀防护工艺是铝合金钻杆发展和应用面临的关键技术问题。

9.1.2 钛合金钻杆材料

(1) 钛合金钻杆的技术优势

钛的密度低于铁，钛合金的比强度高，在常规温度范围内(-200~600℃)

是所有金属材料中最高的，如图 9-3 所示。较高的比强度能够使钻井设备更加轻便，负荷较低，更加紧凑，极大程度上减少了结构的质量，大幅提高设备的技术水平，提升功能，能进一步提高设备的安全性能。

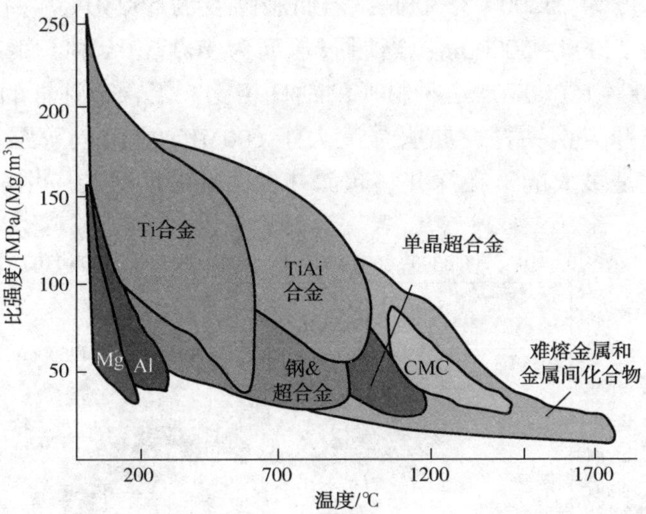

图 9-3　不同金属的温度-比强度关系

钛合金本身不耐腐蚀，主要是钛的化学性质活泼，与氧接触时发生反应形成一层致密而稳定的氧化钛薄膜覆盖在钛合金表面，产生了钝化现象，阻碍了反应电荷在电极之间的交流，从而抑制钛合金的腐蚀。此外，钛合金表面的氧化膜具有良好的自愈性，在遭到破坏时能够迅速修复，形成新的保护膜，保护表面免受进一步腐蚀。表 9-2 为不同钛合金钻杆材料在 90℃ 和 150℃模拟环境中的腐蚀速率。可见，钛合金的腐蚀速率低于 G105 和 S135 钻杆，具有良好的耐蚀性能。良好的耐腐蚀性能使得钛合金在各种腐蚀条件下游刃有余，可与整体结构同寿命设计，减少维护成本，提高服役能力；减少腐蚀富余量设计，大幅减少设备结构制备；无须涂层保护，简化设备制备工艺，降低制造成本。

表 9-2　不同温度下钛合金钻杆和钢制钻杆材料的腐蚀速率

材质	90℃/(mm/a)	150℃/(mm/a)
TA15X	109.4	944.8
TC4	142.7	1448.8
G105	1153.9	5623.9
S135	892.7	4476.9

由于钛合金钻杆具有高的比强度，可以满足材料高强度的同时设备轻量化，较好的抗腐蚀性能使其具有优异的使用性能，如图 9-4 所示，随着钻井液密度增加，钻井深度也逐渐增加。当屈服强度为 1050MPa 时，钛合金钻杆的理论下井深度为 25200~35300m；当屈服强度为 550MPa，铝合金钻杆的理论下井深度为 22000~50000m；当屈服强度为 1000MPa 时，钢钻杆的理论下井深度为 12500~15000m。三种材质的钻杆相比，铝合金钻杆的屈服强度远远低于钛合金钻杆与钢钻杆，屈服强度大于 600MPa 之后同等强度下钛合金钻杆的下井深度是最大的，在深井、超深井方面具有广泛的应用前景。

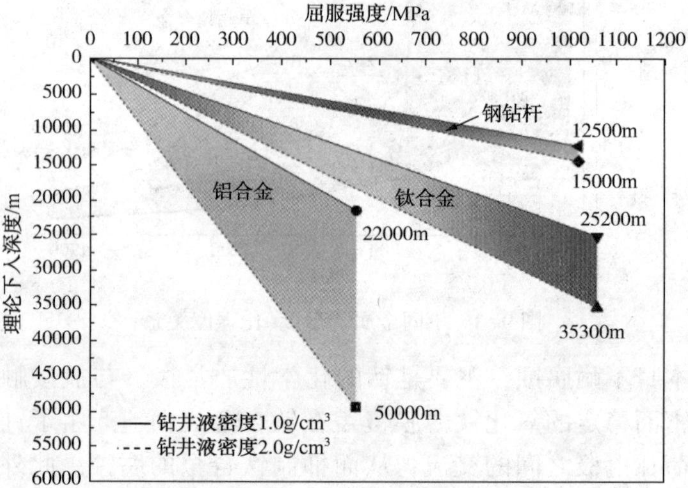

图 9-4　钻井液密度对 5½ in 钻杆最大允许下入深度的影响规律

(2)钛合金钻杆的研究现状及现场应用情况

国外在 20 世纪 80 年代中期已开发出钛合金石油管材，并在墨西哥湾的苛刻环境中开始应用。Grant Prideco 及 RTI 国际公司研发的钛合金钻杆，于 1999—2000 年进行了多次短半径水平井钻井应用，见表 9-3。可以看出相比于钢制钻杆，钛合金钻杆疲劳寿命高，对于小曲率半径井更有优越性。美国 RMI Titanium Company 公司研发的 TC4-Ru 管材在井底温度 235℃，且含有 H_2S和 CO_2以及 Cl^-的环境中，对应用于石油行业钛合金在三高井中的服役性能进行了评价研究。Chevron 公司研发的 TC19、TC4、TC4-Ru 和 TB9 等钛合金管材，在墨西哥湾的一些 HPHT 井进行了应用。2000 年在美国 Taxes 州也将钛合金钻杆成功应用于多口大斜度井定向井钻井中。Smith 等研究了钛合金钻杆的加工制造方法，并采用模拟技术对超深和定向钻井作业中钛合金钻杆进行建模和分析，并对钛合金钻杆在油气田的适用性进行评价。Schutz 等人根据石油行业钻杆性能的需求提出了钛合金钻杆结构设计，包括管体加工、接头加工、以及管体和接头的连接方式。

表 9-3　国外某油田小曲率井钛合金钻杆应用情况

曲率半径/m	循环次数/井	10^3 循环破坏		已钻井数	
		钢钻杆	钛合金钻杆	钢钻杆	钛合金钻杆
12.2	15100	0.5	23.9	0	2
13.7	17000	1.7	129.1	0	8
15.2	18900	4.7	585.1	0	31
16.8	20700	11.9	2295	1	111
18.3	22600	27.9	3000	1	133

国内钛合金钻杆方面的研究正处于起步阶段，依托国家油气重大专项和中石油重大专项，由中国石油天然气集团石油管工程技术研究院牵头，联合渤海能克钻杆公司、中世钛业有限公司以及宝钛集团积极开展国产化钛合金石油钻杆研究，成功研制了具有自主知识产权的高强度钛合金钻杆，填补了国内同类产品的空白。2014 年，725 所和天津钢管集团公司针对 105 钢级的钛合金攻克了接头连接等多项关键技术，制备出合格样品。2017 年，渤海装备公司和渤海能克钻杆公司摩擦焊式 BHTG105 全钛合金钻杆成功下线，为全球首创。该钻杆包括接头在内均为钛合金材质，创新性地改变了目前国外通常采用的杆体-钢接头冷装配连接方式。相同规格下，BHTG105 钻杆重量比钢钻杆低 43%，弹性模量低 43%，除一般轻合金钻杆的优点，如低密度、无磁性等外，还具有高韧性的性能优势，可用于曲率半径在 30m 以下的水平井钻井；疲劳寿命超长，空气中疲劳寿命达到钢钻杆的 10 倍，高腐蚀环境中疲劳寿命达到钢钻杆的 100 倍；330℃以下的环境中，BHTG105 钛合金钻杆具备完全抵御 H_2S、CO_2 和 Cl^- 腐蚀的能力，适用于深井和超深井。BHTG105 钛合金钻杆的成功研发，标志着我国钛合金钻杆的自主研发能力达到国际先进水平，拥有了生产全钛合金高品质钻杆的能力。吴欣袁等对钛合金钻杆的应力疲劳性能开展了研究，结果指出钛合金钻杆应用于小曲率井段，周期应力为 206.95~275.8MPa 时，其疲劳寿命达到普通钢制钻杆的 10 倍。

在标准规范方面，国际上目前没有钛合金钻杆标准，ISO15156-3 标准提到了抗腐蚀钛合金材料。国内中国石油集团石油管工程技术研究院已经对研究开发出的钛合金钻杆进行实物性能评价，并且已经制订申请了国际上第一份石油天然气工业中钛合金钻杆标准（20201590-T-469）。

(3) 钛合金钻杆发展面临的挑战

目前，国内钛合金钻杆已突破制造技术瓶颈，但仍有以下相关工作有待进一步完善。

① 钛合金材料对疲劳缺口相当敏感，当长时间处于应力条件下时磨损速率极快。

② 钛合金钻杆的成本较高，为钢制钻杆的 7 ~10 倍，成本是限制钛合金钻杆在石油行业应用发展的最大问题。

③ 针对目前钛合金种类多、牌号不规范、基础研究较少、表面易出现冲蚀磨损等问题，应发展石油天然气领域的专用钛合金、独立创新钛合金牌号。

④ 材料选用及应用评价工作开展的较少，产品尚未得到实际应用，相关工作的系统性仍有待完善。

⑤ 加大国产钛合金材料的基础数据研究、可靠性研究与前瞻性研究，为钛合金钻杆的进一步应用提供技术支持，同时完善钛合金钻杆性能指标评价，制定和更新行业标准。

9.1.3 复合材料钻杆

金属基复合材料的基体选择一般是考虑其应用范围与使用条件，用于450℃以下常选用铝合金，低于 650 ~700℃多选用钛合金，高于 1000℃则选择高温合金作为复合材料的基体材料。限制铝合金钻杆在超深井钻探中大规模应用的瓶颈主要有两个：一是热稳定性，即使是具有良好热稳定性的 2024 铝合金，在使用温度超过 160℃后，其力学性能也会大幅度降低；二是耐磨性较差，使得铝合金钻杆无法适应复杂的井下环境。为提高铝合金材料的室温及高温力学性能，铝基复合材料以其优异的物理性能和力学性能，受到了越来越多的关注。对于铝合金作为基体相的材料，常选用长纤维增强物、短纤维增强物以及晶须和晶粒作为其增强相，以此改善铝合金基体的性能。

比较几种增强相，颗粒增强的铝基复合材料具有良好的力学性能和摩擦性能，并且随着增强相数量的增加而提高，其韧性也比长纤维增强的金属基复合材料高。在颗粒增强铝基复合材料中，SiC、Al_2O_3为增强相的铝基复合材料的研究甚多，两种增强体颗粒加入到铝合金基体中都能显著提高材料的耐磨性、强度、抗变形能力和热膨胀性能。作为颗粒增强体，碳化硅颗粒不仅价格低廉且因其独特的物理机械结合性能，如低密度、抗氧化以及高硬度，使得其成为广泛应用的增强相之一。一般认为 SiC 颗粒的含量越高，复合材料的耐磨性越好，大量学者在这方面进行了较深入的研究。Zhang 等人研究了 SiC 颗粒增强 6061 铝基复合材料的磨损性能(实验中摩擦速度为 6mm/s，载荷为 10N)，研究结果表明，增强相 SiC 颗粒的体积分数越大，则该复合材料的硬度和摩擦因数越高，磨损率越低。SiC 颗粒的大小对复合材料的磨损机制也有较大影响，研究表明 SiC 粒度为 13~29μm 时，复合材料的磨损机制为增强相颗粒破碎导致的剥层磨损。此外，外加载荷对 SiC 颗粒铝基复合材料的磨损性能影响很大。宋国芳等人通过研究不同载荷条件下(0.9~150N) SiC 颗粒(体积分数 20%，5~10μm)增强 A356 合金基复合材料与 A356 合金干滑动磨损的影响，并与无增强体的 A356 合金进行了比较，当滑动载荷大于 95N 时，与复合材料相比 A356 合金的磨损率较高。SiC 颗粒的加入，提高了基体合金的热稳定性，从而改善了铝合金的耐磨性，导致复合材料耐磨性高于基体铝合金。

铝合金作为基体的碳纤维(Cf)铝基复合材料具有众多优异性能，具体表现为：轻量化，减少材料热膨胀系数，提高材料导热系数、比强度、弹性模量、断裂韧性、耐磨性及高温蠕变性能。Kaczmar 等研究了 Cf-Al_2O_3复合材料的组织与强度，研究结果表明碳纤维可以作为润滑相提高复合材料的耐磨性，Al_2O_3的加入可以同时提高复合材料的室温及高温抗弯强度。Hajjari 等人利用压力铸造工艺在不同压力条件下制备了连续 Cf/Al 复合材料，并发现在相同压力条件下，碳纤维表面引入 Ni 镀层可以改善与 Al 液的润湿性，从而提高浸渗深度。

9.2 钻杆材料的疲劳

钻杆在钻井过程中服役条件苛刻，不仅承受拉压、弯曲、扭转、震动等多种载荷的复合作用，而且受到钻井液、地层水以及油气中的腐蚀性气体介质的腐蚀，在钻井过程中常常发生失效，从而严重影响钻井进度并增加钻井成本。随着深层油气资源的勘探开发，水平井、定向井、大位移井、深井、超深井以及欠平衡和气体钻井技术不断推广应用，这些钻井技术的应用使钻井条件和井下情况出现了新的变化，对钻杆的质量和使用性能提出了更高的要求，也使钻杆面临着许多新的具有挑战性的问题。例如，复杂的地质条件和钻井深度的增加，使钻杆承受更大的拉伸、扭转和冲击等交变载荷，整体受力更为复杂，对钻杆的疲劳和腐蚀疲劳抗力提出了新的更高的要求。

9.2.1 钻杆疲劳寿命预测研究

通过统计分析我国主要油田的钻杆失效事故，发现80%的失效事故都与疲劳有关。对钻杆疲劳寿命进行科学预测，避免钻杆的超寿命超载荷服役，对于预防钻杆失效具有重要意义。

钻杆的失效大部分是由于疲劳载荷引起的，钻杆疲劳寿命的预测一直是国内外研究者关注的难点和热点问题。通过调研分析国内外的文献资料发现，国内外学者对于钻杆疲劳寿命的研究主要集中在采用小试样模拟实验研究、采用钻杆实物疲劳实验以及理论计算研究等方法，但能将多种方法相互结合形成完整的预测系统并应用的报道较少。

(1) 基于 Miner 法则的疲劳累积损伤模型与应用

疲劳累积损伤理论的基本假设是：构件在任何循环应力幅值下工作都将产生疲劳损伤，疲劳损伤的严重程度和在该应力幅值下工作的循环周次有关，且与无循环损伤的试样在该应力幅值下产生失效的循环数有关。疲劳累积损伤理论总体上可分为线性疲劳累积损伤理论和非线性疲劳累积损伤理论。在石油钻具上应用较多的是基于 Miner 法则的线性累积疲劳损伤理论。该法则认为，材料在各级应力下的疲劳损伤是独立的，因而总损伤可以按线性形式累加起来。模型主要理论包括材料 $S-N$ 曲线、等寿命公式、疲劳损伤累积法则和失效准则。材料的 $S-N$ 曲线为应力-疲劳寿命曲线，是金属材料在弹性范围内发生的疲劳失效。$S-N$ 曲线的表达式一般通过光滑试样在恒幅载荷下的旋转弯曲疲劳试验数据拟合获得，而钻具实际服役过程中所受到的载荷为变幅载荷，工程应用上常用等寿命法则计算变幅载荷下的平均应力。

Sathuvalli 等通过机械设计方法研究总结了一种 $S-N$ 曲线的表达式，并通过与钻杆经典疲劳试验数据拟合对比，拟合结果曲线与实验数据符合，$S-N$ 曲线在无腐蚀环境中的具体表达为：

$$S_f(S_m, N) = aN^b (10^3 \leqslant N \leqslant 10^6) \tag{9-1}$$

式中 $S_f(S_m, N)$ 为在 N 次循环和平均应力 S_m 下的疲劳强度，a、b 为常数，分别由下式得到：

$$a = (0.9\sigma_b)^2 / S_e(S_m) \tag{9-2}$$

$$b = 1/3 \lg[S_e(S_m)/(0.9\sigma_b)] \tag{9-3}$$

式中 σ_b——材料的抗拉强度，$S_e(S_m)$ 是当 $N=1\times10^6$ 时的疲劳强度。

这种方法虽然简便，但实际钻井中钻杆的受力情况与预测的有所差别，疲劳累积损伤计算结果将受到影响。

(2) 基于疲劳寿命标准化的断裂力学模型

线弹性断裂力学模型主要针对稳态阶段疲劳裂纹扩展寿命的计算，常用于钻杆疲劳寿命预测的模型主要有 Paris 模型和 Forman 模型。近几年的研究中，国内学者考虑了扭矩对钻杆的影响，逐渐出现拉、弯、扭复合载荷作用下裂纹的扩展速率公式，即Ⅰ型(张开型)和Ⅲ型(撕开型)裂纹扩展速率公式的线性叠加。但这些研究仅停留在研究层次，尚未有相关现场实际应用成果的报道。

国外使用线弹性断裂力学模型对钻具疲劳寿命评价效果最为突出的是美国 Hill Associates Inc. 公司，其所用的模型已经成功在油田现场上使用，部分计算结果已载入 DS-1 标准中。该系统模型的核心部分在于钻具弯曲指数的计算算法和与拉力扭矩计算程序的联合应用。这种模型累积疲劳损伤点临界值的确定采用失效追算的方法验证，即将多口钻具失效井数据带入软件中进行计算，得到发生失效时的临界损伤点。DS-1 标准推荐，启动检测的触发点为 500~700 个损伤点之间。经计算机程序编写形成软件，并作为设计阶段的预测和钻井实时监测使用。

值得注意的是，由于模型是建立在假设预先存在裂纹的基础上，对钻具要求极严格的钻前检测，以确保钻杆可能存在的裂纹尺寸小于目前设备的可检测极限。该模型在循环期间或在钻井中机械钻速低于设计值且有过多的倒划眼和旋转，则可能发生疲劳损伤急剧增加，并大大超过钻前预测值。

(3) 智能化疲劳寿命评价管理系统

基于 Miner 法则的累积疲劳损伤模型主要基于经典疲劳强度理论，方法简单且易于执行。其缺点在于：

① 没有考虑应力集中系数。实验室 $S-N$ 曲线的测定在抛光试样上进行，实际上钻杆在使用过程中将不可避免地受到划伤和腐蚀等作用形成缺口，引起应力集中。

② 没有考虑腐蚀对疲劳的影响。

③ 加载顺序对失效准则的影响。高低载荷的加载次序不同，D_m 值大小也不相同，通常采用的 $D_m=1$ 发生失效，仅为平均载荷的结果，国内学者曾对该值修正为 0.68。

将疲劳寿命标准化的断裂力学模型假设预先存在微裂纹，以疲劳裂纹的第Ⅱ阶段稳态扩展为基础进行迭代计算，并以裂纹扩展到临界深度 a_c 或裂纹尖端应力场强度因子 K_{IC} 达到为失效依据。这对于新钻杆可能会导致计算结果偏于保守，造成过早进行钻具检测而导致检测费用较大。此外，模型中断裂力学参数的确定为难点，可通过经验公式、仿真模拟以及试验获得，但数值的准确性有待深究。该模型通过计算弯曲指数将疲劳寿命标准化，即将 5×10^8 视为极限疲劳寿命，在软件实现迭代计算中，与拉力扭矩程序相互作用并循环计算。

国内外对钻杆疲劳问题的研究持续了将近 100 年，但钻杆疲劳失效仍然是引起钻杆失效的主要原因。在工业 4.0 发展背景下，钻杆疲劳寿命的智能化管理将是提高钻杆管理效率和减少钻杆发生疲劳失效的重要手段。

通过研究目前国外石油钻具疲劳寿命预测模型，认为今后钻具疲劳寿命智能化管理系统的研究应建立在前人研究的基础上，同时结合各种理论模型的优缺点，着重考虑以下几个发展方向：

① 考虑腐蚀对疲劳寿命评估的影响。腐蚀对疲劳寿命的影响很难量化，但可以通过实物试验研究和设计不同环境的系数来表征腐蚀对疲劳寿命的影响。

② 无论采用哪种模型，应重点考虑将各种预测方法有机结合形成完整的疲劳寿命预测及管理系统。可先由实验室小试样疲劳试验得到 $S-N$ 曲线或进行断裂韧性试验得到模型的参数公式，并由实物疲劳试验验证，修正软件系统的各种参数算法，提高模型准确性。

③ 与接头的疲劳寿命评估相结合，得到钻具的完整性疲劳寿命评估和管理。

④ 与有限元分析方法相结合，从理论上进一步验证。钻杆疲劳寿命的计算分析常采用有限元分析方法，但因钻井井况复杂，不同位置、不同时刻的钻杆受到的边界条件不一样，软件设计中通过有限元方法分析钻具动态疲劳特点，有助于模型的建立和修正。断裂力学参数可通过有限元仿真计算确定。

⑤ 与 RFID（射频识别技术）相结合，详细记录各种使用信息，实行智能化全方位钻具管理。

⑥ 钻具的疲劳寿命评估最终应作为钻具倒换、检测频次要求及钻杆分级的重要理论依据之一。

9.2.2 疲劳可靠性研究

可靠性问题的提出，起源于美国航空设备中的电子元件。疲劳可靠性可以追溯到1949年 Weibull提出的用于描述结构疲劳寿命分布规律的 Weibull 分布函数，后来人们又相继提出了多种描述疲劳寿命分布规律的模型，如对数正态分布、正态分布、指数分布和极值分布等，其中应用最广的是对数正态分布和威布尔分布。1966年，美国国防部制定了可靠性标准(MIL-STD-721B)，将可靠性定义为产品在规定条件下和规定的时间内，完成规定功能的能力。可靠度是描述可靠性的关键指标，可靠度是产品在规定的条件下和规定的时间内，完成功能的概率。

采用概率和数理统计方法对疲劳试验数据进行可靠性分析是疲劳可靠性研究的主要内容。1974年，Kececioglu在结构疲劳寿命服从对数正态分布的前提下提出了疲劳可靠性递推算法。Goot M等对疲劳试验设计和试验结果的统计处理方法进行了研究。冯振宇等人利用统计方法计算了在一定误差和置信度下估计母体均值和下限值所需的试件最低数量。方钦志等对升降法和成组法按不同处理方法进行计算机模拟试验，提出了几种简单实用的疲劳实验方法和试验数据的处理方法。熊峻江等提出将疲劳应力幅值和均值按二维随机变量处理，以二维概率分布描述疲劳应力幅值和均值的联合分布。徐楠通过对42CrMo钢疲劳可靠性分析研究，建立了疲劳寿命可靠性和疲劳性能可靠性通用模型，进行高可靠度疲劳参量推断，对正态分布、威布尔分布等五种常用函数的中值疲劳寿命和高可靠度疲劳寿命关系进行了分析。假设应力幅值服从三参数 Weibull分布，应力均值服从正态分布，并且应力幅值和应力均值相互独立，提出了二维疲劳应力-强度干涉模型。谢里阳等人认为疲劳损伤临界值与应力水平有关，借助应力-强度干涉理论构造了一个线性累积疲劳损伤的概率模型。顾永维等人对于杆系在静载和疲劳载荷共同作用下的疲劳可靠性进行了研究。方华灿等人将疲劳损伤视为一种模糊事件，考虑疲劳强度的模糊性，建立了海洋平台构件的模糊疲劳可靠性分析模型。陈团海等人提出考虑腐蚀缺陷的冰区平台动态疲劳可靠性模型，并基于 Bayes 理论研究检测与维修对平台动态疲劳可靠性更新。张则荣等运用应力—强度干涉模型对振动筛的疲劳可靠性进行了预测计算，并分析了表面加工质量对振动筛疲劳可靠性的影响程度。刘依路运用疲劳可靠性设计理论对高压注射泥浆泵曲轴连杆进行了疲劳可靠性分析，对应力集中部位易发生疲劳的问题提出了改进措施。胡小华运用疲劳可靠性设计理论对摩托车发动机连杆进行了疲劳可靠性分析。

针对钻柱可靠性的研究起步较晚，1988年 Dale BA 就钻柱构件无损检测周期的可靠性和灵敏性进行了统计分析。Howard JA 等人基于钻杆材料疲劳裂纹扩展速率，结合钻杆不同无损检测方法检测结果的可靠性提出了钻柱安全服役寿命的可靠性评价方法。1995 年，Angelo Ligrone 等人将可靠性理论应用到钻杆无损检测过程中，结合无损检测结果的可靠性对钻杆的使用性能进行评估，综合分析检测费用和钻杆失效损失，确定了钻杆检测周期，提高钻杆的使用和管理水平。针对钻柱可靠性的研究主要集中在钻柱检测方面，而针对钻杆疲劳寿命可靠性的研究还未见报道。

9.3 本章小结

针对传统钻杆服役过程中存在的问题，重点介绍了新型钻杆材料的优势，国内外研究进展及应用前景，并对钻杆材料疲劳寿命的动向及发展趋势进行了叙述。

参考文献

[1] 李鹤林．石油管工程学[M]．北京：石油工业出版社，2021.
[2] 龙之辉，张锦宏．钻井工艺原理[M]．北京：石油工业出版社，2019.
[3] 黄伟和．钻井工程工艺[M]．北京：石油工业出版社，2016.
[4] 李万全．水平钻井技术及其在石油开发中的应用[J]．工艺技术，2021，(10)：2-173.
[5] 魏存祥，刘海军，魏志，等．新型高强度钻杆性能及应用[J]．重庆科技学院学报(自然科学版)，2008，10(4)：17-21.
[6] 赵金，陈绍安，刘永刚，等．高性能钻杆研究进展[J]．石油矿场机械，2011，40(5)：96-99.
[7] 赵鹏，李俊．国外钻杆产品发展动向[J]．特殊钢，2010，31(4)：20-22.
[8] 李建强，于丽松，牛成杰，等．石油钻杆的生产现状与发展趋势[J]．焊管，2011，34(11)：35-38.
[9] 刘永刚，陈绍安，李齐富，等．复杂深井钻具失效研究[J]．石油矿场机械，2010，39(9)：13-16.
[10] 刘永刚，韩礼红，宋生印，等．高性能钻具的需求与发展[C]．第十届石油钻井院所会议，2010.
[11] Ramgopal Thodla，Feng Gui，Robin Gordon，et al. Corrosion Fatigue Performance of Girth Welded X65 Seamless Pipe for Flowlines[J]．NACE Corrosion，2010，14(3)：1-20.
[12] 林元华，邹波，施太和，等．钻柱失效机理及其疲劳寿命预测研究[J]．石油钻采工艺，2004，26(1)：19-21.
[13] 高长福，范斌，张庆昌，等．钻杆失效分析与可靠性探讨[J]．石油工业技术监督，2007，11(10)：47-51.
[14] 梁健，孙建华．科学超深井钻杆柱受力分析与计算[C]．中国地质学会探矿工程专业委员会．第十六届全国探矿工程(岩土钻掘工程)技术学术交流年会论文集，2011：441-446.
[15] 赵国珍，龚伟安．钻井力学基础[M]．北京：石油工业出版社，1988.
[16] 石油管材研究中心失效分析研究室，1988 年全国油田钻具失效情况调查报告[R]．石油专用管(6)，西安：陕西科学技术出版社，1992，327-336.
[17] Li Fangpo，Liu Yonggang，Wang Xinhu. Failure analysis of ϕ 127mm IEU G105 drill pipe wash out[J]．Engineering Failure Analysis，2011，18(7)：1867-1872.

[18] Dale B A. An Experimental Investigation of Fatigue Crack Growth in Drillstring Tubulars[J]. SPE Drilling Engineering, 1988, 3: 356-363.
[19] Shuanlu Lu, Yaorong Feng, Faqian Luo, et al. Failure analysis of IEU drill pipe wash out[J]. International Journal of Fatigue, 2005, 27(10-12): 1360-1365.
[20] 董晓明，田青超. S135 钻杆失效分析[J]. 理化检验-物理分册，2007，43(9)：476-479.
[21] 聂采军，吕拴录，袁鹏斌，等. S135 钻杆管体断裂原因分析[J]. 腐蚀与防护，2010，31(9)：820-822.
[22] 张春婉，张国正，马强. ϕ10.54mm×10.54mm G105 钻杆刺穿失效分析[J]. 理化检验-物理分册，2010，46(2)：120-124.
[23] 李方坡，刘永刚，林凯，等. G105 油井钻杆失效分析[J]. 金属热处理，2009，34(10)：94-97.
[24] 蔡锐，胡志兵，田伟，等. S135 钻杆断裂原因分析[J]. 理化检验-物理分册，2009，45(10)：645-648.
[25] 孙学云，刘金山，马认琦，等. 钻杆接头断裂失效原因分析与预防[J]. 石油矿场机械，2012，41(8)：40-43.
[26] 万里平，孟英峰，杨龙，等. 钻柱失效原因及预防措施[J]. 钻采工艺，2006，29(1)：57-59.
[27] 盖伟涛. 交变应力和腐蚀交互作用下钻柱失效机理研究[D]. 大庆：大庆石油学院，2006.
[28] 余史杰，庄稼，苗濛，等. 钻杆管体刺漏原因分析[J]. 机械工程材料，2014，38(4)：100-104.
[29] 乔凌云，毛浓召，周云，等. 某 S135 钻杆管体断裂失效分析[J]. 焊管，2022，45(4)：40-44.
[30] Wanying Liu, JinyuLi, Yu Zhong, et al. Failure analysis on aluminum alloy drill pipe with pits and parallel transverse cracks[J]. Engineering Failure Analysis, 2022, 131: 105809.
[31] 陈传尧，疲劳与断裂[M]. 武汉：华中科技大学出版社. 2002.
[32] 郑修麟. 金属疲劳的定量理论[M]. 西安：西北工业大学出版社，1994.
[33] 束德林. 工程材料力学性能[M]. 北京：机械工业出版社，2007.
[34] 郭宏超，毛宽宏，万金怀，等. 高强度钢材疲劳性能研究进展[J]. 建筑结构学报，2019，40(4)：17-28.
[35] 李方坡，王勇. 钻杆疲劳寿命预测技术的研究现状与展望[J]. 材料导报 A：综述篇，2015，29(6)：88-95.
[36] Zeng D, Li H, Tian G, et al. Fatigue behavior of high-strength steel S135 under coupling multi-factor in complex environments. Materials Science & Engineering A,

2018，724.

[37] Hao Yu，Xianbo Peng，Zhanghua Lian，et al. Experimental and numerical simulation of fatigue corrosion behavior of V150 high-strength drill pipe in air and H_2S-dilling mud environment [J]. Journal of Natural Gas Science and Engineering，2022，98：104392.

[38] Grondin G Y，Kulak. Fatigue Testing of Drillpipe [J]. SPE Drilling and Completion，1994，9(2)：95-102.

[39] Miscow G F，Netto T A. Techniques to tharacterize fatigue behavior of full size drill pipes and small scale samples [J]. International Journal of Fatigue，2004，26(3)：575-584.

[40] Sathuvalli U B，Payne M L. Advanced assessment of drillpipe fatigue and application to critical well engineering [C]//2005 SPE/IADC Drilling Conference. Amsterdam，2005：92591.

[41] Tom Hill，Sean Ellis，Kang Lee. An innovative design approach to reduce drillstring fatigue [C]//2005 SPE Drilling Completion，Dallas，2005：87188.

[42] Jiang Wu. Drill-pipe bending and fatigue in rotary drilling of horizontal wells [C]// 1995 SPE Drilling Completion. Dallas，1995：37353.

[43] John P，Kang lee. Application of increased Make-up Torque on API rotary-shouldered connections：Goodman VS Strain life model [C]//2004 IADC/SPE Drilling Conference. Dallas，2004：87190.

[44] 朱庆流．石油钻杆接头的疲劳分析[D]．哈尔滨：哈尔滨工程大学，2009.

[45] Jiang Wu. Bending and Fatigue in Rotary Drilling of Horizontal Wells [C]. SPE Eastern Regional Meeting，1996，10(23-25)：195-201.

[46] Zamani S M，Hassanzadeh-Tabrizi S A，Sharifi H. Failure analysis of drill pipe：A review [J]. Engineering Failure Analysis，2016，59：60623.

[47] 贾庆升，蔡秀玲．侧钻井钻柱疲劳损伤评价方法的研究[J]．石油机械，2002，30(6)：6-8.

[48] 李文飞，管志川，赵洪山，等．钻柱疲劳累积损伤的计算方法[J]．中国石油大学学报(自然科学版)2008，32(3)：60-67.

[49] Baryshnikov A，Calderoni A，Ligrone A，et al. A new approach to the analysis of drillstring fatigue Behavior[J]. SPE Drilling & Completion，1997，12(2)：77-84.

[50] 钟群鹏，赵子华．断口学[M]．北京：高等教育出版社，2006.

[51] Zheng Qingxiong，Zheng Xiulin. An expression for fatigue life and probability distribution of fatigue strength under repeated torsion [J]. Engineering Fracture Mechanics，1993，44(4)：521-528.

[52] Akiniwa Y，Stanzl-Tscheqq S，Mayer H，et al. Fatigue strength of spring steel under

axial and torsional loading in the very high cycle regime[J]. International Journal of Fatigue, 2008, 12(30): 2057-2063.

[53] 刘永刚，苏建文，林凯，等．一例 S135 钻杆本体断裂原因分析[J]. 石油矿场机械，2007，36(5)：58-61.

[54] 李鹤林，李平全，冯耀荣．石油钻杆失效分析及预防[M]. 北京：石油工业出版社，1999，18-40.

[55] Carpinteri A, Spagnoli A. Multiaxial high-cycle fatigue criterion for hard metals[J]. International Journal of Fatigue, 2001, 23(2): 135-145.

[56] Findley W N. A theory for the effect of mean stress on fatigue of metals under combined torsion and axial load or bending[J]. Journal of engineering for industry, Nov. 1959, 301-306.

[57] Frost N E, Marsh K J, Pook L P. 金属疲劳[M]. 北京：冶金工业出版社，1984，89-98.

[58] Freitas M d, Li B, Santos J L. A numerical approach for high-cycle fatigue life prediction with multiaxial loading[J]. In: Kalluri S, Bonacuse P. Multiaxial fatigue and deformation: testing and prediction. ASTM, 2000, 139-156.

[59] Hossain M M, Rahaman M K, Rahman S S. Fatigue Life Evaluation: A Key to Avoid Drillpipe Failure Due to Die-marks[J]. IADC/SPE Aisa Pacific Drilling Technology, 1998, 9(7-9): 1-12.

[60] Khalil Farhangdoost, Mehran Siahpoosh. On The Fatigue Life Prediction of Die-Marked Drillpipes[C]. 2006 ASME Pressure Vessels and Piping Division Conference, 2006, 7(23-27): 1-8.

[61] Matake T. An explanation on fatigue limit under combined stress[J]. Bull JSME, 1977, 141(20): 257-263.

[62] 时新红，张建宇，鲍蕊，等．材料多轴高低周疲劳失效准则的研究进展[J]. 机械强度，2008，30(3)：515-521.

[63] 刘世民，艾素华，王中光．LY12 铝合金的拉扭复合加载疲劳[J]. 航空材料学报，2006，26(5)：97-99.

[64] Park J, Nelson D. Evaluation of an energy-based approach and a critical plane approach for predicting constant amplitude multiaxial fatigue life[J]. International Journal of Fatigue 2000, 22: 23-39.

[65] 周志革，黄文振，王德俊．多轴疲劳寿命预测模型的研究[J]. 机械设计与研究，1999，3.

[66] 朱正宇，何国求，陈成澍，等．多轴非比例加载高周疲劳研究进展[J]. 同济大学学报(自然科学版)，2006，34(9)：1221-1225.

[67] 黄本生，陈想，陈永彬，等．石油钻杆材料 G105 在不同条件下的疲劳断裂[J].

材料工程，2016，44(2)：107-114.
[68] 李平权，宋治．钻杆腐蚀疲劳失效及其预防[J]．石油钻采工艺，1990，6(2)：39-48.
[69] 黄本生，卢曦，刘清友．石油钻杆 H_2S 腐蚀研究进展及其综合防腐[J]．腐蚀科学与防护技术，2011，23(3)：205-208.
[70] Alyasiri M，Alkhateeb M，Wen D. Examination of drill pipe corrosion in water-based drilling fluids under wellbore conditions. Corrosion Engineering Science & Technology，2018：1-5.
[71] Lihong Han，Ming Liu，Sheji Luo，et al. Fatigue and corrosion fatigue behaviors of G105 and S135 high-strength drill pipe steels in air and H_2S environment[J]．Process Safety and Environmental Protection，2019，124：63-74.
[72] 王荣．金属材料的腐蚀疲劳[M]．西安：西北工业大学出版社，2001.
[73] Ryu J J，Shrotriya P. Influence of roughness on surface instability of medical grade cobalt-chromium alloy (CoCrMo) during contact corrosion-fatigue[J]．Applied Surface Science，2013，273(2)：536-541.
[74] ZHENG X L，HIRT M A. Fatigue crack propagation in steels [J]．Engineering Fracture Mechanics，1983，18(5)：965-979.
[75] Zhao T，Liu Z，Du C，et al. Effects of cathodic polarization on fatigue life of E690 steel in simulated seawater [J]．International Journal of Fatigue，2018，110：105-114.
[76] LinYuanhua，Pan Jie，Liu Wanying，et al. Low-load repeated impact testing of G-105 and S-135 drill pipes in H_2S environment[J]．Oil Drilling & Production Technology，2016，38(1)：59-63.
[77] Ma Y，Li Y，Wang F. The atmospheric corrosion kinetics of low carbon steel in a tropical marine environment[J]．Corrosion Science，2010，52(5)：1796-1800.
[78] Pérez-Mora R，Palin-Luc T，Bathias C，et al. Very high cycle fatigue of a high strength steel under sea water corrosion：A strong corrosion and mechanical damage coupling[J]．International Journal of Fatigue，2015，74：156-165.
[79] Kryzhanivs'Kyi EI，I. M. Hoisan，O. Z. Student. Specificfeatures of the growth of fatigue cracks in 36G2S steel of drill pipes after the recovery heat treatment. Materials Science，2014，50(1)：92-97.
[80] IIman M N. Chromate inhibition of environmentally assisted fatigue crack propagation of aluminium alloy AA 2024-T3 in 3.5% NaCl solution[J]．International Journal of Fatigue，2013，5(3)：1-8.
[81] Wang R，Luo S，Liu M，et al. Electrochemical corrosion performance of Cr and Al alloy steels using a J55 carbon steel as base alloy[J]．Corrosion Science，2014，85

(1): 270-279.

[82] Liu M, Cheng X, Li X, et al. Corrosion behavior of low-Cr steel rebars in alkaline solutions with different pH in the presence of chlorides[J]. Journal of Electroanalytical Chemistry, 2017, 803.

[83] Codaro E N, Nakazato R Z, Horovistiz A L, et al. An image processing method for morphology characterization and pitting corrosion evaluation[J]. Materials Science & Engineering A, 2002, 334(1): 298-306.

[84] Liu M, Cheng X, Li X, et al. Effect of carbonation on the electrochemical behavior of corrosion resistance low alloy steel rebars in cement extract solution. Construction & Building Materials, 2016, 130: 193-201.

[85] Liu M, Cheng X, Li X, et al. Effect of Cr on the passive film formation mechanism of steel rebar in saturated calcium hydroxide solution [J]. Applied Surface Science, 2016, 389: 1182-1191.

[86] Liu M, Cheng X, Zhao G, et al. Corrosion resistances of passive films on low - Cr steel and carbon steel in simulated concrete pore solution[J]. Surface & Interface Analysis, 2016, 48(9): 981-989.

[87] Ma Y, Li Y, Wang F. Corrosion of low carbon steel in atmospheric environments of different chloride content. Corrosion Science, 2009, 51(5): 997-1006.

[88] Li Y, Cheng Y F. Effect of surface finishing on early-stage corrosion of a carbon steel studied by electrochemical and atomic force microscope characterizations[J]. Applied Surface Science, 2016, 366: 95-103.

[89] B. Kermani, J. W Martin and D. F Waite, Hydrogen Sulfide Cracking of Downhole [J]. Tubulars, SPE 21364, 1991.

[90] 王荣. 腐蚀疲劳裂纹扩展的断裂模型[J]. 中国腐蚀与防护学报, 1998, 18(2): 88-94.

[91] Bolton J D, Redington M L. The effects of saline aqueous corrosion on fatigue crack growth rates in 316 grade stainless steels[J]. International Journal of Fatigue, 1983, 5 (3): 155-163.

[92] Ming Liu, Sheji Luo, Yi Shen, et al. Corrosion fatigue crack propagation behavior of S135 high-strength drill pipe steel in H_2S environment[J]. Engineering Failure Analysis, 2019, 97, 493-505.

[93] Sheji Luo , Ming Liu , Xiuzhou Lin. Corrosion fatigue behavior of S135 high - strength drill pipe steel in a simulated marine environment[J], Materials and Corrosion, 2019, 70: 688-697.

[94] Feng Miao-lin, Ding Fei, Jiang Yan-yao. A study of loading path influence on fatigue crack growth under combined loading [J]. International Journal of Fatigue, 2006, 28

(1): 19-27.

[95] 黄小光．腐蚀疲劳点蚀演化与裂纹扩展机理研究[D]. 上海：上海交通大学，2013.

[96] Xiao-Guang H, Jin-Quan X. Pit morphology characterization andfatigue crack nucleation analysis based on energy principle [J]. Fatigue & Fracture of Engineering Materials & Structures, 2012, 35(7): 606-613.

[97] 邢修三．疲劳断裂的微观机理和非平衡统计特性(Ⅰ)[J]. 北京工业学院学报，1995，(4): 53-65.

[98] Swati Jain, Ramgopal Thodla, Feng Gui, et al. Role of Hydrogen in Fatigue Crack Growth Rate (FCGR) of X65 alloys: Modeling study[J]. NACE Corrosion, 2013, 13 (3): 1-8.

[99] Lal D N, Weiss V. A notch analysis of fracture approach to fatigue crack propagation [J]. Metallurgical. Transactions A, 1978, 9 (2): 413-416.

[100] K. E Szklarz, Is your drill pipe tough enough? Introduction to Leak-Before-Break Concept, CADE/CAODC Spring Drilling Conference, Alberta, Canada, April 21-23, 1987.

[101] Magnin T. Recent advances for corrosion fatigue mechanisms[J]. ISIJ International, 1995, 35(3): 223-233.

[102] May M E, Saintier N, Palin-Luc T, et al. Modelling offatigue crack initiation on martensitic stainless steel in high cycle fatigue regime. Corrosion Science, 2018, 133: 397-405.

[103] 杨刚．油气管道定向穿越施工中钻杆的分析与应用研究[D]. 西安：西安石油大学，2014.

[104] BAG A, RAY K K, DWARAKADASA E S. Influence of Martensite Content and Morphology on Tensile and Impact Properties of High-MartensiteDual-Phase Steels [J]. Metallurgical and Materials Transactions A, 1999, 30(5): 1193-1202.

[105] Debdulal Das, Partha Protim Chattopadhyay. Influence of martensite morphology on the work-hardening behavior of high strength ferrite-martensite dual-phase steel[J]. Journal of Material Science, 2009, 44: 2957-2965.

[106] Erdogan M, Tekeli S. The effect of martensite volume fraction and particle size on the tensile properties of a surface carburized AISI8620 steel with a dual phase core microstructure[J]. Materials Characterization, 2002, 49 (5): 445 - 454.

[107] Sheji Luo, Ming Liu. Effect of Dual-Phase Heat Treatment on Microstructure and Mechanical Properties of S135 High-Strength Drill Pipe Steel [J]. Journal of Materials Engineering and Performance, 2019, 28(5): 3063-3075.

[108] Movaheda P, Kolahgara S, Marashia SP H, et al. The effect of intercritical heat

treatment temperature on the tensile properties and work hardening behavior of ferrite-martensite dual phase steel sheets[J]. Materials Science and Engineering A, 2009 (518): 1-6.

[109] S/Mark Willhelm, Russell D kane. Selection of materials for sour service petroleum production[J]. Journal of Petroleum Technology, October, 1986.

[110] 刘彦庆，刘静华，沈莲，等．马氏体体积分数对铁素体马氏体双相组织机械性能的影响规律及其微观机理[J]．西安交通大学学报，1984，18(3)：105-112.

[111] 马鸣图，吴宝榕．双相钢-物理和力学冶金[M]．北京：冶金工业出版社，2009.1.

[112] 左秀荣，陈蕴博，王淼辉，等．铁素体/马氏体双相钢的组织及性能[J]．材料热处理学报，2010，31(1)：29-34.

[113] 黄群飞，何燕霖，罗娟娟，等．马氏体体积分数对双相钢变形行为的影响[J]．钢铁，2009，44(4)：60-64.

[114] 朱海，郑海洋，郭艳玲．热处理工艺对摩擦焊接钻杆力学性能的影响[J]．焊接学报，2008，29(12)：93-97.

[115] 王新虎，张冠军，李方坡，等．钻杆钢的成分、热处理工艺及其力学性能[J]．石油管材与仪器，2015，1(2)：33-40.

[116] 姜新越，胡峰，庄大明，等．回火温度对V150钻杆钢的强韧性匹配的影响[J]．钢管，2012，41(5)：22-27.

[117] 肖纪美编著．金属的韧性和韧化[M]．上海：上海科学技术出版社，1982.

[118] 徐佐仁．钢的复相热处理工艺技术的新进展[J]．铸锻热，1995，(3)：2-22.

[119] 张国英，张辉，曾梅光．新型钢材料强韧性与微观结构[M]．北京：科学出版社，2005.3.

[120] 杨宝福，白秉哲，刘东雨，等．无碳化物贝氏体/马氏体复相高强度钢的组织与性能[J]．金属学报，2004，3(40)：196-300.

[121] 俞德刚，谈育煦．钢的组织强度学-组织与强韧性[M]．上海：上海科学技术出版社，1983.

[122] 赵捷，李建平，王志奇，等．低碳复相组织钢的强韧性研究[J]．天津理工大学学报，2006，22(1)：1-5.

[123] 张亚平，韩礼红，钻杆材料冲击韧性指标研究，石油管工程，2008.14(5)：6-11.

[124] Szklarz. Fracture Toughness Criteria for High-Strength Drill pipe, SPE 19964, 1990.

[125] 宋余九，芦锦堂，刘静华，等．马氏体贝氏体复合组织的强度与韧性[J]．金属热处理学报，[J]．1982，3(1)：11-27.

[126] 康沫狂等．钢中贝氏体[M]．上海：上海科学技术出版社，1990.

[127] 刘东雨，方鸿生，白秉哲，等．无碳化物贝氏体/马氏体复相钢的强韧性[J]．机械工程学报，2003，8(39)：27-31.

[128] 方鸿生，刘东雨，徐平光，等．贝氏体钢的强韧化途径[J]．机械工程材料，2001，(6)：1-5.

[129] 方鸿生，郑燕康，周欣．中碳贝氏体/马氏体复相组织强韧性的研究[J]．金属热处理学报，1986，7(1)：10-18.

[130] 韩礼红，姜越新，冯耀荣，等．．分级热处理对钻杆材料力学行为的影响[J]．材料热处理学报，2011，32(4)：97-103.

[131] 候爱琴，沈达钧．35CrNi3MoVA 钢贝氏体-马氏体混合组织的高温强韧性，兵器材料科学与工程，1990，11(110)：27-33.

[132] 柴东郎，刘静华．复相材料中微观组织开裂的力学行为分析[J]．材料科学进展，1990，4(4)：328-333.

[133] Ohmori Y，Ohtani H，Kunitake T. Tempering of the bainite and the bainite/martensite duplex structure in low carbon low-alloy steel[J]. Metal Science Journal，1974，8(11)：357-366.

[134] Tomita Y，Okawa T. Effect of modified heat treatment on mechanical properties of 300M steel[J]. Mater. Sci & Technol，1995，11(3)：245-251.

[135] 韦东远，顾家琳，方鸿生，等．1500MPa 级贝氏体/马氏体复相高强钢的疲劳断裂特性[J]．金属学报[J]．2003，7(39)：734-738.

[136] 李鹤林，韩礼红，张文利．高性能油井管的需求与发展，钢管，2009，38(1)：1-9.

[137] 董树文，李延栋，高锐，等．地球深部探测国际发展与我国现状综述[J]．地质学报，2010，84(6)：743-770.

[138] 张金昌，谢文卫．科学超深井钻探技术国内外现状[J]．地质学报，2010，84(6)：887-894.

[139] 梁健．科学超深井铝合金钻杆优化设计与腐蚀防护工艺[D]．中国地质大学(北京)，2021.

[140] 李冰．深井超深井钻井技术：开启地下深层宝库的“金钥匙”[J]．中国石化，2009(1)：34-36.

[141] 闫广波，张金成．中国石化超深井钻井技术现状与发展建议[J]．石油钻探技术，2013，41(2)：1-6.

[142] 兰凯，侯树刚，闫光庆，等．国外轻质高强度钻杆研究与应用[J]．石油机械，2010(4)：77-81.

[143] Elliott L，Buchoud V，Krepp T. High strength，thin-wall，all-steel drill pipe may provide solution for ultra-extended-reach wells[J]. Drilling Contractor. 2009，3(4)：42-52.

[144] 于欣雨．特深井钻井用轻质高强度钻杆技术前期研究[D]．中国石油大学，2018.
[145] 鄢泰宁．岩土钻掘工艺学[M]．湖南长沙：中南大学出版社，2014.
[146] 梁健，尹浩，孙建华，等．高强耐热铝合金钻杆材料优选[J]．探矿工程：岩土钻掘工程，2020(4)：65-71.
[147] 鄢泰宁，薛维，卢春华．铝合金钻杆的优越性及其在地探深孔中的应用前景[J]．探矿工程：岩土钻掘工程．2010，037(002)：27-29.
[148] 赵新哲．铝合金钻杆尺寸与缺陷自动化检测装置研究[D]．吉林大学．2021.
[149] 孙澜江，张抒夏，杨睿，等．铝合金钻杆在国内外的研究及现场应用[J]．西部探矿工程，2020，10：49-52.
[150] 王小红，郭俊，郭晓华，等．铝合金钻杆材料、特点及其磨损研究进展[J]．材料导报．2014，28(23)：431-434.
[151] 冯春，杨尚谕．铝合金钻杆的特点及发展应用[J]．石油管材与仪器．2017，3(4)：1-7.
[152] Gelfgat Mikhail Y，Basovich V S，Tikhonov V S. Drilling with aluminum alloy pipes-design and practices[J]. SPE. 2003，79873.
[153] 鲜宁，荣明，李天雷，等．钛合金在高温高压酸性油气井的应用研究进展[J]．天然气与石油．2020，38(05)：101-107+112.
[154] 付毓伟，赵立平，赵亚兵，等．钛合金在油气勘探开发领域的应用前景[J]．石油钻采工艺．2017，39(005)：662-666.
[155] Chuvil'deev V N，Kopylov V I，Nokhrin A V，et al. Effect of severe plastic deformation realized by rotary swaging on the mechanical properties and corrosion resistance of near-α-titanium alloy Ti-2.5A1-2.6Zr[J]. Journal of Alloys and Compounds，2019，785：1233-1244.
[156] 李睿哲，冯春，刘永刚，等．固溶处理对TA15X钛合金钻杆材料组织与性能的影响[J]．材料与冶金学报，2020，19(01)：45-50.
[157] Setti S G，Rao R N. Tribological behavior of near β titanium alloy as a function of α+β solution treatment temperature[J]. Materials & Design，2013，50：997-1004.
[158] 郭俊．钻杆用SiCp/Al-Cu-Mg复合材料的制备及其微观组织、力学性能的研究[D]．西南石油大学，2015.
[159] 刘乐．热处理对Ti-Al-V-Mo-Zr钛合金钻杆组织与性能的影响[D]．西安石油大学，2021.
[160] 赵景芳，马龙才，宋林松，等．国外钻杆疲劳寿命预测系统模型及应用[J]．石油机械．2016，44(12)：1-6.
[161] 李文飞．基于可靠性理论的钻杆疲劳寿命预测[J]．石油钻采工艺．2008，30(1)：12-14.